O último abraço da matriarca

Frans de Waal

O último abraço da matriarca

As emoções dos animais e o que elas revelam sobre nós

Com fotografias e desenhos do autor

Tradução:
Pedro Maia

Grafia atualizada segundo o Acordo Ortográfico da Língua Portuguesa de 1990, que entrou em vigor no Brasil em 2009.

Título original
Mama's Last Hug: Animal Emotions and What They Tell Us about Ourselves

Capa e ilustração
Rafael Nobre

Preparação
Angela Ramalho Vianna

Revisão
Angela das Neves
Adriana Bairrada

Consultoria
Dr. José H. F. Mello

Índice remissivo
Probo Poletti

Dados Internacionais de Catalogação na Publicação (CIP)
(Câmara Brasileira do Livro, SP, Brasil)

Waal, Frans de
O último abraço da matriarca : As emoções dos animais e o que elas revelam sobre nós / Frans de Waal ; com fotografias e desenhos do autor ; tradução Pedro Maia. — 1ª ed. — Rio de Janeiro : Zahar, 2021.

Título original: Mama's Last Hug : Animal Emotions and What They Tell Us about Ourselves.
Bibliografia
ISBN 978-85-378-1922-7

1. Chimpanzés – Comportamento 2. Emoções em animais I. Título.

20-59968 CDD: 599.885

Índice para catálogo sistemático:
1. Chimpanzés : Comportamento : Zoologia 599.885

Cibele Maria Dias – Bibliotecária – CRB-8/9427

[2021]

EDITORA SCHWARCZ S.A.
Praça Floriano, 19, sala 3001 — Cinelândia
20031-050 — Rio de Janeiro — RJ
Telefone: (21) 3993-7510
www.companhiadasletras.com.br
www.blogdacompanhia.com.br
facebook.com/editorazahar
instagram.com/editorazahar
twitter.com/editorazahar

Para Catherine,
Que acende meu fogo

Sumário

Introdução

OBSERVAR COMPORTAMENTOS É uma coisa que me acontece de forma tão natural que posso estar abusando. Eu não percebia isso até o dia em que cheguei em casa e contei para minha mãe uma cena que vira num ônibus municipal. Eu devia ter doze anos. Um garoto e uma garota estavam se beijando de um jeito indecoroso que eu não conseguia entender, mas que é típico dos adolescentes, com as bocas abertas úmidas apertadas uma contra a outra. Isso por si só não era nada especial, mas então notei que depois do beijo a garota estava mascando chicletes, enquanto antes dele eu vira somente o garoto mastigando. Fiquei intrigado, e em seguida saquei: era como o princípio dos vasos comunicantes. Quando contei para minha mãe, ela não ficou nada animada. Com expressão preocupada, me mandou parar de prestar atenção nos outros, dizendo que não era uma coisa muito bonita de se fazer.

Observar é agora minha profissão. Mas não espere que eu note a cor de um vestido ou se um homem usa peruca — essas coisas não me interessam nem um pouco. Em vez disso, concentro-me nas expressões emocionais, na linguagem corporal e na dinâmica social. Elas são tão semelhantes entre os seres humanos e os outros primatas que minha habilidade se aplica igualmente a ambos, embora meu trabalho diga respeito principalmente aos segundos. Quando eu era estudante, trabalhava numa sala com vista para a colônia de chimpanzés de um zoológico, e como pesquisador do Centro Nacional Yerkes de Pesquisas sobre Primatas, perto de Atlanta, na Geórgia, tenho desfrutado de situação parecida nos últimos 25 anos. Meus chimpanzés vivem ao ar livre numa estação de campo e às vezes entram em agitação, causando tamanho tumulto que corremos até a janela para assistir ao espetáculo. O que a maioria das pessoas verá como o alvoroço caótico de vinte feras peludas correndo, gritando e berrando é, na verdade, uma sociedade altamente organizada. Reconhecemos cada símio* pelo rosto, até mesmo apenas pela voz, e sabemos o que esperar. Sem o reconhecimento de padrões, a observação fica sem foco, é aleatória. Seria como assistirmos a um esporte que nunca jogamos e sobre o qual não sabemos muita coisa. Basicamente, não vemos nada. É por isso que não suporto a cobertura de futebol das TVs americanas: a maioria dos narradores não conhece nada do jogo e não consegue entender suas estratégias fundamentais. Eles só têm olhos para a bola e continuam a tagarelar durante os momentos mais cruciais. É o que acontece quando nos falta reconhecimento dos padrões.

Olhar para além da cena central é importantíssimo. Se um chimpanzé macho intimida outro atirando pedras ou passando correndo perto dele, é preciso desviar os olhos deliberadamente para examinar o entorno, onde surgem novos desdobramentos. Chamo isso de observação holística: considerar o contexto mais amplo. O melhor amigo do macho ameaçado

* Traduziu-se a palavra *ape* por "símio" ou "grande primata", designando os grandes primatas não humanos (gibões, orangotangos, gorilas, chimpanzés e bonobos). (N. T.)

estar dormindo num canto não significa que podemos ignorá-lo. Assim que ele acorda e caminha em direção à cena, toda a colônia sabe que as coisas estão prestes a mudar. Uma fêmea guincha alto para anunciar a mudança, enquanto as mães agarram seus filhotes com mais força.

E, depois que a comoção diminui, você não dá as costas e se afasta. Você mantém os olhos nos atores principais — eles ainda não terminaram. Dentre as milhares de reconciliações que testemunhei, uma das primeiras me pegou de surpresa. Pouco depois de um confronto, dois machos rivais andaram eretos, sobre as duas pernas, um em direção ao outro, com os pelos totalmente eriçados, ou seja, fazendo com que parecessem ter o dobro do tamanho normal. O contato visual entre eles parecia tão feroz que esperei o renascimento das hostilidades. Mas, quando chegaram perto um do outro, um deles se virou de repente e deu as costas. O outro reagiu catando* os pelos ao redor do ânus do primeiro macho, estalando ruidosamente os lábios e os dentes para indicar sua dedicação à tarefa. O primeiro macho queria fazer o mesmo, de modo que eles acabaram num 69 desajeitado, o que permitiu que cada um catasse o rabo do outro ao mesmo tempo. Logo depois, relaxaram e se viraram para catar o rosto um do outro. Restaurou-se a paz.

O ponto de partida da catação pode parecer estranho, mas lembre-se de que o inglês (assim como muitas outras línguas) tem expressões como *brown-nosing* e *ass-licking*.** Tenho cer-

---

* Catação (*grooming*, em inglês) é a prática social dos símios de limpar, alisar, catar pequenos ectoparasitas (pulgas, carrapatos etc.) e acariciar os pelos do corpo de seus companheiros de bando. (N. T.)

** Variações para "puxar o saco" que significam literalmente "deixar o nariz marrom" e "lamber a bunda". (N. T.)

Nas reconciliações após brigas, os chimpanzés machos ficam ansiosos para catar o traseiro do rival, o que pode levar a uma posição desajeitada de 69 se ambos resolverem fazer isso ao mesmo tempo.

teza de que há um bom motivo para isso. Entre os seres humanos, o medo intenso pode causar vômitos e diarreia — dizemos que "cagamos nas calças" quando estamos assustados. Isso também é comum nos símios (as calças não). Excreções corporais fornecem informações importantes. Muito tempo depois do término de uma escaramuça, pode-se ver um chimpanzé macho ir casualmente até o local exato da relva onde seu rival estava sentado apenas para se abaixar e dar uma cheirada. Embora a visão seja um sentido tão dominante nos chimpanzés quanto entre nós, o olfato é importantíssimo. Também em nossa espécie, como filmagens ocultas demonstraram, depois de apertarmos as mãos de outra pessoa, em especial de alguém do mesmo sexo, muitas vezes cheiramos nossa própria mão. Nós a levamos até perto do rosto para captar um odor químico que nos informa sobre a disposição do outro. Fazemos isso inconscientemente, como fazemos tantas coisas que lembram o comportamento de outros primatas. No entanto, gostamos de nos ver como atores racionais que sabem o que estão fazendo, enquanto retratamos outras espécies como autômatos. Não é tão simples assim.

Estamos sempre em contato com nossos sentimentos, mas a parte complicada é que nossas emoções e nossos sentimentos não são a mesma coisa. Tendemos a confundi-los, mas sentimentos são estados subjetivos internos que, falando em sentido estrito, são conhecidos apenas por aqueles que os possuem. Conheço meus sentimentos, mas não conheço os seus, exceto pelo que você me conta sobre eles. Nós nos comunicamos sobre nossos sentimentos pela linguagem. Emoções, por outro lado, são estados corporais e mentais — a raiva e o medo, até o desejo sexual e a afeição, bem como a busca de vantagens — que movem o comportamento. Desencadeadas por certos estímulos e acompanhadas de mudanças comportamentais, as emoções são detectáveis externamente na expressão facial, na cor da pele, no timbre da voz, nos gestos, no odor e assim por diante. Somente quando a pessoa que experimenta essas mudanças toma consciência delas é que elas se tornam sentimentos, que são experiências conscientes. Mostramos nossas emoções, mas falamos sobre nossos sentimentos.

Consideremos uma reconciliação, ou um reencontro amigável após um confronto. A reconciliação é uma interação emocional mensurável: para detectá-la, o observador precisa de paciência para ver o que acontece entre antigos antagonistas. Mas os sentimentos que acompanham uma reconciliação — contrição, perdão, alívio — só podem ser conhecidos por quem os experimenta. Você pode suspeitar que os outros têm os mesmos sentimentos que você, mas não pode ter certeza, mesmo em relação aos membros de sua própria espécie. Alguém pode alegar que perdoou outra pessoa, por exemplo, mas podemos confiar nessa informação? Com grande frequência, apesar do que nos disseram, as pessoas mencionam a afronta em questão na primeira oportunidade que têm. Conhecemos nossos próprios estados interiores de maneira imperfeita e muitas vezes enganamos a nós mesmos e àqueles que nos rodeiam. Somos mestres da felicidade fingida, do medo reprimido e do amor equivocado. É por isso que fico contente por trabalhar com criaturas que não falam. Sou forçado a adivinhar seus sentimentos, mas pelo menos elas nunca me levam para o rumo errado pelo que me dizem sobre si próprias.

O estudo da psicologia humana baseia-se geralmente no uso de questionários, carregados de sentimentos relatados pelo entrevistado e fracos em termos de comportamento real. Mas eu sou a favor do contrário. Precisamos de mais observações acerca dos temas sociais verdadeiramente humanos. Como exemplo simples, menciono uma grande conferência na Itália, da qual participei há muitos anos, quando ainda era um cientista iniciante. Estando lá para falar sobre como os primatas resolvem conflitos, não tinha imaginado ver um perfeito exemplo humano em exibição. Um determinado cientista estava agindo de uma forma que eu nunca tinha visto antes e raramente vi desde então. Talvez aquilo fosse a combinação entre ser famoso e anglófono. Nas reuniões internacionais, norte-americanos e ingleses frequentemente confundem o extraordinário privilégio de poder falar em sua língua materna com superioridade intelectual. Uma vez que ninguém vai discordar deles num inglês capenga, raramente se desiludem quanto a isso.

Havia todo um programa de palestras, e após cada uma delas nosso famoso cientista de língua inglesa saltava de sua cadeira na primeira fila para nos ajudar a entender o trabalho. Por exemplo, logo depois que uma palestrante italiana terminou de apresentar seu trabalho, quando os aplausos ainda ressoavam, esse cientista levantou-se, subiu ao tablado, pegou o microfone da oradora e disse literalmente: "O que ela quis dizer, na verdade, [...]". Não me lembro mais do tema, mas a italiana fez uma careta. Foi difícil não perceber a arrogância e o desrespeito desse homem por ela, no que agora é chamado de *mansplaining*.

A maioria das pessoas da plateia estava ouvindo através de um serviço de tradução; na verdade, a conexão linguística atrasada pode tê-las ajudado a perceber o comportamento dele, da mesma forma que somos melhores em ler a linguagem corporal num debate televisionado quando o som é desligado. O público começou a assobiar e vaiar.

A expressão de surpresa no rosto do nosso famoso cientista mostrou o quanto ele havia avaliado mal a recepção de sua tomada de poder. Até então, ele achava que estava indo às mil maravilhas. Aturdido e talvez humilhado, desceu rapidamente do tablado.

Mantive meus olhos nele e na palestrante italiana quando eles se sentaram na plateia. Dentro de quinze minutos, ele se aproximou dela e lhe ofereceu seu dispositivo de tradução, já que ela não tinha um. Ela aceitou educadamente (talvez sem realmente precisar do aparelho), o que conta como uma oferta implícita de paz. Digo "implícita" porque não houve sinal de que eles tenham mencionado o momento embaraçoso anterior. Os seres humanos muitas vezes sinalizam boas intenções (um sorriso, um elogio) depois de um confronto e deixam por isso mesmo. Eu não conseguia acompanhar o que eles estavam dizendo, mas outra pessoa me contou que, depois que todas as palestras terminaram, o cientista se aproximou da palestrante uma segunda vez e disse a ela: "Eu me comportei como um perfeito idiota". Essa admirável pitada de autoconhecimento chegou perto de uma reconciliação explícita.

Apesar da onipresença da resolução de conflitos humanos e de seu fascinante desdobramento na conferência, minha palestra teve uma recepção confusa. Eu estava apenas começando meus estudos e a ciência ainda não estava pronta para a ideia de que outras espécies praticam a reconciliação. Não creio que alguém tenha duvidado de minhas observações — forneci muitos dados e fotografias para justificar minha afirmação —, mas simplesmente não se sabia o que fazer com elas. Na época, as teorias sobre o conflito animal se concentravam em ganhar e perder. Ganhar é bom, perder é ruim, e tudo o que importa é quem obtém os recursos. Na década de 1970, a ciência via os animais como hobbesianos: violentos, competitivos, egoístas e nunca genuinamente gentis. Minha ênfase na pacificação não fazia sentido. Além disso, o termo soava emocional, o que não era bem-visto. Alguns colegas adotaram uma abordagem paternalista, explicando que eu me apaixonara por uma noção romântica que não pertencia à ciência. Eu ainda era muito jovem, e eles me passaram aquele sermão de que tudo na natureza gira em torno de sobrevivência e reprodução, e que nenhum organismo iria muito longe com a pacificação. O acordo é para os fracos. Mesmo que os chimpanzés mostrassem esse tipo de comportamento, disseram eles, é duvidoso que precisassem de fato dele. E certamente nenhuma outra espécie fazia o mesmo. Eu estava estudando um acaso feliz.

Várias décadas e centenas de estudos depois, sabemos que a reconciliação é um fato comum e generalizado. Ocorre entre todos os mamíferos sociais, desde ratos e golfinhos até lobos e elefantes, e também entre as aves. Esse comportamento serve para o reparo da relação, tanto que, se hoje descobríssemos um mamífero social que *não* se reconciliasse após as lutas, ficaríamos surpresos. Nós nos perguntaríamos como eles mantêm sua sociedade unida. Mas na época eu não sabia disso, e educadamente ouvi todos os conselhos gratuitos. Eles não mudaram minha opinião, porém, porque para mim a observação supera qualquer teoria. O que os animais fazem na vida real sempre tem prioridade sobre noções preconcebidas a respeito de como eles devem se comportar. Quando se é um observador nato, é isto que se obtém: uma abordagem indutiva da ciência.

Da mesma forma, se observarmos, como Charles Darwin fez em *A expressão das emoções no homem e nos animais*, que outros primatas empregam expressões faciais semelhantes às dos seres humanos em situações emocionalmente carregadas, não podemos nos esquivar das semelhanças em suas vidas interiores. Eles mostram os dentes num sorriso, produzem sons roucos de risadinhas quando sentem cócegas e fazem beicinho quando estão frustrados. Isso se torna automaticamente o ponto de partida de nossas teorias. Podemos ter a opinião que quisermos sobre as emoções dos animais ou sobre a ausência delas, mas devemos criar um marco dentro do qual faça sentido o fato de que os seres humanos e outros primatas comunicam suas reações e intenções por meio da mesma musculatura facial. Darwin naturalmente fez isso, supondo uma continuidade emocional entre os seres humanos e outras espécies.

No entanto, existe um mundo de diferenças entre o comportamento que expressa emoções e a experiência consciente ou inconsciente desses estados. Quem afirma saber o que os animais sentem não tem a ciência do seu lado. Isso continua a ser conjectura. Não é necessariamente ruim, e sou totalmente favorável a *supor* que as espécies relacionadas conosco têm sentimentos correlatos, mas não devemos esquecer o salto de fé que isso exige de nós. Mesmo quando lhe digo que o último abraço da matriarca foi o abraço entre uma velha chimpanzé e um velho professor alguns dias antes da morte do animal, não posso incluir os sentimentos dela em minha descrição. O comportamento familiar, assim como seu contexto pungente, sugere os sentimentos, mas eles continuam inacessíveis. Essa incerteza sempre atormentou os estudiosos das emoções, e é a razão pela qual muitas vezes se considera esse campo obscuro e confuso.

A ciência não gosta de imprecisões, e é por isso que, quando se trata de emoções animais, ela muitas vezes está em desacordo com as opiniões do público em geral. Pergunte ao homem ou à mulher na rua se os animais têm emoções, e eles responderão "Claro!". Eles sabem que seus cães e gatos têm todo tipo de emoção, e, por extensão, também a concedem a outros animais. Mas faça a mesma pergunta aos professores de uma universidade, e muitos coçarão a cabeça, ficarão perplexos e perguntarão o que exatamente você quer dizer. Como você *define* emoções? Eles podem seguir B. F. Skinner, o behaviorista norte-americano que promoveu uma visão mecanicista dos animais, descartando as emoções como "excelentes exemplos das causas fictícias a que comumente atribuímos o comportamento".[1] É verdade que hoje é difícil encontrar um cientista que negue as emoções dos animais, mas muitos sentem-se desconfortáveis para falar sobre elas.

O leitor que se sente insultado, em nome dos animais, por quem duvida da existência de vida emocional entre eles deve ter em mente que, sem a investigação típica da ciência, ainda acreditaríamos que a Terra é plana ou que as larvas rastejam espontaneamente para fora da carne apodrecida. A ciência está em sua melhor forma quando questiona preconceitos comuns. E, embora eu não concorde com a visão cética acerca das emoções animais, também acho que afirmar sua existência é como dizer que o céu é azul. Isso não nos leva muito longe. Precisamos saber mais. Que tipos de emoção? Como elas são sentidas? Para que servem? O medo é presumivelmente sentido por um peixe do mesmo modo que por um cavalo? Impressões não são suficientes para responder a essas perguntas. Veja como estudamos a vida interior de nossa própria espécie. Levamos os seres humanos para uma sala onde eles assistem a vídeos ou jogam enquanto estão conectados a equipamentos que medem o ritmo cardíaco, a resposta galvânica da pele, as contrações dos músculos faciais e assim por diante. Também escaneamos seus cérebros. Precisamos ter o mesmo olhar detalhado para outras espécies.

Eu adoro seguir primatas selvagens, e ao longo dos anos visitei grande número de sítios de observação em cantos distantes da Terra, mas há um limite para o que eu ou qualquer outra pessoa pode aprender com isso. Em um dos momentos mais emocionantes que já presenciei, chimpanzés selvagens, no alto das árvores, explodiram repentinamente em guinchos e gritos horripilantes; os chimpanzés estão entre os animais mais barulhentos do mundo, e meu coração estancou sem saber a causa da comoção. Acontece que eles haviam capturado um desafortunado macaco e deixavam poucas dúvidas sobre o quanto valorizavam sua carne. Enquanto eu observava os chimpanzés se aglomerarem em torno do possuidor da carcaça e do banquete, perguntei-me se ele os compartilhava com os outros porque tinha mais do que o suficiente para comer e nem ligava, ou porque queria se livrar de todos aqueles pedintes que não paravam de choramingar enquanto tocavam delicadamente cada pedacinho que ele punha na boca. Ou talvez, como terceira possibilidade, o compartilhamento fosse altruísta, baseado no quanto ele sabia que os outros queriam um pedaço. Só olhando não há como ter certeza. Precisaríamos mudar o estado de fome do dono da refeição, ou tornar mais difícil para os outros implorarem. Ele ainda seria tão generoso? Apenas um experimento controlado nos permitiria descobrir os motivos por trás de seu comportamento.

Isso funcionou muito bem em estudos sobre inteligência. Hoje ousamos falar da vida mental dos animais, somente após um século de experimentos sobre comunicação simbólica, reconhecimento de si mesmo no espelho, uso de ferramentas, planejamento para o futuro e adoção do ponto de vista de outro animal. Esses estudos abalaram a parede que supostamente separa os seres humanos do resto do reino animal. Podemos esperar que o mesmo aconteça em relação às emoções, mas somente se adotarmos uma abordagem sistemática. O ideal seria usar as descobertas de laboratório e as de campo, juntando-as como peças de um mesmo quebra-cabeça.

As emoções podem ser incertas, mas também são, de longe, o aspecto mais evidente de nossas vidas. Elas dão significado a tudo. Nos experimentos, as pessoas se lembram muito melhor de imagens e histórias carregadas de emoções que das neutras. Gostamos de descrever quase tudo o que fizemos ou estamos prestes a fazer em termos emocionais. Um casamento é romântico ou festivo, um funeral é cheio de lágrimas, um jogo pode ser muito divertido ou uma decepção, dependendo do resultado.

Temos o mesmo viés quando se trata de animais. Um vídeo de um macaco-prego selvagem quebrando castanhas com pedras terá muito menos visualizações do que o de um rebanho de búfalos protegendo um filhote contra leões: os ungulados levantam os predadores com os chifres, enquanto o filhote se liberta das garras. Ambos os vídeos impressionam e são interessantes, mas só o segundo toca nossos corações. Nós nos identificamos com o filhote, ouvimos seu bramido e ficamos encantados com o reencontro com a mãe. Esquecemos convenientemente que, para os leões, não há nada de feliz nesse resultado.

Esse é outro aspecto das emoções: elas nos fazem tomar partido.

Temos profundo interesse pelas emoções, mas não é só isso; elas também estruturam nossas sociedades num grau que raramente reconhecemos. Por que os políticos buscam um cargo mais alto, se não pela fome de poder que marca todos os primatas? Por que você se preocuparia com sua família se não fosse pelos laços emocionais que unem pais e filhos? Por que aboliríamos a escravidão e o trabalho infantil se não fosse pela decência humana baseada na conexão social e na empatia? Para explicar sua oposição ao escravismo, Abraham Lincoln mencionou especificamente a visão lamentável de escravos acorrentados que presenciara em viagens pelo sul. Nossos sistemas judiciários canalizam sentimentos de rancor e vingança para uma punição justa, e nossos sistemas de saúde têm suas raízes na compaixão. Os hospitais (do latim *hospitālis* ou "acolhedor") começaram como instituições religiosas de caridade dirigidas por freiras, só mais tarde se tornaram entidades seculares operadas por profissionais. Na verdade, todas as nossas instituições e realizações mais queridas estão intimamente entrelaçadas às emoções humanas e não existiriam sem elas.

Essa percepção me faz ver as emoções dos animais sob um prisma diferente: não como um tópico a ser contemplado por si mesmo, mas como algo capaz de lançar luz sobre nossa própria existência, nossos objetivos e sonhos, e sobre nossas sociedades altamente estruturadas. Tendo em vista minha especialização, naturalmente presto mais atenção aos nossos colegas primatas, mas não porque acredite que suas emoções sejam inerentemente mais dignas de atenção. Os primatas expressam-se de um modo mais parecido conosco, porém as emoções estão em toda parte no reino animal, de peixes a aves, insetos e até moluscos mal-humorados como o polvo.

Eu raramente irei me referir a outras espécies como "outros animais" ou "animais não humanos". Para simplificar, vou chamá-los principalmente de "animais", embora, para mim, como biólogo, nada seja mais evidente do que o fato de pertencermos ao mesmo reino. Nós *somos* animais. Uma vez que não vejo nossa própria espécie como emocionalmente muito diferente dos outros mamíferos — e, na verdade, seria difícil identificar emoções exclusivamente humanas —, creio ser melhor prestar atenção detalhada ao contexto emocional que compartilhamos com nossos companheiros de viagem neste planeta.

1. O último abraço de Mama

O adeus de uma matriarca chimpanzé

Um mês antes de Mama completar 59 anos, e dois meses antes do octogésimo aniversário de Jan van Hooff, esses dois hominídeos idosos tiveram um reencontro comovente. Mama, emaciada e quase morta, estava entre os chimpanzés mais antigos dos zoológicos do mundo. Jan, com seus cabelos brancos destacando-se contra um capote de chuva vermelho-claro, é o professor de biologia que orientou minha dissertação há muito tempo. Os dois se conheciam havia mais de quarenta anos.

Enrodilhada em posição fetal em seu ninho de palha, Mama nem sequer olha para cima quando Jan, que entrara corajosamente na jaula noturna, se aproxima com alguns grunhidos amigáveis. Quem trabalha com símios costuma imitar os sons e gestos típicos deles: grunhidos suaves são tranquilizadores. Quando Mama finalmente acorda de sua letargia, leva um segundo para perceber o que está acontecendo. Mas então ela expressa imensa alegria ao ver Jan de perto, em carne e osso. Seu rosto se transforma num sorriso de êxtase, muito mais expansivo do que o típico de nossa espécie. Os lábios dos chimpanzés são incrivelmente flexíveis e podem virar do avesso, de modo que vemos não apenas os dentes e as gengivas de Mama, mas também o lado interno dos lábios. Metade do rosto de Mama é um enorme sorriso enquanto

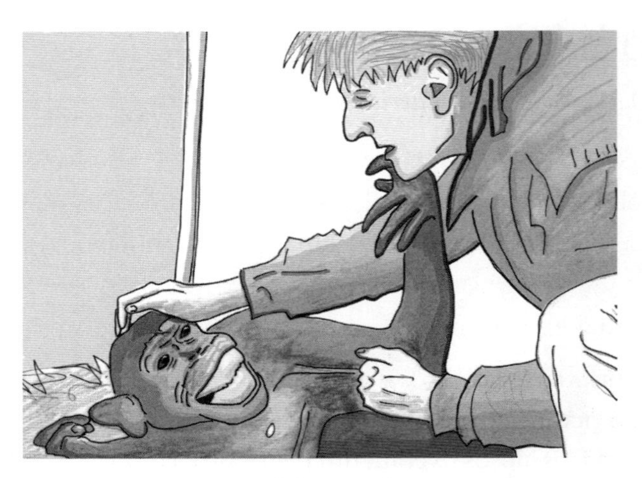

Em 2016, Jan van Hooff fez sua última visita a Mama, uma velha matriarca chimpanzé, em seu leito de morte, no Zoológico Burgers. Mama abriu um enorme sorriso enquanto abraçava o professor, que ela conhecia havia quarenta anos. Ela morreu poucas semanas depois.

ela uiva, emitindo um som suave e agudo reservado para momentos de emoção intensa. Nesse caso, a emoção é claramente positiva, porque ela estende as mãos para a cabeça de Jan enquanto ele se inclina. Ela acaricia gentilmente seu cabelo, depois coloca um de seus longos braços em torno do pescoço dele para puxá-lo para mais perto. Durante esse abraço, seus dedos batem ritmicamente na parte de trás da cabeça e do pescoço dele, num gesto reconfortante que os chimpanzés também usam para acalmar um bebê que choraminga.

Isso era típico de Mama: ela deve ter percebido a apreensão de Jan ao invadir seu domínio e estava dizendo para ele não se preocupar. Estava feliz em vê-lo.

Reconhecendo a nós mesmos

O encontro foi absolutamente excepcional. Embora, no decorrer de suas vidas, Jan e Mama tivessem tido incontáveis sessões de catação através das grades, nenhum ser humano em sã consciência entraria numa jaula com um chimpanzé adulto. Os chimpanzés não parecem grandes para nós, mas sua força muscular excede em muito a nossa, e abundam relatos de ataques horríveis. Até o maior lutador profissional humano ficaria aquém da força de um chimpanzé adulto. Quando lhe perguntei se teria feito o mesmo com qualquer outro chimpanzé no zoológico, alguns dos quais ele conhecia há quase tanto tempo quanto, Jan disse que era muito apegado à vida para pensar nisso. Os chimpanzés são tão volúveis que os únicos seres humanos que estão seguros em sua presença são aqueles que os criaram, algo que não se aplicava a Jan e Mama. Mas, com ela tão fraca, a equação mudava. Além disso, ela havia manifestado sentimentos positivos em relação a Jan tantas vezes no passado que ambos passaram a confiar um no outro. Isso dera coragem a Jan para seu primeiro e último encontro direto com a velha rainha da colônia no Zoológico Burgers, em Arnhem, Holanda.

Ao longo dos anos, desfrutei de um relacionamento semelhante com Mama. Eu lhe dei esse nome justamente por causa de sua posição matriarcal. Mas, como agora vivo do outro lado do Atlântico, não pude participar da despedida. Alguns meses antes, eu estivera com Mama pela última vez. Ao ver meu rosto a uma grande distância entre o público, ela se apressou para me saudar, apesar do andar doloroso provocado pela artrite. Mama se aproximou do fosso de água que nos separava soltando guinchos e grunhidos, enquanto esticava a mão, convidativa. Os chimpanzés vivem numa ilha arborizada — o maior ambiente desse tipo em qualquer zoológico — onde eu os observara por cerca de 10 mil horas quando era um jovem pesquisador. Mama sabia que, no final do dia, quando os símios estivessem recolhidos, eu iria até sua jaula noturna para uma conversa de perto.

Equipes de filmagem exploraram muitas vezes a previsibilidade de nossas saudações. Antes da minha chegada, elas ficavam de prontidão com as câmeras ligadas. Toda a colônia não suspeitava do que estava por vir, e alguém apontava para Mama a fim de ter certeza de que as câmeras manteriam o foco sobre ela. Invariavelmente ela estava sentada, à vontade, catando-se ou dormindo, e de repente me notava ou ouvia minha voz quando eu a chamava, saltava e corria para a frente com grunhidos altos e ofegantes. A equipe filmava tudo, junto com minhas reações e as de outros chimpanzés, alguns dos quais também se lembravam de mim. E as pessoas sempre ficavam impressionadas com a memória e o entusiasmo de Mama.

Devo dizer que tenho sentimentos contraditórios a respeito desses procedimentos de filmagem. Antes de mais nada, eles desmerecem um reencontro genuíno entre velhos amigos. Em segundo lugar, não consigo ver o que é tão impressionante nisso. Quem conhece os chimpanzés percebe que eles têm um excelente reconhecimento facial e memória duradoura; então, o que há de tão especial em saber que Mama está contente em me ver? É porque não esperamos isso de um animal exótico? Ou será porque indica um vínculo entre membros de diferentes espécies de primatas? Seria como se eu visitasse meus vizinhos depois de um ano no exterior e toda uma equipe de câmeras me seguisse para ver o que aconteceria. Depois que eu tocasse a campainha, a porta se abriria aos gritos de "Olhem quem chegou!".

Quem ficaria espantado?

O fato de ficarmos impressionados porque Mama se lembra de mim é um sinal do pouco crédito que a humanidade dá às capacidades emocional e mental dos animais. Os estudiosos da inteligência animal em espécies de cérebros grandes estão acostumados a ouvir um monte de comentários céticos de outros cientistas, especialmente daqueles que trabalham com animais de cérebros menores, como ratos e pombos. Esses pesquisadores costumam ver os animais como máquinas de estímulo-resposta impulsionadas pelo instinto e pelo aprendizado simples, e não suportam toda essa conversa sobre pensamentos, sentimentos e memórias prolongadas. O fato de suas concepções estarem desatualizadas é o tema do meu último livro: *Are We Smart Enough to Know How Smart Animals Are?* [Somos inteligentes o bastante para saber como os animais são inteligentes?].

O encontro de Jan com Mama foi gravado num telefone celular.[1] Quando foi exibido na televisão nacional holandesa, com locução na voz trêmula do próprio Jan (pelas emoções do momento), os espectadores de um programa popular de entrevistas ficaram extremamente comovidos. Eles postaram longos comentários no site da rede ou escreveram diretamente para Jan, declarando que haviam irrompido em lágrimas diante dos aparelhos de TV. Ficaram arrasados, em parte pelo triste contexto — porque a morte de Mama já fora anunciada —, mas também pela maneira muito humana com que ela abraçara Jan enquanto tamborilava os dedos em seu pescoço. Essa última cena foi um choque para muitas pessoas, que reconheceram seu próprio comportamento. Pela primeira vez, elas perceberam que um gesto que parece essencialmente humano é, na verdade, um padrão geral dos primatas. Muitas vezes, é nas pequenas coisas que vemos melhor as conexões evolutivas. A propósito, essas conexões se aplicam a 90% das expressões humanas, desde a maneira como alguns pelos do nosso corpo ficam eriçados quando nos assustamos (arrepios) até o modo como homens e chimpanzés machos dão tapas nas costas uns dos outros de forma enérgica. Podemos ver esse contato vigoroso todas as primaveras, quando os chimpanzés emergem de seus abrigos depois de um longo inverno. Finalmente aproveitando a relva e o sol, eles ficam em pequenos grupos, gritam, se abraçam e batem nas costas uns dos outros.

Em outras ocasiões, reagimos às nossas óbvias ligações evolutivas com os símios com escárnio (os visitantes do zoológico costumam imitar a maneira como eles acreditam que os macacos se coçam) ou chacota. Adoramos rir de nossos companheiros primatas. Durante minhas palestras, com frequência mostro vídeos de macacos e grandes primatas em ação, e meu público morre de rir de quase tudo, até do comportamento perfeitamente normal. A risada é um sinal de reconhecimento, mas também de inquietação com a proximidade desconfortável. Um dos meus vídeos curtos mais populares, visualizado milhões de vezes na internet, mostra uma fêmea de macaco-prego chateada porque a comida que recebe para realizar certa tarefa é menos atraente que a comida de seu companheiro. Ela sacode a câmara de teste e bate no chão, de tal modo agitada que não temos problemas em reconhecer sua frustração com a injustiça percebida.

Pior que a hilaridade é o nojo com que se costumava reagir ante outros primatas. Felizmente isso se tornou raro, embora as pessoas ainda chamem os primatas de "feios" e fiquem chocadas quando digo que um macho é "bonito" ou uma fêmea é "bonita". Antigamente, os ocidentais nunca viam símios vivos, apenas seus ossos e peles, ou então gravuras deles, nossos parentes mais próximos. Quando os primeiros grandes símios foram exibidos, ninguém podia acreditar no que via. Em 1835, um chimpanzé macho chegou ao Zoológico de Londres e foi apresentado vestindo um traje de marinheiro. Veio em seguida uma fêmea de orangotango, que enfiaram num vestido. A rainha Vitória foi à exposição e ficou horrorizada. Ela não suportou a visão dos símios, dizendo que eles eram dolorosa e desagradavelmente humanos. O nojo diante dos símios era de fato generalizado, mas como isso podia acontecer, a menos que eles estivessem nos dizendo algo sobre nós mesmos que não queríamos ouvir? Quando visitou os grandes primatas no Zoológico de Londres, o jovem Charles Darwin compartilhou da conclusão da rainha, mas não de sua repulsa. Ele achou que quem estivesse convencido da superioridade humana deveria dar uma olhada naquilo.

Provavelmente todas essas variadas reações foram desencadeadas quando Jan explicou na televisão que Mama era muito especial e por que a visitara no leito de morte. Ele mesmo, no entanto, não via nada de chocante, engraçado ou surpreendente no encontro. Simplesmente sentira necessidade de se despedir dela. Também não era um caso assimétrico, como quando as pessoas encontram um urso, elefante ou baleia, se aproximam e dizem que se sentem como o animal. Os seres humanos em tais situações experimentam uma conexão irresistível e ficam profundamente comovidos, mas é duvidoso que esses sentimentos sejam mútuos. Os encontros são quase como um "pacto de suicídio", porque põem os seres humanos em risco, e poucas vezes se pode culpar os animais por algum resultado fatal.

Um jornalista estava tão encantado com um chimpanzé macho num santuário que, quando encarou o macaco, questionou sua própria identidade: sentiu-se olhando diretamente para seu passado evolutivo perdido. Em seu desejo de mostrar respeito, no entanto, acabou sendo condescendente. Os símios subsistentes não são apenas máquinas do tempo para nos mostrar nossas próprias origens evolutivas! Embora seja verdade que descendemos de um ancestral simiesco, a espécie antiga que nos deu origem não existe mais. Ela habitou a Terra há cerca de 6 milhões de anos, seus descendentes passaram por inúmeras mudanças e morreram um a um antes de dar origem aos sobreviventes de hoje: o chimpanzé, o bonobo e nossa própria espécie. Como esses três hominídeos têm histórias igualmente longas, eles são igualmente "evoluídos". Então, olhar para um símio revela uma história compartilhada não apenas por nós, mas também pelo símio que nos olha. Se os símios são máquinas do tempo para nós, então somos a mesma coisa para eles.

Com Jan e Mama, no entanto, nenhuma dessas considerações entrou em jogo. O fato de pertencerem a diferentes espécies era secundário. No caso deles, tratava-se de um encontro entre dois membros de espécies relacionadas que se conheciam há muito tempo e se respeitavam como indivíduos. Podemos nos sentir mentalmente superiores quando acariciamos um coelho ou passeamos com um cachorro, mas quando se trata de símios, acho que é impossível manter essa atitude. A vida socioemocional deles se parece a tal ponto com a nossa que não está claro onde traçar a linha divisória.

Donald Hebb, o neurocientista canadense conhecido como o pai da neuropsicologia, observou esse limite impreciso quando estudou os chimpanzés no Centro Nacional Yerkes de Pesquisas sobre Primatas (agora nos arredores de Atlanta, mas na década de 1940 localizava-se na Flórida). Ele concluiu que o comportamento dos chimpanzés não cabia nas pequenas caixas de definição em que colocamos outros comportamentos animais, como alimentação, higiene, acasalamento, luta, vocalização, gestos e assim por diante. Gostamos de anotar cada pequena coisa que os símios fazem, mas o que está por trás de seu comportamento é difícil de identificar. De acordo com Hebb, seria muito melhor se classificássemos o comportamento dos símios no nível emocional, o qual compreendemos intuitivamente: "A classificação objetiva deixou escapar algo que as categorias mal definidas de emoção e similares evitaram — alguma ordem ou relação entre atos isolados que é essencial para a compreensão do comportamento".[2]

Hebb aludia à concepção predominante na biologia de que as emoções orquestram o comportamento. Tomadas em si mesmas, as emoções são bastante inúteis: simplesmente ter medo não faz nenhum bem ao organismo. Mas, se um estado de medo força o organismo a fugir, se esconder ou contra-atacar, ele pode salvar sua vida. Em suma, as emoções evoluíram graças à sua capacidade de induzir reações adaptativas ao perigo, à competição, a oportunidades de acasalamento e assim por diante. As emoções propiciam a ação. Nossa espécie compartilha muitas emoções com os outros primatas porque contamos com aproximadamente o mesmo repertório comportamental. Essa semelhança, expressa por corpos com desenho similar, nos dá uma profunda conexão não verbal com outros primatas. Nossos corpos mapeiam tão perfeitamente os deles, e vice-versa, que o entendimento mútuo vem logo em seguida. É por isso que Jan e Mama se reconheceram como iguais, e não como homem e animal.

Pode-se contrapor que "iguais" não é o termo certo para um ser humano livre comparado a um símio cativo. Esse é um comentário justo. Mas Mama, nascida em 1957 no Zoológico de Leipzig, na Alemanha, não tinha ideia do que seria a vida na natureza. Em se tratando de zoológicos, ela teve a imensa sorte de se juntar à primeira grande colônia de chimpanzés do mundo. Nas décadas decorridas desde que os primeiros espécimes vivos perturbaram a rainha britânica, os zoológicos enjaularam a espécie, sozinhos ou em pequenos grupos. Os chimpanzés eram considerados violentos demais para viver em grupos com mais de um macho adulto, embora as comunidades naturais contem com muitos machos adultos, às vezes mais de uma dúzia. Quando estudante, Jan passara um tempo numa instalação norte-americana no Novo México onde a Nasa preparava chimpanzés jovens para serem enviados ao espaço. Lá ele viu em primeira mão as possibilidades e os problemas de abrigar muitos símios juntos. Os problemas surgiam da maneira como eles eram alimentados: os cuidadores despejavam todas as frutas e legumes numa única pilha, o que levava a grandes brigas que destruíam o tecido social. Por volta da mesma época, Jane Goodall aprendeu lição semelhante em seu acampamento na Tanzânia, o que a levou a abandonar o fornecimento de bananas a símios selvagens.

Inspirado pela experiência americana, Jan e seu irmão, Antoon, que era diretor do Zoológico Burgers, decidiram colocar todos os chimpanzés num mesmo espaço, mas alimentá-los separadamente ou em pequenas unidades familiares. O resultado foi o estabelecimento, no início dos anos 1970, de uma ilha ao ar livre de oitocentos metros quadrados com cerca de 25 chimpanzés, conhecida como colônia de Arnhem. Apesar das terríveis advertências dos especialistas de que aquilo nunca funcionaria, a colônia prosperou e com o tempo produziu filhotes mais saudáveis do que qualquer outra. Os símios nas florestas da África e da Ásia estão atualmente em declínio acentuado, tornando as populações dos zoológicos ainda mais valiosas. A colônia de Arnhem foi (e ainda é) um enorme sucesso e se tornou um modelo para zoológicos no resto do mundo.

Assim, embora estivesse em cativeiro, Mama desfrutou de uma longa vida em seu próprio universo social, rico em nascimentos, mortes, sexo, dramas de poder, amizades, laços familiares e todos os outros aspectos da sociedade primata. Ela talvez tenha percebido que a visita especial de Jan estava relacionada ao seu estado de saúde, mas não está claro se tinha alguma ideia de seu próprio fim iminente. Os símios sabem algo sobre mortalidade? A julgar por Reo, um chimpanzé do Instituto de Pesquisas sobre Primatas da Universidade de Kyoto, no Japão, deve-se suspeitar que os chimpanzés não têm essa consciência. No auge de sua vida, Reo ficou paralisado do pescoço para baixo em consequência de uma inflamação na coluna. Ele era capaz de comer e beber, mas não conseguia mexer o corpo. Perdeu peso continuamente enquanto veterinários e estudantes cuidavam dele o tempo todo durante seis meses. Reo se recuperou, porém a parte mais interessante é como reagiu ao fato de estar acamado. Sua atitude perante a vida não mudou nem um pouco. Mesmo quando sua condição parecia grave para todos ao seu redor, ele provocava jovens estudantes cuspindo água neles, como fazia antes da doença. Estava magro como um palito, mas parecia despreocupado e nunca ficava deprimido.[3]

Às vezes, supomos que outros animais têm um senso de mortalidade, como uma vaca a caminho do matadouro ou um animal de estimação que desaparece dias antes de sua morte. Contudo, grande parte disso é projeção humana, baseada no que *nós* percebemos que está por chegar. Mas os animais percebem isso também? Quem diz que uma gata escondida no porão durante seus últimos dias sabe que seu fim está próximo? Debilitada ou com dor, ela pode simplesmente querer ficar sozinha. Da mesma forma, enquanto era óbvio para nós que Mama estava fisicamente às portas da morte, nunca saberemos se mentalmente ela também vivia o declínio.

Mama estava isolada em sua jaula nessa época porque os chimpanzés machos, especialmente os adolescentes, muitas vezes agem como idiotas ao espancar alvos fáceis. O zoológico queria proteger Mama naquela situação. A sociedade dos chimpanzés não é para os mansos e fracos, e precisamente por isso a posição que Mama ocupou durante toda a sua vida foi tão impressionante.

O papel central de Mama

Mama tinha uma compleição excepcionalmente grande, com braços longos e poderosos. Durante as exibições de ataque, ela parecia muito intimidante, com os pelos eriçados, batendo os pés. Não tinha obviamente a quantidade de músculos e pelos de um macho, especialmente nos ombros, que os machos incham quando tentam impressionar. Mas o que lhe faltava em anatomia ela compensava em vigor. Mama era conhecida por dar golpes explosivos nas grandes portas de metal da jaula. Ela apoiava os punhos bem separados no chão e balançava o corpo inteiro entre os braços para dar um chute violento com os dois pés contra a porta. Isso sinalizava que ela estava exaltada de verdade e que ninguém devia se meter com ela.

A dominância de Mama vinha de sua personalidade ainda mais que de seu físico. Ela tinha o ar de uma avó que havia visto de tudo e não aceitava besteira de ninguém. Exigia tanto respeito que a primeira vez que a encarei diretamente a partir do outro lado do fosso me senti pequeno. Ela tinha o hábito de acenar calmamente com a cabeça para que você soubesse que ela o havia notado. Eu nunca percebera tamanha sabedoria e equilíbrio em qualquer outra espécie que não fosse a minha. Seu olhar era de amizade circunscrita: estava pronta para entender e gostar de você contanto que você não a contrariasse. Ela tinha até senso de humor. Os chimpanzés costumam exibir uma cara de riso durante as brincadeiras, mas eu também via isso em momentos em que isso não pareceria adequado, como quando um macho superior se deixava perseguir por um filhote chateado. Enquanto foge dos gritos do monstrinho, o "homem grande" da colônia usa uma expressão risonha, como se o absurdo da situação o divertisse. Certa vez, Mama mostrou a mesma cara de riso diante do final inesperado de um confronto tenso, do mesmo modo como reagimos a uma piada.

Meu colega Matthijs Schilder estava testando as reações dos chimpanzés aos predadores. Ele pôs uma máscara de pantera e, sem que os chimpanzés soubessem, escondeu-se nos arbustos perto do fosso de água que circundava a ilha dos símios. De repente, ele levantou a cabeça com a máscara, de modo que um grande felino parecia estar olhando para os chimpanzés da folhagem. Sempre alertas, eles reagiram em segundos com grande alarme e fúria. Dando berros altos e zangados, avançaram para atacar o predador com paus e pedras. (A propósito, a mesma reação foi observada entre os chimpanzés selvagens, que temem intensamente os leopardos à noite, mas os importunam durante o dia.) Matthijs teve dificuldade de evitar os projéteis, bem direcionados, e foi se esconder em outro lugar.

Depois de vários confrontos, ele ficou de pé e tirou a máscara para mostrar seu rosto familiar. A colônia se acalmou rapidamente. Mas, dentre todos os chimpanzés, foi Mama que mudou gradualmente a expressão de raiva e aflição para uma risada com a boca entreaberta e os lábios cobrindo frouxamente os dentes. Ela manteve essa cara por um tempo, sugerindo que percebera a brincadeira no disfarce de Matthijs.[4]

Mama conectava-se com facilidade com todos, tanto machos quanto fêmeas, e tinha uma rede de apoio como nenhuma outra — era uma diplomata nata. Ela também não relutava em impor lealdade: tomava partido nas lutas pelo poder, optando por apoiar um macho contra outro, mas não tolerava que outras fêmeas manifestassem escolha diferente. As fêmeas que faziam isso, que intervinham nas batalhas dos machos em favor do competidor "errado", se veriam, de repente, no final do dia, em apuros com Mama. Ela agia como líder de partido em relação a seu candidato favorito.

Nesse aspecto, Mama abria apenas uma exceção: para sua aliada Kuif, uma fêmea também conhecida como Gorila, nome que eu usei em alguns de meus outros livros por causa de sua face toda negra. Kuif tinha uma compleição ligeiramente menor que a de Mama. Nascidas no mesmo zoológico, Kuif e Mama tinham um passado compartilhado que se traduzia numa poderosa aliança que continuou até a morte de Kuif, alguns anos antes da de Mama. Nunca vi um único desentendimento entre essas duas fêmeas. Com frequência elas catavam uma à outra e sempre se apoiavam quando uma delas se metia em confusão. Kuif era a única fêmea que podia contrariar os desejos de Mama sem consequências. Ela apoiava um macho em particular que não era o preferido de Mama, mas Mama ignorava esse apoio, como se nunca tivesse notado. Em outros aspectos, Mama e Kuif geralmente agiam unidas. Uma briga séria com uma delas envolvia automaticamente a outra, e todos sabiam disso, inclusive os machos, que haviam aprendido que não podiam lidar com as duas fêmeas enfurecidas ao mesmo tempo. Mama e Kuif estavam sempre prontas a se apoiar e gritavam literalmente nos braços uma da outra após grandes convulsões.

Mama não era apenas uma figura central na colônia, mas também assumia o papel de elo com os seres humanos. Mais que qualquer outro chimpanzé, ela construía relacionamentos com pessoas de que gostava ou que percebia como importantes. Demonstrava enorme respeito pelo diretor do zoológico, por exemplo. A conexão comigo também se devia, em grande parte, a iniciativa sua. Muitas vezes tínhamos sessões de catação através das grades da jaula que ela compartilhava com sua amiga Kuif. Embora minhas relações com Mama fossem descontraídas, eu precisava ter cuidado com Kuif, que às vezes tentava me provocar, me testando. Os chimpanzés estão sempre no jogo da demonstração de superioridade, sempre buscando os limites da dominância, sua ou deles. Às vezes Kuif me agarrava através das grades, quando Mama estava sentada ao lado, de costas para ela. A melhor estratégia nesses casos é manter a calma e agir como se você mal percebesse; caso contrário, as coisas podem se intensificar. Nos últimos anos, minha relação com Kuif mudou radicalmente para melhor. Depois de ajudá-la a criar seus primeiros filhos sobreviventes, tornei-me seu ser humano favorito.

Infelizmente, Kuif havia perdido os filhotes anteriores por lactação insuficiente. Os recém-nascidos não conseguiam se desenvolver e definhavam. Toda vez que um deles morria, Kuif entrava numa profunda depressão, marcada por atitudes como balançar-se, agarrar o próprio corpo, recusar comida e soltar gritos de cortar o coração. Havia até mesmo indícios de lágrimas: embora acreditemos que somos os únicos primatas que lacrimejam, Kuif esfregava vigorosamente os olhos com as costas dos dois punhos, do modo que as crianças fazem depois de um bom choro. Talvez fosse apenas uma irritação nos olhos, mas, curiosamente, esse comportamento aparecia nas mesmas circunstâncias em que as lágrimas humanas escorrem.

Diante de tanto sofrimento repetido de Kuif, tive a ideia de ajudá-la a criar sua próxima prole com uma mamadeira. Mas previ um problema: as mães chimpanzés são extremamente possessivas, e era provável que Kuif não nos permitisse retirar o bebê para alimentá-lo. Kuif teria de usar a mamadeira sozinha. Era um plano audacioso, nunca tentado antes.

Então uma solução se apresentou. Nasceu na colônia o filhote de uma mãe surda. No passado, essa chimpanzé fêmea jamais conseguira criar sua prole pela incapacidade de ouvir os sons suaves do bebê que indicam satisfação e desconforto. Essas vocalizações orientam o comportamento materno. A mãe surda pode se sentar sobre o bebê, por exemplo, sem perceber os gemidos desesperados. Para evitar mais um fracasso, tão duro para essa fêmea quanto para Kuif, decidimos retirar o último bebê, chamada Roosje (ou Rosinha) logo após o nascimento e dá-la para Kuif adotar. Cuidamos do bebê enquanto

Ensinei a chimpanzé fêmea Kuif a dar de mamar à sua filha adotiva Roosje. Ela segurava a mamadeira com habilidade e às vezes a afastava para deixar Roosje respirar ou arrotar.

treinávamos Kuif a manusear a mamadeira. Depois de semanas de treinamento, colocamos o filhote na palha da jaula de Kuif.

Em vez de pegar o bebê, Kuif se aproximou das grades onde o cuidador e eu estávamos esperando. Ela nos beijou, alternando o olhar entre Roosje e nós, como se pedisse permissão. O ato de pegar o bebê de outra sem ser convidada não é bem visto entre os chimpanzés. Nós a encorajamos, acenando com os braços em direção à criança e dizendo: "Vá, pegue-a!". Ela acabou por fazer isso, e daquele momento em diante Kuif foi a mãe mais cuidadosa e protetora que se poderia imaginar, e criou Roosje como esperávamos. Ela se tornou bastante talentosa na alimentação e chegava mesmo a afastar brevemente a mamadeira se Roosje precisava arrotar, algo que nunca lhe ensinamos.

Depois dessa adoção, Kuif me cobria com o máximo afeto sempre que eu mostrava meu rosto. Ela reagia a mim como se eu fosse um membro da família há muito perdido, segurava minhas duas mãos e choramingava desesperada se eu tentasse ir embora. Nenhum outro símio no mundo fazia isso. Nosso treinamento com a mamadeira possibilitou que Kuif criasse não só Roosje, mas também alguns de seus próprios filhos. Ela ficou eternamente grata por essa reviravolta em sua vida, e é por isso que eu sempre recebia uma recepção tão calorosa quando me aproximava da área de descanso de Mama e Kuif.

Essas experiências também explicam minha referência aqui a emoções que vão de luto e afeição a gratidão e admiração, porque é isso que eu sentia ao lidar com elas. Como fazemos uns com os outros, e como Hebb defendeu em relação aos símios, descrevemos frequentemente o comportamento em termos das emoções que estão por trás dele. Em minha pesquisa, no entanto, tendo a manter-me afastado dessas caracterizações porque, para analisar objetivamente o comportamento, é melhor deixar as impressões pessoais de fora. Uma forma óbvia de conseguir isso é documentar como os símios se comportam entre si, e não como interagem conosco. A coleta dos dados necessários tomava a maior parte do meu tempo, uma vez que meu foco principal era a política da colônia. Meu projeto dizia respeito à maneira como os machos competem por posição hierárquica, ao papel mediador das fêmeas dominantes, como Mama, e às várias maneiras pelas quais os conflitos são resolvidos.

Isso significava dedicar vasta atenção à hierarquia social e ao exercício do poder, temas surpreendentemente controversos durante a época do *flower power*, na década de 1970. Minha geração estudantil era anarquista e ferozmente democrática, não confiava nas autoridades que dirigiam a universidade (chamavam-nas de "mandarins"), considerava antiquado o ciúme sexual e achava que qualquer tipo de ambição era suspeito. Por outro lado, a colônia de chimpanzés que eu observava todo santo dia mostrava todas aquelas tendências "reacionárias" em mais alto grau: poder, ambição e ciúme.

Sentado ali com meus cabelos na altura dos ombros, nutrido por canções melosas como "Strawberry Fields Forever" e "Good Vibrations", passei por um período verdadeiramente revelador. De imediato, como ser humano, fiquei impressionado com as semelhanças entre nós e nosso parente mais próximo: todo primatólogo passa por essa fase do "Se isso é um animal, então o que sou eu?". Mas, então, tal como um verdadeiro hippie, tive de lidar com um comportamento que minha geração condenava, mas era comum nos chimpanzés. Em vez de deixar que isso influenciasse a maneira como eu olhava para os símios, comecei a entender melhor a minha própria espécie.

A coisa se resumia ao básico do observador: reconhecimento de padrões. Comecei a notar uma disputa desenfreada por posição, formação de alianças, puxa-saquismo e oportunismo político — em meu próprio ambiente. E não me refiro apenas à geração mais velha. O movimento estudantil tinha seus próprios machos alfa, lutas por poder, tietes e ciúmes. Quanto mais promíscuos nos tornávamos, mais o ciúme sexual erguia sua feia cabeça. Meu estudo sobre os símios me deu o distanciamento certo para analisar esses padrões, que eram claros como o dia se você procurasse por eles. Os líderes estudantis ridicularizavam e isolavam possíveis desafiantes e roubavam a namorada de todo mundo, ao mesmo tempo que pregavam as maravilhas do igualitarismo e da tolerância. Havia um enorme descompasso entre o que minha geração queria ser, tal como expresso em nossa apaixonada oratória política, e como nos comportávamos de verdade. Nós estávamos em total fase de negação!

Mama pelo menos era honesta quanto ao poder: ela o tinha e o exercia. De início, ela até dominou três machos adultos que foram introduzidos na colônia um pouco tarde. Esses machos estavam em desvantagem quando entraram na estrutura de poder existente e tiveram dificuldade para se estabelecer. Mama mantinha todos na linha, sem hesitar em usar a força bruta. Na verdade, ela causava mais ferimentos do que um macho dominante normalmente faz, talvez porque uma fêmea tenha de usar medidas mais duras para se manter no topo. Mais tarde, os machos controlaram as primeiras posições e jogavam seus habituais jogos de poder entre si, mas Mama continuou extremamente influente como líder das fêmeas. Qualquer macho que tentasse subir na hierarquia precisava tê-la a seu lado, porque sem ela jamais chegaria lá. Todos catavam Mama mais do que catavam qualquer outra fêmea, faziam cócegas em sua filha Moniek (que se comportava como uma princesa mimada) e nunca resistiam quando ela arrancava comida de suas mãos. Eles sabiam que tinham de agradá-la.

Mama era especialista em mediação. Muitas vezes, depois que dois rivais machos brigavam, eles eram incapazes de se reconciliar, mesmo parecendo interessados nisso. Eles ficavam perto um do outro sem um verdadeiro encontro físico. E evitavam o contato visual. Toda vez que um deles erguia o olhar, o outro pegava uma folha de relva ou um galho e inspecionava-o com súbito interesse. O impasse me lembrava dois homens furiosos num bar.

Nessas circunstâncias, Mama aproximava-se de um deles e começava a catá-lo. Então, depois de vários minutos, ela caminhava lentamente em direção ao outro macho. Seu parceiro de catação costumava segui-la, andando colado nela de modo que não pudesse haver contato visual com o rival. Se ele não a seguisse, Mama poderia voltar a puxá-lo pelo braço para *fazê-lo* seguir. Isso mostrava que sua mediação era intencional. Depois que os três indivíduos ficavam sentados juntos por um tempo, com Mama no meio, ela simplesmente se levantava e se afastava, deixando os dois machos ali para se catarem mutuamente.

Outras vezes, machos que não conseguiam pôr fim a uma luta prolongada corriam para Mama. Ela ficava com dois machos totalmente adultos, um em cada braço, que não paravam de gritar um com o outro, mas pelo menos haviam parado de lutar. Às vezes um macho tentava pegar o outro, mas Mama o impedia e afugentava o agressor. Os dois machos usualmente se reconciliavam expondo, beijando e acariciando os órgãos genitais um do outro, e depois podiam descarregar sua tensão perseguindo um macho de posição hierárquica inferior.

Um incidente dramático mostrou o quanto Mama agia como a principal negociadora da colônia. Nikkie, um macho alfa novinho em folha, ganhou o primeiro lugar da colônia, mas sempre que tentava afirmar seu domínio os outros resistiam ferozmente. Ser um alfa não significa que você pode fazer o que quiser, especialmente para um alfa tão jovem quanto Nikkie. Por fim, todos os símios descontentes, inclusive Mama, foram atrás dele, gritando e ladrando alto. Nikkie, não mais tão imponente, acabou sentando no alto de uma árvore sozinho, em pânico e gritando. Todas as rotas de fuga estavam cortadas. Toda vez que ele tentava descer, os outros o perseguiam de volta.

Então, depois de uns quinze minutos, Mama subiu lentamente na árvore. Ela tocou Nikkie e o beijou. Então ela desceu, com ele a seguindo. Agora que Mama o conduzia, ninguém mais resistiu. Nikkie, obviamente ainda nervoso, fez as pazes com os adversários.

Os machos alfa raramente chegam ao topo sozinhos, e Nikkie não era exceção. Ele alcançou sua posição com a ajuda de Yeroen, um macho mais velho. Isso significava que Nikkie precisava manter boas relações com o amigo. Mama parecia compreender esse arranjo, porque uma vez ela interveio ativamente quando os dois machos se desentenderam. Yeroen estava tentando acasalar-se com uma fêmea sexualmente atraente, mas Nikkie arrepiou imediatamente todo o pelo e começou a balançar a parte superior do corpo, avisando que poderia interferir. Yeroen interrompeu seus avanços amorosos e saiu gritando atrás de Nikkie. Embora Nikkie fosse o dominante dos dois, estava de mãos atadas — intensificar uma briga com quem fez de você um rei nunca é boa ideia. Ao mesmo tempo, o rival comum deles, o macho de quem haviam conquistado a dominância, pavoneava-se e se impunha, sentindo uma oportunidade. Nesse momento crítico, Mama entrou em cena. Foi primeiro até Nikkie e pôs o dedo em sua boca, um gesto comum de tranquilização. Ao mesmo tempo, acenou impaciente a cabeça para Yeroen e estendeu-lhe a outra mão. Yeroen se aproximou e deu-lhe um beijo na boca. Quando ela saiu do meio deles, Yeroen abraçou Nikkie. Depois do reencontro, ambos os machos, lado a lado, intimidaram o rival comum para sublinhar a unidade restaurada. Então todos se acalmaram. Mama acabara com o caos no grupo, restaurando a aliança governante.

Esse evento refletia o que chamo de *consciência triádica*, ou a compreensão de relacionamentos entre terceiros. Muitos animais sabem obviamente quem eles dominam, ou quem são seus parentes e amigos, mas os chimpanzés vão um passo além ao perceber quem ao seu redor domina quem e quem é amigo de quem. O indivíduo A está ciente não apenas de seus próprios relacionamentos com B e C, mas também do relacionamento entre B e C. Seu conhecimento abrange toda a tríade. Da mesma forma, Mama deve ter percebido o quanto Nikkie dependia de Yeroen.

A consciência triádica pode se estender até para fora do grupo, como mostra a reação de Mama ao diretor do zoológico. Ela tinha pouco contato direto com ele, mas deve ter percebido como os cuidadores ficavam agitados e respeitosos sempre que ele aparecia. Os símios observam e aprendem, assim como fazemos quando entendemos quem é casado com quem ou a qual família uma criança pertence. Em experiências, reproduziram-se vocalizações e vídeos para explorar como os animais percebem seu mundo social. A partir dessa pesquisa, aprendemos que a consciência triádica não se limita aos grandes primatas — ela foi encontrada também em macacos e corvos, por exemplo. Mas Mama era campeã nisso, possuindo uma percepção social extraordinária. Sua posição central na colônia decorria de sua capacidade de promover a harmonia e compreender as complexidades políticas, o que lhe permitia restabelecer parcerias rompidas e mediar sempre que os ânimos se inflamavam.

Fêmea alfa

Entre os seres humanos, as fêmeas alfa são abundantes, variando de Cleópatra a Angela Merkel. Mas estou impressionado com um exemplo ordinário presente na autobiografia de Bruce Springsteen, *Born to Run*, de 2016. Quando jovem guitarrista, Springsteen se apresentou com os Castiles em muitos clubes sórdidos de Nova Jersey, inclusive aqueles dos adolescentes *greasers*, conhecidos por seu extenso uso de pomada para cabelos. Durante apresentações para garotas de cabelos armados com laquê, a banda descobriu a primazia de Kathy:

> Você chegava, montava suas coisas, começava a tocar [...] e ninguém se mexia — ninguém. Uma hora muito desconfortável se passava, com todos os olhos em Kathy. Então, quando você tocava a música certa, ela se levantava e começava a dançar, como em

transe, arrastando lentamente uma namorada para a frente da banda. Momentos depois, o salão estava lotado e a noite decolava. Esse ritual se repetiu várias vezes. Ela gostava de nós. Nós descobrimos sua música favorita e não paramos de tocá-la.[5]

As hierarquias humanas podem ser bastante aparentes, mas nem sempre as reconhecemos como tais, e os estudiosos geralmente agem como se elas não existissem. Assisti a conferências inteiras sobre comportamento humano adolescente sem nunca ouvir as palavras "poder" e "sexo", embora para mim elas tenham tudo a ver com a vida adolescente. Quando falo sobre isso, todos costumam balançar a cabeça em concordância e acham que é maravilhosamente original o modo como um primatólogo olha o mundo, depois continuam com o foco na autoestima, na imagem corporal, na regulação emocional, na assunção de riscos e assim por diante. Diante da escolha entre comportamento humano manifesto e construtos psicológicos da moda, as ciências sociais sempre favorecem estes últimos. No entanto, entre os adolescentes não há nada mais óbvio do que a exploração do sexo, a testagem de poder e a busca de estrutura. A banda de Springsteen, por exemplo, tentou desesperadamente agradar Kathy e ficar amiga dela, mas eles também tiveram de ser extremamente cuidadosos. Como havia gangues circulando por ali, ser amado demais por uma garota era arriscado, porque "um murmúrio, um boato, um sinal de algo mais que amizade não seria bom para a sua saúde".

Esses são os primatas que conheço!

Entre os chimpanzés, as fêmeas adolescentes também despertam a competição e a proteção masculinas. Antes de chegar a essa idade, elas dificilmente contam: andam com os bebês dos outros e brincam com colegas de ambos os sexos, mas ninguém lhes dá atenção. No entanto, quando seu primeiro pequeno inchaço sexual se desenvolve, os olhos masculinos começam a segui-las. O balão rosa no traseiro cresce a cada ciclo menstrual. Ao mesmo tempo, elas se tornam sexualmente ativas. No início, têm dificuldade em seduzir os machos para o sexo e são bem-sucedidas apenas com chimpanzés de sua idade. Mas quanto maior o inchaço, mais elas intrigam os machos mais velhos.

Toda jovem fêmea logo compreende como isso lhe dá uma vantagem no mundo. Na década de 1920, Robert Yerkes, um pioneiro norte-americano da primatologia, realizou experimentos sobre o que ele chamou de relações "conjugais" (um nome equivocado, pois os chimpanzés não têm laços estáveis entre os sexos). Deixando cair um amendoim entre um macho e uma fêmea, Yerkes notou que os privilégios de uma fêmea inchada superavam os das fêmeas que não tinham aquela ferramenta de barganha. As fêmeas de chimpanzés com inchaço genital invariavelmente levavam o prêmio.[6] Na natureza, após a caçada, os machos compartilham a carne com fêmeas inchadas. Na verdade, quando essas fêmeas estão por perto, os machos caçam com mais avidez devido às oportunidades sexuais que uma caça bem-sucedida proporciona. Um macho de baixa posição social que captura um macaco torna-se automaticamente um ímã para o sexo oposto, o que lhe oferece uma chance de acasalar-se em troca do compartilhamento da carne — até que alguém acima dele na hierarquia o descubra.

A atração dos chimpanzés machos por inchaços genitais pode nos parecer estranha, uma vez que a maioria de nós sente repulsa por esses corpos inchados rosa brilhante. Mas isso é

As fêmeas de chimpanzé anunciam sua fertilidade com um grande inchaço parecido com um balão no traseiro, um edema cor-de-rosa cheio de água da genitália externa. Esse detalhe patente atrai os machos. Quando seu primeiro inchaço aparece, as fêmeas adolescentes ganham status rapidamente enquanto descobrem os benefícios do sex appeal.

de fato diferente do modo como os homens em nossa cultura "comem com os olhos" os seios femininos? A atração de protuberâncias frontais carnudas é, na verdade, mais intrigante, porque elas não anunciam fertilidade, ao contrário dos inchaços das chimpanzés. À medida que os seios de uma mulher jovem crescem, muitas vezes auxiliados por sutiãs e enchimentos, ela também se torna um ímã para a atenção masculina, aprende o poder do decote, o que lhe dá uma influência que nunca tivera antes, ao mesmo tempo que a expõe aos ciúmes e comentários desagradáveis de outras mulheres. Esse período complexo na vida de uma garota, com seus enormes transtornos emocionais e inseguranças, reflete a mesma interação entre poder, sexo e rivalidade que as fêmeas adolescentes de símios vivenciam.

Uma fêmea jovem de chimpanzé aprende da maneira mais difícil que a proteção masculina é efêmera, pois só funciona quando os machos estão por perto e se sentem atraídos. Um exemplo típico dessa curva de aprendizado envolveu Mama e Oortje, quando esta última estava passando pelos primeiros ciclos menstruais. Durante uma briga por comida, Mama deu um tapa nas costas de Oortje. Esta então correu para Nikkie, o macho alfa, e se esgoelou, fazendo um barulho totalmente desproporcional à pequena reprimenda que havia recebido. Ela até apontou a mão acusadora na direção de Mama.

Mas Oortje tinha um inchaço sexual, motivo pelo qual Nikkie estava por perto dela o dia todo. Em resposta a seu protesto, ele passou correndo por Mama, a fêmea alfa, com todo o pelo eriçado. Mama não aceitou quieta esse aviso. Gritando e urrando, foi atrás de Nikkie. Mas não houve agressão física entre os dois, e poucos minutos depois Oortje e Mama fizeram contato visual à distância. Mama assentiu com a cabeça, Oortje se aproximou imediatamente e elas se abraçaram. Tudo parecia bem, especialmente quando Mama também se reconciliou com Nikkie.

Naquela mesma noite, os chimpanzés foram levados para dentro do abrigo, como de costume, e a colônia foi dividida em grupos menores para passar a noite. Mas, depois de um tempo, ouvi uma grande briga. Acontece que, logo que se viu sozinha com Oortje numa área sem machos, Mama atacou a jovem fêmea em termos inequívocos. A reconciliação anterior fora apenas para consumo do público. Não significava que o incidente fora esquecido.

Os períodos de atração das fêmeas adolescentes, por mais empoderadores que sejam, são breves e transitórios, e elas são ignoradas assim que uma fêmea mais velha fica inchada. Isso não parece óbvio, já que estamos acostumados a ver os machos humanos serem atraídos por parceiras jovens. Mas não é assim que as coisas funcionam entre os chimpanzés. Em nossa espécie, a atração pela juventude faz sentido evolutivo pelos nossos vínculos conjugais, por formarmos núcleos familiares estáveis. As mulheres jovens são mais disponíveis e valiosas graças à vida reprodutiva que têm à sua frente. Daí a eterna busca das mulheres por parecerem jovens, lançando mão de tinturas nos cabelos, maquiagem, implantes, plásticas faciais etc. Nossos parentes primatas, no entanto, não conhecem parcerias de longo prazo, e os machos são mais atraídos por parceiras maduras. Se várias fêmeas estão inchadas ao mesmo tempo, os machos invariavelmente cobiçam as mais velhas. Isso também foi relatado a respeito dos chimpanzés que vivem em liberdade. Eles praticam uma discriminação reversa da idade, talvez preferindo companheiras com um histórico de filhotes saudáveis.

Em consequência, Mama se tornou a maior atração sexual do grupo quando, quatro anos depois de dar à luz Moniek, desenvolveu novo inchaço. Uma multidão de machos, jovens e velhos, reuniu-se para se envolver em "barganhas sexuais". Em vez de competir abertamente, o que também faziam às vezes, os machos em geral catavam-se uns aos outros. Eles permitiriam que um deles se acasalasse sem ser perturbado em troca de uma longa sessão de catação, especialmente com o macho alfa. Superficialmente, a cena parecia calma: o objeto de desejo observava enquanto todos aqueles dom-juans cuidavam dos pelos uns dos outros. Mas havia uma grande tensão subjacente. Qualquer macho que tentasse se aproximar de Mama pulando o protocolo certamente teria problemas.

O que mais me interessa nessas cenas é o óbvio autocontrole dos machos. Tendemos a olhar os animais como seres emocionais que não possuem os freios que aplicamos. Alguns filósofos até argumentaram que o que diferencia nossa espécie é a capacidade de suprimir impulsos, uma ideia ligada ao livre-arbítrio. Mas, como tantas outras propostas sobre a singularidade humana, essa é completamente equivocada. Nada

O inchaço genital de uma fêmea pode causar intensa competição entre os machos, que curiosamente se manifesta mais em catação que em briga. No que é conhecido como "barganha sexual", os machos catam-se uns aos outros em ritmo frenético na presença da fêmea. Os machos subordinados catam seus superiores para "comprar" um acasalamento tranquilo. Aqui, uma fêmea (*à esq.*) espera pacientemente que os machos resolvam suas questões.

poderia ser menos adaptativo para um organismo do que seguir cegamente suas emoções. Quem quer ser um bólido desenfreado? Se um gato cedesse imediatamente à sua vontade de correr atrás do esquilo, em vez de se esgueirar lentamente até a presa, ele fracassaria sempre. Se Mama não tivesse esperado o momento certo para atacar Oortje, nunca teria conseguido enfatizar sua posição. Se os machos se acasalassem sempre que tivessem vontade, teriam constantemente problemas com a competição. Eles precisam apaziguar os superiores, pagando um preço em catação, ou contorná-los, arranjando um encontro secreto atrás dos arbustos — técnica comum, que requer a cooperação da fêmea. Tudo isso depende de um controle dos impulsos altamente desenvolvido, que é parte integrante da vida social. Treinadores de cavalos, cães e mamíferos marinhos estão intimamente familiarizados com essa capacidade de seus animais, pois é seu ganha-pão.

Certa vez, num zoológico japonês, vi que tinham montado uma estação para os chimpanzés quebrarem suas nozes. O lugar tinha uma pesada pedra-bigorna e uma pequena pedra-martelo presa a ela por uma corrente. Os cuidadores jogavam grande quantidade de macadâmias no recinto, e todos os chimpanzés as juntavam com mãos e pés, depois se sentavam. As macadâmias são um dos poucos tipos de nozes que os chimpanzés não conseguem rachar com os dentes: eles precisavam daquela estação. Primeiro, o macho alfa rachou as nozes dele, depois a fêmea alfa fez o mesmo, e assim por diante. O resto esperou pacientemente. Tudo era extremamente pacífico e ordeiro, e todos conseguiram quebrar suas macadâmias sem problemas. Mas subjacente a essa ordem estava a violência: se um deles tivesse tentado violar o arranjo estabelecido, teria ocorrido o caos. Embora fosse basicamente invisível, essa violência estruturava a sociedade. A sociedade humana não é montada desse modo também? Ela é ordenada na superfície, mas se sustenta sobre punição e coerção para aqueles que não obedecem às regras. Tanto entre os seres humanos quanto entre outros animais, ceder às emoções sem levar em conta as consequências é a decisão mais estúpida que alguém pode tomar.

Mama vivia numa sociedade complexa que ela entendia melhor que qualquer outro, inclusive eu, o observador humano que precisava me esforçar para desvendar suas complexidades. Como ela chegou ao topo não está totalmente claro, mas das muitas colônias de chimpanzés que conheci ao longo de minha carreira, e de observações na natureza, sabemos que idade e personalidade são os principais fatores. As fêmeas de chimpanzés raramente competem pela hierarquia e estabelecem posições com surpreendente rapidez. Sempre que os zoológicos colocam chimpanzés de diferentes origens juntos, em poucos segundos as fêmeas estabelecem hierarquias. Uma fêmea caminha até outra, que se submete curvando-se, arfando-grunhindo ou saindo do seu caminho, e isso é tudo. A partir de então, uma dominará a outra. Altercações ocorrem, mas apenas numa minoria de casos. É bem diferente com os machos, que tentam intimidar um ao outro, o que pode provocar uma briga física, ou aguardam para lutar alguns dias depois. Em certo momento, há sempre uma testagem de força. Mesmo quando o lugar na hierarquia é estabelecido, ele nunca está garantido e permanece sempre aberto ao desafio. É por isso que os machos mais vigorosos, frequentemente entre as idades de vinte e trinta anos, ocupam os primeiros lugares.

Eles superam os mais velhos, que perdem o poder pouco a pouco após sua carreira ter atingido o pico.

As fêmeas, ao contrário, têm um sistema classificado por idade em que ser velho oferece uma vantagem. Esse sistema é naturalmente mais estável que o dos machos. Uma das senhoras mais velhas é a alfa, apesar da presença de fêmeas mais jovens, que são fisicamente mais fortes. Elas não teriam problemas em derrotá-la numa briga, mas a condição física delas é irrelevante. Décadas de pesquisa sobre chimpanzés selvagens mostraram que as fêmeas competem bem pouco por status, elas apenas aguardam, num processo conhecido como enfileiramento. Se uma fêmea vive tempo o suficiente, está destinada a acabar numa posição alta. Como elas vivem dispersas pela floresta e se alimentam principalmente sozinhas, é provável que alcançar uma alta classificação não produza benefícios suficientes para que as fêmeas corram riscos. Não vale a pena passar pelos problemas que os machos enfrentam.[7]

Uma fêmea na posição de Mama é muitas vezes chamada de matriarca, mas esse termo varia de significado. A posição social dela era bem diferente, por exemplo, da de uma matriarca dos elefantes: a maior e mais antiga fêmea lidera uma manada composta por outras fêmeas e seus filhotes, muitos deles da família. Em contraste, Mama percorria um universo infinitamente mais complexo, no qual machos adultos nunca paravam de disputar posição e em que todas as outras fêmeas não tinham parentesco com ela. Sua conquista do primeiro posto nesse meio nem era o aspecto mais notável de sua posição, porque ela também exercia imenso poder. Poder e hierarquia são coisas diferentes.

Medimos a hierarquia por quem submete quem. Os chimpanzés fazem isso curvando-se e arfando-grunhindo. O macho alfa precisa apenas andar por aí, e os outros correrão em sua direção e literalmente rastejarão na poeira enquanto emitem grunhidos ofegantes. O alfa pode enfatizar sua posição movendo um braço sobre os outros, pulando sobre eles ou simplesmente ignorando uma saudação, como se não se importasse. Ele é cercado por uma enorme deferência. Mama recebia esses rituais com menos frequência que qualquer macho, mas todas as outras fêmeas, ao menos ocasionalmente, prestavam seu respeito a ela, tornando-a a fêmea de mais alto escalão. Esses sinais externos de status refletem a hierarquia *formal*, do mesmo modo como as insígnias nos uniformes militares nos dizem quem está acima de quem.

O poder é algo completamente diferente: é a influência que um indivíduo exerce nos processos de grupo. Como uma segunda camada, o poder se esconde atrás da ordem formal. Para dar um exemplo humano: a secretária de longa data de um dono ou dona de empresa costuma regular o acesso ao patrão ou à patroa, e toma muitas pequenas decisões por conta própria. Nós reconhecemos o imenso poder dessa secretária e somos espertos o suficiente para nos tornarmos amigos dela, mesmo que formalmente ela ocupe um lugar bem baixo no organograma da empresa. Da mesma forma, os resultados sociais de um grupo de chimpanzés dependem frequentemente de quem é mais central na rede de laços familiares e alianças. Já contei que Nikkie, o novo macho alfa, não era tão respeitado quanto seu parceiro sênior Yeroen. Nikkie detinha o posto mais alto, mas não era muito poderoso, e a colônia periodicamente rejeitava seu mando. Na verdade, eram Yeroen e Mama, o macho e a fêmea mais velhos da colônia, que mandavam no pedaço. Eles tinham tanto prestígio que ninguém se opunha às suas decisões. Com suas excelentes conexões e habilidades de mediação, Mama era extraordinariamente influente. Todos os machos adultos estavam formalmente acima dela, mas se a coisa ficasse feia todos precisavam dela e a respeitavam.

Seu desejo era o desejo da colônia.

Morte e luto

Quando o estado de Mama piorou, sem esperança de melhora, ela foi sacrificada por um veterinário. Foi um dia imensamente triste, mas a decisão era inevitável. O zoológico então fez algo que raramente integra o protocolo da morte: ofereceu à colônia de símios a chance de ver e tocar o cadáver, deixando-o no abrigo noturno com as portas abertas. Todas as idas e vindas foram filmadas.

Os vídeos deixam claro que as fêmeas estavam mais interessadas que os machos. Os machos bateram no corpo de Mama algumas vezes e o arrastaram. Esse tratamento grosseiro pode parecer inadequado, mas já o havíamos visto antes: é provável que seja uma tentativa de despertar o morto. Como ter certeza de que um indivíduo está realmente morto, a menos que suas reações tenham sido exaustivamente testadas? Mesmo em salas de emergência do hospital uma pessoa só é declarada morta depois que os esforços de ressuscitação fracassaram. As fêmeas fizeram algo parecido, embora um pouco mais sutil: levantaram um braço ou um pé e o deixaram cair, ou olharam dentro da boca, talvez para verificar a ausência de respiração. Mas, quando uma das fêmeas puxou o corpo para movê-lo, levou uma bronca de Geisha, a filha adotiva de Mama. Ao contrário das outras, Geisha não fez nenhuma pausa para comer ou interagir com os outros chimpanzés e ficou com o cadáver o tempo todo. Ela agiu como as pessoas fazem num velório, durante o qual, originalmente, as pessoas mantinham vigília junto à pessoa morta, em casa. É provável que os seres humanos tenham criado o velório na esperança de que seu ente querido voltasse à vida, ou então para ter certeza de que ele estava morto antes de ser enterrado.

Geisha é filha de Kuif. Mama passara a cuidar dela após a morte da mãe. Isso era lógico, tendo em vista a relação íntima de Mama com Kuif. Agora, depois da morte de Mama, foi Geisha quem passou a maior parte do tempo com o cadáver, mais ainda do que a filha biológica e a neta de Mama. Todas as fêmeas visitaram o recinto em silêncio total, estado incomum para os chimpanzés. Elas cheiraram e inspecionaram o cadáver de várias maneiras, ou passaram um tempo catando o corpo morto de Mama.

Elas também trouxeram um cobertor de outro lugar, deixando-o perto de Mama. Isso foi mais difícil de interpretar, mas me lembrou de outra morte de chimpanzé.

Um dia, na Estação de Campo do Centro Nacional Yerkes de Pesquisas sobre Primatas, Amos, um popular ex-macho alfa, estava ofegando a uma velocidade de sessenta respirações por minuto. O suor escorria de seu rosto. Não tínhamos percebido seu estado de saúde precário antes porque, como a maioria dos machos, ele o escondera o máximo possível. Os machos evitam mostrar vulnerabilidades. Somente após sua morte, alguns dias depois, foi que soubemos que ele estava com o fígado enormemente inchado e tinha múltiplos cânceres. Uma vez que ele se recusava a sair com os outros, nós o mantivemos separado e entreabrimos uma porta para seu abrigo noturno. Sua amiga Daisy vinha frequentemente visitá-lo. Ela estendia o braço através da abertura para catar ternamente o ponto macio atrás das orelhas. Em algum momento, foi buscar maravalha e começou a empurrar grandes quantidades dela para Amos. Chimpanzés gostam de construir ninhos com esse material. Daisy empurrou várias vezes a maravalha entre as costas de Amos e a parede contra a qual ele estava encostado, como se percebesse que o amigo estava com dor e seria melhor se apoiar em algo macio. Parecia o jeito como arrumamos os travesseiros nas costas de um paciente no hospital.

Então, mesmo que não saibamos como aquele cobertor acabou perto dos restos mortais de Mama, não podemos descartar que alguém estava tentando fazê-la se sentir confortável, talvez em reação ao seu corpo gelado. O estudo de como os símios e outros animais reagem à morte de outros faz parte da tanatologia, nome derivado de Tânatos, o deus grego da morte não violenta. O luto após a morte é difícil de definir, porém a antropóloga norte-americana Barbara King propõe que um requisito mínimo é que os indivíduos próximos ao falecido alterem significativamente o comportamento, comendo menos, tornando-se apáticos ou guardando o local onde o morto foi visto pela última vez.[8] Se o falecido é um filhote, a mãe pode ficar com o cadáver malcheiroso até que ele se desfaça, como já se observou muitas vezes. Numa floresta da África Ocidental, a mãe chimpanzé carregou seu bebê morto por nada menos que 27 dias. Essa reação é bastante natural nos primatas, que transportam filhotes na barriga ou nas costas, mas também foi observada em golfinhos. A mãe golfinho pode manter o corpo de seu filhote morto flutuando durante muitos dias.[9]

Os indivíduos que não têm vínculo com o falecido não têm motivos para serem afetados por sua morte. Muitos animais de estimação, por exemplo, dificilmente reagem quando outro da mesma casa morre. O luto exige apego. Quanto mais forte o laço, mais forte a reação quando ele é cortado. Isso é válido para todos os mamíferos e aves, inclusive os corvídeos (membros da família dos corvos). Quando a fêmea de uma de minhas gralhas desapareceu, por razões desconhecidas, seu companheiro a chamou por dias a fio enquanto esquadrinhava o céu. Uma vez que ela não voltou, ele desistiu e morreu alguns dias depois. Então, foi a minha vez de lamentar a perda de duas aves que tinham me dado tanto afeto e alegria, e que me ensinaram que a vida emocional das aves está em pé de igualdade com a dos mamíferos.

O eminente etólogo austríaco Konrad Lorenz idealizava os vínculos de casal vitalícios de seus gansos. Quando uma de suas alunas disse que havia notado algumas infidelidades, ela suavizou o golpe acrescentando que isso tornava os gansos "humanos". O vínculo de casal ou monogamia é mais típico das aves que dos mamíferos. Na verdade, pouquíssimos primatas são monogâmicos, e é discutível se os seres humanos o são de verdade. No entanto, as emoções associadas podem ser semelhantes entre as espécies, pois a oxitocina está envolvida em todos os mamíferos. Esse antigo neuropeptídio é liberado pela glândula pituitária durante o sexo, a amamentação e o parto (é administrado rotineiramente nas maternidades para induzir o parto), mas também serve para promover os laços entre os adultos. As pessoas que acabaram de se apaixonar têm mais oxitocina no sangue do que os solteiros, e sua alta concentração dura se o relacionamento durar. Mas a oxitocina também protege os casais monogâmicos de aventuras sexuais com estranhos. Quando se administra esse hormônio, em forma de spray nasal, a homens casados, eles se sentem desconfortáveis perto de mulheres atraentes e preferem manter distância.[10]

Mesmo se considerarmos o amor romântico humano especial, as semelhanças neurais com outras espécies são impressionantes. Larry Young, um colega neurocientista da Universidade Emory, é conhecido por seus estudos de duas espécies de ratos silvestres. A ratazana do prado leva uma vida promíscua, ao passo que o arganaz do campo, de aparência semelhante, forma pares nos quais macho e fêmea se acasalam exclusivamente entre si e criam filhotes juntos. Os arganazes do campo possuem muito mais receptores de oxitocina nas vias de recompensa de seus cérebros do que as ratazanas do prado. Em consequência, têm uma associação intensamente positiva com o sexo, o que os torna "viciados" no parceiro com o qual o fazem. A oxitocina garante que eles se vincularão. Se perdem o(a) parceiro(a), esses ratos apresentam mudanças cerebrais químicas que sugerem estresse e depressão; tornam-se também passivos diante do perigo, como se viver ou morrer não lhes importasse mais. Portanto, até esses minúsculos roedores parecem conhecer o pesar da morte.[11]

A zoóloga norte-americana Patricia McConnell descreve como sua cadela Lassie reagiu à morte do melhor amigo, o cão Luke. Os dois se adoravam e estavam sempre juntos. Após a morte de Luke, Lassie ficou um dia inteiro no quarto onde o corpo estivera, deitada de cabeça baixa, com os olhos melancolicamente tristes e as sobrancelhas franzidas. No dia seguinte, ela regrediu ao comportamento estereotipado de sua juventude, girando como louca, lambendo e chupando os brinquedos como se estivesse mamando. McConnell concluiu que Lassie havia compreendido o caráter definitivo da morte de Luke. Caso contrário, por que mudaria tão drasticamente de disposição?[12]

Tudo indica que ao menos alguns animais percebem que um companheiro morto nunca se moverá de novo. Quando um chimpanzé macho adulto caiu de uma árvore e quebrou o pescoço, uma fêmea adolescente selvagem fitou seu corpo imóvel por mais de uma hora, sem interrupção, enquanto os machos ao redor se abraçavam com sorrisos nervosos.[13] Não haveria razão para essas reações dramáticas se os símios considerassem passageira a situação do outro. Além disso, a percepção da irreversibilidade implica uma expectativa em relação ao futuro. Temos muitas provas científicas da orientação para o futuro em primatas, baseadas no modo como eles planejam suas viagens ou preparam ferramentas para uma tarefa, mas raramente consideramos a previsão ligada à vida e à morte. Por razões óbvias, nos faltam experimentos sobre essa habilidade. Se chamarmos a consciência da própria morte de *senso de mortalidade* — de cuja existência não temos provas fora de nossa própria espécie —, podemos chamar o reconhecimento de Lassie de que Luke não retornará de *senso de finitude*. Este difere do senso de mortalidade, pois diz respeito ao *outro*, e não ao eu.

Há muitas histórias de luto semelhantes, também de gatos e, evidentemente, entre animais de estimação e seus donos. Sabe-se de cães que passam anos perto do túmulo de seu companheiro humano ou que voltam todos os dias à estação de trem onde costumavam buscá-lo. Em Edimburgo e Tóquio vi estátuas em homenagem a cães leais, chamados Bobby e Hachiko. A mesma lealdade post mortem pode vigorar entre outros animais. Os elefantes juntam o marfim ou os ossos de um membro da manada morto, seguram os pedaços com a tromba e os passam para os outros. Alguns elefantes retornam durante anos ao local onde um parente morreu, apenas para tocar e inspecionar as relíquias.

Um indício diferente do senso de finitude ocorreu um dia depois que uma víbora-do-gabão, uma cobra venenosa, entrou num santuário africano. A cobra despertou um medo intenso entre os bonobos, e todos saltaram para trás diante de seus movimentos. Os bonobos a cutucaram cautelosamente com uma vara, até que finalmente a fêmea alfa agarrou a cobra, ergueu-a no ar e bateu com ela contra o chão. Depois que a matou, ninguém deu qualquer indicação de esperar que a cobra voltasse à vida. O que está morto, está morto. Os jovens arrastaram alegremente o corpo sem vida como um brinquedo, enrolando-o no pescoço e até abrindo-lhe a boca para estudar as enormes presas. Esses símios devem ter considerado a morte da cobra irreversível.

Raramente testemunhamos o momento da morte de um membro de uma colônia de símios, mas isso aconteceu no Zoológico Burgers, quando Oortje literalmente caiu morta. Ela era uma das minhas preferidas, com seu caráter sempre despreocupado. Oortje estava tossindo e seu estado de saúde continuava a se deteriorar, apesar dos antibióticos que lhe demos. Um dia, vimos Kuif olhando de perto nos olhos de Oortje. Então, sem nenhuma razão aparente, Kuif começou a gritar com uma voz histérica enquanto se batia em movimentos espasmódicos dos braços, como fazem os chimpanzés frustrados.

Ela parecia perturbada com algo que vira nos olhos de Oortje. A própria Oortje ficara em silêncio até aquele momento, mas passou a gritar fracamente em resposta. Ela tentou se deitar, caiu do tronco em que estava sentada e ficou imóvel no chão. Em outra parte, uma fêmea soltou gritos semelhantes aos de Kuif, embora não pudesse ter visto o que havia acontecido. Depois disso, 25 chimpanzés ficaram completamente silenciosos. O cuidador tirou todos os outros símios do caminho, depois tentou ressuscitar Oortje fazendo respiração boca a boca, sem sucesso. A autópsia revelou que Oortje tinha uma enorme infecção no coração e no abdômen.

Os primatas, como os que rodearam o corpo de Mama, reagem à morte da mesma maneira que os humanos cuidam dos mortos: tocando, lavando, untando e catando os corpos antes de deixá-los. Mas nós vamos além, pois enterramos os mortos e muitas vezes lhes damos algo para levar em sua "viagem". Os antigos egípcios enchiam os túmulos dos faraós de comida, vinho, cães de caça, babuínos de estimação e embarcações a vela de grande porte. Para tornar uma perda suportável e para acalmar nosso próprio terror da mortalidade, os seres humanos frequentemente encaram a morte como transição para uma vida diferente. Não temos indícios dessa notável inovação mental em nenhum outro animal.

Uma discussão sobre essas distinções surgiu em torno da descoberta, em 2015, do *Homo naledi*, um parente humano primitivo. Seus restos fósseis foram encontrados dentro de uma caverna na África do Sul. Esse primata tinha quadris semelhantes aos dos australopitecos, porém pés e dentes mais típicos de nosso próprio gênero. É muito provável que o *Homo naledi* pertença a uma das dezenas de ramos laterais da gigantesca árvore que é a nossa ancestralidade, mas os paleontólogos não gostam dessa proposta. Eles sempre preferem que suas descobertas estejam assentadas no pequeno ramo que chega até nós, mesmo que as chances de isso ser verdade sejam mínimas. Desse modo, eles podem alegar que encontraram um ancestral humano. Mas como poderiam defender essa alegação no que dizia respeito ao *Homo naledi*, que tinha o cérebro do tamanho do de um chimpanzé? Quando descobriram restos fósseis numa parte quase inacessível do mesmo sistema de cavernas, os cientistas acharam que tinham a prova de que precisavam, pois aqueles restos deveriam ter sido colocados lá deliberadamente. Somente seres humanos seriam tão atenciosos com seus mortos, alegaram eles. A proposta era ao mesmo tempo altamente especulativa e fruto da ignorância sobre como outras espécies tratam os defuntos.

Como os chimpanzés e outros primatas nunca ficam em um lugar por muito tempo, eles não têm motivo para cobrir ou enterrar um cadáver. Se ficassem em um mesmo lugar, sem dúvida notariam que a carniça atrai carniceiros, inclusive predadores terríveis, como as hienas. De forma alguma excederia a capacidade mental de um símio resolver o problema cobrindo um cadáver malcheiroso ou movendo-o para fora do caminho. Esse comportamento dificilmente exigiria a crença em uma vida após a morte. O mesmo tipo de necessidade prática pode ter impulsionado o *Homo naledi*. A essa altura, nós simplesmente não sabemos se moveram seus mortos com cuidado e preocupação ou os jogaram sem cerimônia numa caverna distante para se livrar deles. Pode até ser pior: quem disse que os restos descobertos estavam mortos no momento em que foram parar na caverna?

É uma estranha coincidência que a palavra *naledi* (que significa "estrela" nas línguas sotho-tswana) seja um anagrama de *denial* ["negação", em inglês]. Os descobridores do fóssil estavam ansiosos demais para enfatizar sua humanidade, ao mesmo tempo que negavam o quanto nossos ancestrais tinham em comum com os símios. Os seres humanos divergiram dos símios há tanto tempo quanto o elefante africano divergiu do asiático, e são geneticamente tão próximos ou distantes. No entanto, chamamos livremente essas duas espécies de "elefantes", enquanto temos uma obsessão com o ponto específico em que a nossa própria linhagem mudou de símio para humano. Temos até palavras especiais para esse processo, como "hominização" e "antropogênese". É uma ilusão generalizada que tenha havido tal momento no tempo, como tentar encontrar o comprimento de onda exato no espectro da luz em que o laranja se transforma em vermelho. Nosso desejo por divisões nítidas está em desacordo com o hábito da evolução de fazer transições extremamente suaves.

Não se sabe quão difundido é o senso de finitude e quanto ele se baseia numa projeção mental do futuro. Mas membros de pelo menos algumas espécies parecem perceber, depois de se assegurarem por olfato, tato e tentativas de reavivamento, que um ente querido se foi, que a relação entre eles migrou de forma permanente do presente para o passado. Como eles chegam a essa percepção é intrigante. Baseiam-se na experiência? Ou sabem intuitivamente que a morte faz parte da vida? Isso também nos lembra que todas as emoções estão misturadas com o conhecimento — elas não existiriam de outra forma. Quando os animais fazem algo interessante, os cientistas da cognição às vezes dizem que "isso é apenas uma emoção", mas as emoções nunca são simples e nunca se separam de uma avaliação da situação. O luto, em particular, é muito mais complexo do que se sugere ao chamá-lo de emoção. Ele representa o avesso triste do laço social: a perda. Ele pode penetrar tão profundamente na alma de alguns animais quanto nas nossas, baseado em processos neurais compartilhados, como o sistema da oxitocina, e talvez uma consciência similar da vida e de suas vulnerabilidades.

Para mim, as visitas à colônia de Burgers nunca mais serão as mesmas. A morte de Mama deixou um buraco gigantesco para os chimpanzés, assim como para Jan, para mim e para seus outros amigos humanos. Ela representava o coração da colônia. A vida continua, como deve, mas os indivíduos são únicos. Não imagino que eu vá algum dia encontrar uma personalidade símia tão impressionante e inspiradora quanto a de Mama.

2. Janela da alma

Quando os primatas riem e sorriem

Fazer cócegas num chimpanzé jovem é muito parecido com fazer cócegas numa criança. O símio tem os mesmos pontos sensíveis: sob as axilas, na lateral do corpo, na barriga. Ele abre bem a boca, fica com os lábios relaxados, arfa audivelmente com o mesmo ritmo familiar de inalação e exalação do riso humano. A impressionante semelhança faz com que seja difícil você não rir também.

O símio mostra também a mesma ambivalência de uma criança. Ele empurra seus dedos para longe, protegendo os pontos vulneráveis enquanto tenta escapar da cócega, mas assim que você para ele volta e quer mais, pondo a barriga bem na sua frente. Dessa vez, basta apontar o dedo, sem nem mesmo tocá-lo, e ele terá outro ataque de riso.

Riso? Espere aí! Um cientista de verdade deve evitar todo e qualquer antropomorfismo, e é por isso que colegas intransigentes nos pedem para mudar nossa terminologia. Por que não chamar a reação do primata de algo neutro, como, digamos, vocalização ofegante? Eu ouvi colegas cautelosos falarem sobre comportamento "semelhante a risos". Dessa forma, evitamos toda e qualquer confusão entre o ser humano e o animal.

O termo "antropomorfismo", que significa "forma humana", vem do filósofo grego Xenófanes, que protestou no século v a.C. contra a poesia de Homero porque ela descrevia os deuses como se parecessem humanos. Xenófanes ridicularizou essa suposição, dizendo que, se os cavalos tivessem mãos, eles "desenhariam seus deuses como cavalos". Hoje o termo ganhou um significado mais amplo e costuma ser usado para censurar a atribuição de características e experiências semelhantes às humanas a outras espécies. Assim, os animais não fazem "sexo", mas se empenham em comportamentos de reprodução. Eles não têm "amigos", apenas parceiros de afiliação preferidos. Tendo em vista que nossa espécie é ainda mais parcial em relação às distinções intelectuais, aplicamos essas castrações linguísticas com mais vigor no domínio cognitivo. Ao reduzir tudo o que os animais fazem ao instinto ou ao aprendizado simples, mantemos a cognição humana em seu pedestal. Se você pensar de outra forma, está sujeito a ser ridicularizado.

Para entender essa resistência, precisamos voltar a outro grego antigo: Aristóteles. O grande filósofo colocou todas as criaturas vivas em uma *scala naturae* vertical, que vai dos seres humanos (mais próximos dos deuses) a outros mamíferos, e pássaros, peixes, insetos e moluscos ficam perto do fim da fila. Fazer comparações ao longo dessa imensa escada tem sido um passatempo científico popular, mas parece que tudo o que aprendemos com elas é como medir outras espécies por nossos próprios padrões.

Mas qual é a probabilidade de que a imensa riqueza da natureza se encaixe numa única dimensão? Não é de esperar que cada animal tenha sua própria vida mental, inteligência e emoções próprias, adaptadas aos seus próprios sentidos e à sua história natural? Por que a vida mental de um peixe e a de uma ave seriam a mesma? Ou veja-se o caso de predadores e presas: é óbvio que os predadores têm um repertório emocional diferente do das espécies que precisam constantemente olhar por cima do ombro. Os predadores exalam uma autoconfiança fria (exceto quando encontram alguém a sua altura), enquanto os animais que servem de presas conhecem cinquenta tons de medo. Vivem aterrorizados e assustam-se a cada movimento, som ou cheiro inesperados. É por isso que os cavalos disparam, e os cachorros não. Nós evoluímos de coletores de frutas que viviam em árvores — daí olhos frontais, visão de cores e mãos que agarram —, mas, pelo nosso tamanho e nossas habilidades especiais, temos a postura de um predador. É provavelmente por isso que nos damos tão bem com nossos animais de estimação preferidos, que são dois carnívoros peludos.

Na faculdade, eu tinha uma gatinha preta e branca chamada Plexie. Cerca de uma vez por mês, eu punha Plexie numa sacola, com a cabeça para fora, e a levava de bicicleta para brincar com seu melhor amigo, um cãozinho de pernas curtas. Os dois brincavam juntos desde que eram pequenos e continuaram fazendo isso adultos. Eles subiam e desciam correndo as escadas de uma grande casa de estudantes, surpreendiam-se mutuamente a cada virada, a óbvia alegria deles era contagiante. Faziam isso durante horas, até ficarem exaustos. Cães e gatos muitas vezes se dão bem porque ambos estão ansiosos para perseguir e pegar objetos em movimento. Eles também são mamíferos, o que os ajuda a se relacionar conosco. Outros mamíferos reconhecem nossas emoções e nós reconhecemos as deles. É essa conexão empática que atrai os seres humanos para gatos domésticos (600 milhões estimados em todo o mundo) e cães (500 milhões), em vez de, digamos, iguanas ou peixes. Com essa conexão homem-animal, no entanto, vem nossa tendência de projetar sentimentos e experiências nos animais, muitas vezes de forma acrítica.

Podemos dizer que o nosso cão está "orgulhoso" de uma fita que ganhou numa exposição ou que nosso gato está "envergonhado" por não ter conseguido dar um salto. Vamos a hotéis de praia para nadar com golfinhos, convencidos de que os animais devem adorar essa atividade tanto quanto nós. Nos últimos tempos, as pessoas acreditaram na alegação de que Koko, a gorila que aprendera a linguagem manual dos sinais na Califórnia, se preocupava com a mudança climática, ou que os chimpanzés têm religião. Assim que ouço essas sugestões, meus músculos da face se contraem numa carranca e peço provas. O antropomorfismo gratuito é evidentemente inútil. Sim, os golfinhos têm rostos sorridentes, mas como se trata de uma parte imutável de seu semblante, isso não nos diz nada sobre como eles se sentem. E um cachorro carregando uma fita pode simplesmente apreciar toda a atenção e as guloseimas que aparecem em seu caminho.

No entanto, quando pesquisadores de campo experientes, que acompanham símios todos os dias na floresta tropical, me falam da preocupação que os chimpanzés demonstram em relação a um companheiro ferido, trazendo comida ou diminuindo o ritmo de caminhada, não sou avesso a especulações sobre empatia. E quando eles relatam que os orangotangos machos adultos nas copas das árvores anunciam em que direção eles viajarão na manhã seguinte, não me importo com a sugestão de que eles planejem com antecedência. Tendo em vista tudo o que sabemos a partir de experimentos controlados em cativeiro, essas especulações não são disparatadas. Mas, mesmo nesses casos, abundam as acusações de antropomorfismo.

O argumento do antropomorfismo está enraizado na ideia de excepcionalidade humana. Reflete o desejo de separar os seres humanos e negar nossa animalidade. Isso continua sendo habitual nas ciências humanas e em grande parte das ciências sociais, que prosperam sobre a noção de que a mente humana é de alguma forma invenção nossa. No entanto, eu mesmo considero a rejeição da similaridade entre os seres humanos e outros animais um problema maior que essa simples suposição. Apelidei essa rejeição de *antroponegação*. Ela se interpõe no caminho de uma avaliação franca de quem somos como espécie. Nossos cérebros têm a mesma estrutura básica que os de outros mamíferos: não temos partes novas e usamos os mesmos neurotransmissores antigos. Na verdade, os cérebros são tão semelhantes em todos os casos que, para tratar as fobias humanas, estudamos o medo na amígdala do rato. Cães treinados para permanecer imóveis num scanner cerebral mostram atividade no núcleo caudado quando esperam uma salsicha da mesma forma que essa região se ilumina em executivos que recebem a promessa de um bônus. Em vez de tratar os processos mentais como uma caixa-preta, como gerações anteriores de cientistas fizeram, estamos agora arrombando a caixa para revelar um fundo compartilhado. A neurociência moderna torna impossível manter um dualismo nítido entre seres humanos e animais.[1]

Isso não significa que o planejamento dos orangotangos seja parecido com o que acontece quando eu anuncio um exame em sala de aula e os alunos se preparam para ele, mas bem lá no fundo há continuidade entre os dois processos. Uma continuidade ainda maior aplica-se aos traços emocionais. Uma vez que a nossa compreensão das emoções é parcialmente intuitiva, a continuidade é difícil de explicar com base puramente em dados e teoria. É importante ter uma exposição íntima aos animais, como a que os donos de animais de estimação desfrutam todos os dias. Daí minha simples e não científica recomendação para qualquer estudioso que duvide da profundidade das emoções dos animais: arranje um cachorro.

O antropomorfismo não é tão ruim quanto as pessoas pensam. Com espécies como os grandes símios, na verdade, ele é lógico. A teoria evolucionista quase o impõe, pois conhecemos os símios como "antropoides", que significa "semelhante a humanos". Devemos esse termo a Carl Lineu, o biólogo sueco do século XVIII que baseou sua classificação na anatomia, mas poderia facilmente ter tido por base o comportamento. A visão mais simples e mais parcimoniosa é que, se duas espécies relacionadas agem de maneira semelhante em circunstâncias semelhantes, elas devem ser motivadas de modo semelhante. Não hesitamos em fazer essa suposição ao comparar espécies relacionadas como cavalos e zebras, ou lobos e cães, então por que variar as regras para seres humanos e símios?

Felizmente, os tempos estão mudando. As ciências naturais têm enfraquecido permanentemente a divisão entre humanos e animais popular na cultura e na religião ocidentais. Hoje, muitas vezes partimos do extremo oposto, assumindo a continuidade e transferindo o ônus da prova para aqueles que insistem numa divisão. Cabe a eles nos convencer. Quem quiser argumentar que um macaco com cócegas, que quase engasga com suas gargalhadas roucas, deve se encontrar num estado mental diferente de uma criança humana com cócegas tem um trabalho duro pela frente.

Expresse-se

Muitos anos atrás, viajei com Jan van Hooff para uma oficina na Holanda ministrada por Paul Ekman e seus seguidores. O psicólogo norte-americano era um convidado célebre em nosso país. Ainda não era tão famoso quanto se tornaria, mas já estava criando celeuma com sua pesquisa sobre o rosto humano. Ekman criara o Sistema de Codificação da Ação Facial (Facs, na sigla de Facial Action Coding System), que classifica as expressões faciais plotando cada pequena contração muscular. Temos, por exemplo, um pequeno músculo perto do olho chamado "corrugador do supercílio", e um músculo grande em cada bochecha que levanta os cantos da boca, puxando-os para cima, resultando num sorriso. Ekman era capaz de demonstrar pessoalmente quase todas as configurações, pois possuía um controle incomum de seu rosto. Ele não tinha problemas em fazer, de forma simétrica ou assimétrica, os mínimos movimentos, que transmitiam pequenas mudanças na emoção. Podia parecer zangado, ou zangado disfarçado num sorriso largo, ou satisfeito com um quê de preocupação. Seu rosto era capaz de produzir uma panóplia de emoções sutis sob comando — o que você quisesse. Ele ilustrava como um leve franzir indicava uma emoção, e o nariz enrugado outra. Nós admiramos não apenas suas acrobacias faciais, mas também sua visão evolutiva, que na época era excepcional para um psicólogo.

Falo de "acrobacia" porque obviamente o trabalho de Ekman dizia respeito a movimento e forma. Nós, seres humanos, somos muito capazes de fazer cara de aborrecidos sem realmente nos sentirmos aborrecidos. Temos um controle facial razoável. Por muito tempo achei que outros primatas talvez não o tivessem, até que estudei os bonobos no Zoológico de San Diego. Lá vivi numa situação que, vista em retrospecto, é até divertida.

Eu tinha assumido a tarefa de documentar todo o repertório comportamental dos bonobos — seus gritos, expressões faciais, gestos e posturas —, coisa que ninguém havia feito antes. Mas, toda vez que eu observava um grupo de jovens em seu recinto espaçoso e verde, minha lista de expressões faciais ficava mais longa. Parecia que não havia um fim à vista. Eu tinha de descrever as expressões mais estranhas, e elas jamais combinavam com aquelas que eu havia visto antes. Depois de algum tempo, me dei conta de que as mais incomuns sempre ocorriam em situações não sociais e nunca levavam a ações particulares, como sexo ou agressão, que pudessem trair seu significado. Um jovem bonobo ficava sentado olhando para nada em particular e subitamente passava por uma pantomima de bochechas chupadas, um lábio superior protuberante e movimentos rápidos dos maxilares. Às vezes isso envolvia uma mão — por exemplo, puxando um lábio para o lado ou circundando toda a nuca para enfiar um dedo na boca do lado "errado".

Concluí que os bonobos estavam apenas se divertindo com caretas de brincadeira que não faziam sentido algum. Eu as chamei de "caras engraçadas" e as considerei um sinal de excelente controle voluntário da musculatura facial. Um animal que faz caretas por diversão não poderia fazer o mesmo com o objetivo de manipular os outros? Quaisquer que fossem as implicações, esses jovens símios certamente me fizeram ver a tolice da obsessão da ciência com a classificação. Depois que percebi o que eram suas acrobacias faciais, não consegui reprimir a sensação de que eles às vezes piscavam para mim!

A ênfase de Ekman no exterior facial atraiu Jan e a mim. Estudamos o comportamento animal do ponto de vista biológico, com foco nos sinais, na forma que eles assumem e seus efeitos sobre os outros. De fato, por muito tempo não pudemos falar sobre qualquer outra coisa! Jan havia recebido conselhos pessoais urgentes de ninguém menos que o zoólogo Niko Tinbergen, ganhador do prêmio Nobel, para ficar longe de estados internos em seu estudo de expressões faciais de primatas. Por que mencionar emoções se você pode evitá-las? Ele descrevia a risada do chimpanzé ou sua careta como "rosto relaxado de boca aberta"; em vez de sorriso aberto, ele falava de "rosto silencioso com dentes descobertos"; e assim por diante. Ekman fazia o mesmo em seu Facs, que era puramente descritivo, mas nunca negou que estivesse medindo emoções. Ele não hesitava em abordar os estados internos e, de fato, acreditava que as expressões faciais não podiam ser compreendidas sem se reconhecer as emoções como sua fonte. As emoções raramente permanecem no interior, disse ele, porque "uma das características mais distintivas da emoção é que ela normalmente não é oculta: nós a ouvimos e vemos sinais dela na expressão".[2]

Era de esperar que Ekman, como trabalhava sobre nossa própria espécie, não tivesse nada com o que se preocupar. Mas, infelizmente, os estudiosos entram nas batalhas mais esquisitas, que depois muitas vezes não entendemos, nem sequer lembramos. Isso aconteceu com expressões faciais humanas, consideradas triviais, indignas de atenção, ou tão variáveis em todo o mundo que eram vistas somente como artefatos culturais. Vinculá-las à biologia, como Ekman tentava fazer, era uma empreitada que estava condenada desde o começo. Tudo isso mudou, no entanto, quando ele visitou o chefe da resistência, um antropólogo que insistia em que as emoções humanas e suas expressões são infinitamente maleáveis. Esperando encontrar armários cheios de anotações de campo, filmes e fotografias de linguagem corporal humana, Ekman perguntou se poderia dar uma olhada nos registros dele. Para seu espanto, a resposta foi que não existia nada. O antropólogo alegou que todos os seus dados estavam em sua cabeça. Isso não parecia bom: dados verificáveis são o alicerce da ciência. Todo o castelo cultural teria sido construído sobre areia?

Ekman montou testes controlados com pessoas de mais de vinte nações diferentes, exibindo-lhes fotos de rostos representando emoções. Todas essas pessoas rotularam as expressões humanas mais ou menos da mesma maneira, mostrando pouca variação no reconhecimento de raiva, medo, felicidade e assim por diante. Uma risada significa o mesmo em todo o mundo. Mas uma possível explicação alternativa incomodava Ekman: e se as pessoas de todos os lugares fossem influenciadas por filmes populares de Hollywood e programas de televisão? Isso poderia explicar a uniformidade das reações? Ele viajou para um dos cantos mais distantes do planeta a fim de aplicar seus testes em uma tribo ágrafa de Papua-Nova Guiné. Não só essas pessoas nunca tinham ouvido falar de John Wayne ou Marilyn Monroe, como não estavam familiarizadas com televisão e revistas, ponto-final. Mesmo assim, elas identificaram corretamente a maioria dos rostos emocionais que Ekman lhes exibiu e não mostraram nenhuma expressão nova ou incomum em 30 mil metros de filmes registrando suas vidas cotidianas. Os dados de Ekman argumentaram com tanta força em favor da universalidade que alteraram permanentemente nossa visão das emoções humanas e sua expressão. Hoje as consideramos parte da natureza humana.[3]

Devemos perceber, no entanto, o quanto todos esses estudos dependem da linguagem. Estamos comparando não apenas os rostos e como os julgamos, mas também os rótulos que atribuímos a eles. Uma vez que toda língua tem seu próprio vocabulário emocional, a tradução continua a ser um problema. A única maneira de contornar isso é a observação direta de como as expressões são usadas. Se é verdade que o ambiente molda as expressões faciais, então as crianças nascidas cegas e surdas não deveriam exibir nenhuma expressão, ou apenas expressões estranhas, porque nunca viram os rostos das pessoas ao seu redor. No entanto, em estudos com essas crianças, elas riem, sorriem e choram da mesma maneira e nas mesmas circunstâncias que qualquer criança típica. Uma vez que a condição delas exclui a aprendizagem com modelos, como alguém poderia duvidar que as expressões emocionais fazem parte da biologia?[4]

Desse modo, retornamos à posição de Charles Darwin em *A expressão das emoções no homem e nos animais*, de 1872. Darwin enfatizou que as expressões faciais fazem parte do repertório de nossa espécie e apontou semelhanças com macacos e grandes primatas, sugerindo que todos os primatas têm emoções semelhantes. Foi um livro de referência, reconhecido hoje por todos que trabalham nesse campo, mas é a única obra importante de Darwin que, após o sucesso inicial, foi prontamente esquecida, depois subestimada por quase um século antes que voltássemos a ela. Por quê? Porque os cientistas puristas achavam que sua linguagem era muito livre e antropomórfica. Ficavam envergonhados quando Darwin falava do "estado de espírito afetuoso" de uma gata quando ela se esfregava na perna de alguém, de um chimpanzé "decepcionado e mal-humorado" fazendo beiço, e de vacas que "saltitavam de prazer" enquanto ridiculamente sacudiam os rabos. Que absurdo! Além disso, sua sugestão de que expressamos nossas nobres sensibilidades através de movimentos faciais que compartilhamos com animais "inferiores" era um insulto.

Contudo, entre todas as semelhanças, Darwin também observou exceções. Para ele, corar e franzir a testa poderiam ser reações exclusivamente humanas. Quanto a corar, ele estava absolutamente certo. Nunca vi a face de outro primara ficar rapidamente vermelha. O rubor continua sendo um mistério da evolução, em especial para os cínicos que insistem em que o objetivo da vida social é a exploração egoísta dos outros. Se isso fosse verdade, não estaríamos muito melhor sem o sangue que aflui descontroladamente para as bochechas e o pescoço, em que a mudança na cor da pele se destaca como um farol? Se o rubor nos mantém honestos, precisaríamos nos perguntar por que a evolução nos equipou — e a nenhuma outra espécie — com um sinal tão visível. Ou, como disse Mark Twain: "O homem é o único animal que enrubesce — ou que precisa enrubescer".

Por outro lado, no que diz respeito a franzir o cenho, Darwin estava apenas parcialmente correto. Ele citou um especialista de sua época que achava que se tratava de um reflexo peculiar humano de inteligência superior, porque o franzir "une as sobrancelhas com um esforço enérgico que, inexplicável mas irresistivelmente, expressa a ideia da mente".[5] Não temos razão, no entanto, para nos orgulhar por causa de um pequenino músculo perto das sobrancelhas. Sabemos agora que ele está presente em outras espécies. Ao querer explorar seu efeito em rostos não humanos, Darwin fez várias visitas aos jardins da Sociedade Zoológica de Londres. Em carta para a irmã, ele descreveu seu encontro com Jenny, uma fêmea de orangotango:

> Eu também vi a orangotango com grande perfeição: o cuidador mostrou-lhe uma maçã, mas não a entregou, e então ela se jogou de costas, chutou e chorou, exatamente como uma criança travessa. Depois pareceu muito mal-humorada, e, após dois ou três ataques passionais, o cuidador disse: "Jenny, se você parar de chorar e for uma boa menina, eu lhe darei a maçã". Ela certamente entendeu cada palavra que ele falou e, como uma criança, teve grande dificuldade para parar de choramingar, finalmente conseguiu, e então ganhou a maçã, pulou com ela numa poltrona e começou a comê-la, com o semblante mais satisfeito que se possa imaginar.[6]

Uma vez que Darwin supunha que símios concentrados, tal como pessoas concentradas, franziriam as sobrancelhas quando estivessem frustrados, ele tentou irritar Jenny e os outros símios dando-lhes uma tarefa quase impossível. Mas eles nunca franziram a testa enquanto lidavam com o problema. Desde então, os cientistas sugeriram que franzir o cenho pode ser uma exclusividade humana, porém os símios podem franzir o cenho, e o fazem, como Darwin descobriu provocando-lhes cócegas no nariz com uma palhinha: isso fez com que eles enrugassem o rosto enquanto "pequenos sulcos verticais apareciam entre as sobrancelhas".[7] Os chimpanzés e os orangotangos têm sobrancelhas sobre ossos proeminentes que protegem os olhos e tornam o franzir difícil para eles; e, para os outros, difícil de detectar. Mas os bonobos, com seu rosto mais chato e mais aberto, franzem a testa com facilidade, e o fazem nos mesmos momentos em que nós. Por exemplo: ao advertir outro bonobo, eles estreitam os olhos num olhar penetrante com sobrancelhas franzidas que se parece exatamente com o olhar furioso de nossa espécie.

Eu também lembro claramente desse tipo de olhar num chimpanzé. Foi de Borie, uma das minhas senhoras preferidas, que tinha não só filhas mas também netos na colônia da Estação de Campo de Yerkes. Em um dia especialmente quente da Geórgia, peguei a mangueira para oferecer água aos símios. Claro que eles têm sempre água potável à disposição, mas, assim como as crianças da cidade adoram mangueiras, os chimpanzés acham muito mais divertido beber direto do jorro. Uma dezena deles estava empurrando um ao outro com a boca aberta para pegar a água fria. Então um dos pequeninos deu um grito agudo quando a água o acertou. Ninguém se importou muito, mas Borie imediatamente correu para mim e me lançou um olhar irritado, alertando-me para ser mais cuidadoso. De perto, sua intensa carranca foi inconfundível.

A melhor maneira de entender as emoções dos animais é simplesmente observar o comportamento espontâneo, seja na natureza ou no cativeiro. Estudiosos do comportamento animal documentaram centenas e até milhares de casos do uso de uma expressão. É assim que sabemos que os símios riem durante a brincadeira e que, enquanto mastigam sua comida favorita, dão grunhidos especiais que convidam todos ao seu redor a se juntarem ao banquete. Registramos os acontecimentos que levam à expressão e como isso afeta os outros. Um determinado sinal inicia uma luta, interrompe uma luta ou abre caminho para a reconciliação? Temos catálogos inteiros, conhecidos como etogramas, dos sinais típicos de todas as espécies, não apenas de primatas, mas também de cavalos, elefantes, corvos, leões, galinhas, hienas etc. Um dos primeiros etogramas dizia respeito ao lobo, incluindo todos os movimentos da cauda, posições das orelhas, eriçamento de pelos, vocalizações, exposição de dentes e assim por diante. Os etogramas podem ser bastante minuciosos, indicando um repertório rico. Também os temos para ratos e camundongos.

Pensava-se que a face dos roedores não fosse afetada pelas emoções, mas estudos detalhados mostram que ela expressa angústia através de olhos apertados, orelhas achatadas e bochechas inchadas. Os outros roedores não têm dificuldade em reconhecer essas expressões, porque em experimentos eles preferem se sentar perto de uma fotografia de um rato com uma face relaxada em vez de outra que revela dor. Por outro lado, os ratos também compartilham bons sentimentos. Quando os cientistas suíços criaram um programa de tratamento positivo que consistia em diariamente fazer cócegas e brincar com ratos de laboratório, eles analisaram suas faces num momento de silêncio após cada sessão; foram capazes de dizer quais ratos haviam recebido o tratamento positivo apenas olhando para eles, porque estavam com as orelhas mais rosadas e mais relaxadas. Esses estudos puseram um fim à ideia — ridicularizada em desenhos de ratos com a mesma expressão impassível rotulada como emoções diferentes — de que a face dos roedores é estática.[8]

Uma das faces mais expressivas do planeta anda sobre quatro cascos. Talvez não seja surpreendente que cavalos, burros e zebras tenham uma rica paleta facial, considerando-se que

Pensava-se que os roedores tinham faces imutáveis, e por isso as pessoas caçoavam deles, como neste cartum, que mostra faces idênticas para expressar sentimentos diferentes. Sabe-se hoje que ratos e camundongos assinalam tanto dor quanto prazer em suas faces.

esses animais são muito sociais e visuais. O Equine Facs (o sistema de codificação de ação facial de Ekman aplicado a cavalos) reconhece nada menos que dezessete movimentos musculares distintos, produzidos em incontáveis combinações. Cavalos se cumprimentam puxando para trás os cantos dos lábios, enrolam o lábio superior durante o reflexo Flehmen (quando captam um cheiro incomum), mostram a esclera (branco do olho) quando abrem os olhos arregalados de medo e têm uma grande variedade de posições de orelhas.[9] Quem tem um cão ou um gato em casa sabe que as orelhas são dispositivos de sinalização incrivelmente eficazes, tanto que considero as orelhas imóveis da humanidade uma séria desvantagem.

Estudou-se também como os cães produzem e percebem caras, inclusive as nossas. Concluiu-se que eles se comunicam intencionalmente a partir do fato de que suas faces mudam mais em resposta a um rosto humano que os observa do que a alguém que lhes virou as costas. Uma expressão comum dos cães ocorre quando eles puxam a sobrancelha interna, o que aumenta seus olhos. Nós nos apaixonamos pela fofura de faces arredondadas com grandes olhos, uma sensibilidade amplamente explorada por desenhos animados. Esse movimento de sobrancelha dos cães faz com que eles se pareçam mais tristes e mais semelhantes a filhotes, o que afeta até a adoção de animais de estimação. Observadores em abrigos notaram que os cães que mostram essa expressão para os visitantes humanos são mais facilmente adotados do que aqueles que não o fazem. É óbvio que o melhor amigo do homem sabe como apelar para nossas emoções.[10]

As faces dos equinos são tão expressivas quanto as dos primatas. Aqui, um pônei mostra a reação de Flehmen, típica de quando sente um cheiro novo, ou depois que um garanhão sente o odor da urina de uma égua. Recuar o lábio superior ajuda a levar o cheiro aos receptores no órgão vomeronasal. Os gatos fazem careta semelhante quanto topam com um cheiro incomum.

As pessoas geralmente gostam de se concentrar em expressões que compartilhamos com outras espécies, e os primatas naturalmente são os melhores exemplos. É nisso que Jan se classifica como o maior especialista do mundo. Na década de 1970, Jan realizou observações com muito mais detalhes que qualquer pesquisador antes dele, comparando minuciosamente como os babuínos estalavam rapidamente os lábios ou como os machos da espécie *Macaca nemestrina* (macaco-de-cauda-de--porco-do-sul) levantavam o queixo com os lábios franzidos para cortejar a fêmea. Mas o principal tema de Jan foi o riso e como ele difere do sorriso. Embora as duas expressões sejam frequentemente colocadas na mesma escala, como se o sorriso fosse uma risada de baixa intensidade, Jan demonstrou que elas têm origens distintas.[11]

De orelha a orelha

Não suporto seriados de TV e filmes de Hollywood com macacos e grandes primatas: toda vez que vejo um símio ator vestido de gente produzir um de seus sorrisos bobos, eu me contraio. O público pode pensar que eles são hilários, mas sei que o estado de ânimo deles é o oposto de feliz. É difícil fazer com que esses animais mostrem os dentes sem assustá-los: somente a punição e a dominação podem provocar essas expressões. Nos bastidores, um treinador está acenando com seu aguilhão elétrico ou chicote de couro para deixar claro o que acontecerá se os animais não obedecerem. Eles estão apavorados! É por isso que os símios dos filmes quase nunca são adultos: os crescidos são fortes demais para que os treinadores humanos os dominem, e eles são muito mais espertos do que qualquer um dos grandes felinos. Somente os símios mais jovens podem ser intimidados a ponto de sorrirem sob comando.

Muitas perguntas cercam o sorriso com dentes expostos. Por exemplo: como essa expressão se tornou amistosa em nossa espécie e de onde ela veio? "De onde ela veio" pode parecer uma questão estranha, mas tudo na natureza é uma modificação de algo mais antigo. Nossas mãos vieram dos membros anteriores dos vertebrados terrestres, que derivaram das barbatanas peitorais dos peixes, e nossos pulmões evoluíram da bexiga natatória dos peixes.

No que diz respeito aos sinais, também nos perguntamos sobre suas origens. O processo de transformação de versões anteriores é conhecido como *ritualização*.* Por exemplo: imitamos o ato instrumental de segurar um telefone antiquado estendendo o polegar e o dedo mindinho e segurando-os contra a orelha: esse gesto foi transformado em um sinal de "Me ligue". A ritualização faz o mesmo, mas em escala evolutiva. A batida irregular do pica-pau numa árvore para encontrar larvas tornou-se uma batida rítmica em troncos ocos para anunciar um território. E os sons suaves de mastigação que os macacos fazem quando pegam piolhos e carrapatos nos pelos uns dos outros se transformaram numa saudação amistosa com sobrancelhas levantadas e o estalar de lábios audível, como se dissessem "Eu adoraria catar você!".

O sorriso de dentes expostos não deve ser confundido com o arreganhar de dentes com a boca bem aberta e olhos fixos

* Processo evolutivo pelo qual um padrão comportamental torna-se cada vez mais eficiente como sinal comunicativo. (N. T.)

intensos. Essa face feroz, que parece uma intenção de morder, funciona como ameaça. Num sorriso, em contraste, a boca é fechada e os lábios são retraídos para expor os dentes e as gengivas. A fileira de dentes brancos brilhantes faz com que seja um sinal notável, visível de longe, mas seu significado é o oposto exato de uma ameaça. A expressão deriva de um reflexo de defesa.[12] Nós automaticamente recuamos os lábios dos dentes quando descascamos uma fruta cítrica, por exemplo, que pode jogar gotas ácidas em nosso rosto.

Medo e desconforto também puxam os cantos de nossa boca. Filmes de pessoas andando em montanhas-russas mostram uma enorme quantidade de sorrisos, não prazerosos, mas aterrorizados. O mesmo acontece com outros primatas. Certa vez fui observar babuínos nas planícies do Quênia durante uma seca. Eles consumiram toneladas de favas de acácia, o que fez com que minha jornada a favor do vento atrás de uma centena de macacos flatulentos fosse bastante fedorenta. Os babuínos costumavam parar para se deliciar com cactos suculentos, uma planta invasora que normalmente deixam de lado por causa dos espinhos afiados. Antes de afundar os dentes no cacto, os macacos puxavam os lábios para trás a fim de evitar perfurá-los. A razão era prática, mas seus rostos exibiam o mesmo sorriso dos intercâmbios sociais, quando ele funciona como um sinal de submissão.

Em um grupo de macacos rhesus que estudei, Orange, a poderosa fêmea alfa, precisava apenas dar uma volta para que todas as fêmeas por quem passava sorrissem para ela — especialmente se caminhasse na direção delas, e ainda mais se desse a honra de juntar-se ao grupo. Uma dúzia de rostos sorridentes poderia olhar fixamente para Orange. Nenhuma das fêmeas saía do caminho, porque o objetivo da expressão é um comando de ficar parada e, ao mesmo tempo, mostrar respeito. O que as outras fêmeas diziam essencialmente a Orange era: "Sou subordinada, jamais ousaria desafiá-la". Orange estava tão segura de sua posição que raramente precisava usar a força, e quando mostrava os dentes as outras fêmeas a dissuadiam de qualquer razão que ela pudesse ter para se impor. Entre os macacos rhesus, essa expressão é inteiramente unidirecional: é exibida pelo subordinado para o dominante, nunca o contrário. Como tal, é um marcador inequívoco de hierarquia. Cada espécie tem sinais para esse propósito. Os seres humanos sinalizam a subordinação curvando-se, prostrando-se, rindo das piadas do chefe, beijando o anel do bispo, batendo continência e assim por diante. Os chimpanzés se abaixam na presença de indivíduos de alta hierarquia e emitem um tipo especial de grunhido para cumprimentá-los. Mas o sinal primata original para deixar claro que você está abaixo de outra pessoa é um sorriso com os cantos da boca puxados para trás.

No entanto, essa expressão enfatiza muito mais coisas que o medo. Quando um macaco está simplesmente com medo, como quando vê uma cobra ou um predador, ele fica imóvel (para evitar a detecção) ou então foge o mais rápido possível. Trata-se de medo puro. Nenhum sorriso, pois isso não cabe nessas situações. O sorriso é um sinal intensamente social que mistura medo e desejo de aceitação. É um pouco a maneira como o cão o saúda, com as orelhas achatadas e o rabo encolhido, enquanto rola de costas e choraminga. Ele expõe a barriga e a garganta quando confia que você não o atacará nas partes mais vulneráveis de seu corpo. Ninguém confundiria o rolar de costas canino com um ato de medo, porque os cães muitas vezes se comportam dessa maneira quando abordam outro cão, como um movimento de abertura. Pode ser positivamente amistoso. A mesma coisa se aplica ao sorriso de macaco: ele exprime o desejo de boas relações. Por isso, Orange recebia esse sinal muitas vezes por dia, mas uma cobra nunca o receberia.

Certa vez, fiz amizade com a jovem macaca rhesus Curry, que vivia no mesmo bando de Orange, numa grande área ao ar livre, cercada por uma tela, através da qual eu tirava fotos. Como eu estava lá todos os dias, os macacos se acostumaram comigo. De início, claro que me ameaçaram e tentaram pegar a câmera, mas acabaram por me ignorar, o que tornou minha vida de fotógrafo muito mais fácil. Curry me procurava através da tela, muitas vezes mostrando seus dentes num ato de submissão, enquanto se aproximava de mim. Ela gostava de se sentar perto de mim, às vezes segurando um dos meus dedos através da tela com sua mãozinha. Eu devia ter cuidado, porque os macacos mordem, mas Curry era confiável. Sendo do baixo escalão, ela talvez ganhasse segurança ao ficar comigo. Toda vez que eu olhava na sua direção, ela mostrava os dentes, mas isso é porque o contato visual é ameaçador para um macaco. Ela sorria para me agradar.

Os grandes símios vão um passo além: seu sorriso, embora ainda seja um sinal nervoso, é mais positivo. De muitas maneiras, suas expressões e o modo como as usam são mais parecidas com as nossas. Os bonobos às vezes mostram os dentes em situações amistosas e prazerosas, como no meio da relação sexual. Um pesquisador alemão falou de uma *Orgasmusgesicht* ("cara de orgasmo") exibida por fêmeas enquanto elas olham para a cara do parceiro — os bonobos muitas vezes se acasalam de frente um para o outro. A mesma expressão pode ser usada para acalmar ou conquistar os outros, e não apenas conforme as linhas hierárquicas, como entre os macacos. Os indivíduos dominantes também mostram os dentes quando tentam tranquilizar os outros. Por exemplo, uma fêmea lidou com um filhote que queria roubar sua comida afastando gentilmente o alimento para fora do alcance do bebê, enquanto exibia um grande sorriso de orelha a orelha. Desse modo, ela impediu uma birra. Os sorrisos amistosos são também uma maneira de suavizar as coisas quando a brincadeira fica bruta demais. É raro os símios levantarem os cantos da boca durante um sorriso, mas, quando o fazem, isso se parece exatamente com o sorriso humano.

Na medida em que trai ansiedade, o sorriso de um símio nem sempre é bem-vindo. Os chimpanzés machos — que estão sempre prontos a tentar intimidar um ao outro — não gostam de revelar ansiedades na presença do rival. Esse é um sinal de fraqueza. Quando um macho guincha e eriça o pelo enquanto pega uma pedra grande, isso pode causar desconforto em outro membro da colônia porque anuncia um confronto. Um sorriso nervoso pode aparecer no rosto do alvo. Nessas circunstâncias, já vi o macho sorridente se virar abruptamente para que o primeiro chimpanzé não pudesse ver sua expressão. Vi também machos esconderem o sorriso com a mão, ou até apagá-lo de sua face. Um macho usou os dedos para empurrar os próprios lábios de volta ao lugar, sobre os dentes, antes de se virar para confrontar o adversário. Para mim, isso sugere que os chimpanzés estão cientes de como os seus sinais são vistos. Também mostra que eles têm mais controle sobre suas mãos do que sobre as faces. O mesmo vale para nós. Somos capazes de produzir expressões sob comando, mas é difícil mudar uma expressão que surge involuntariamente. Parecer feliz quando você está com raiva, por exemplo, ou ficar com raiva quando, na realidade, você está se divertindo (como pode acontecer com os pais diante dos filhos) é quase impossível.

O sorriso humano deriva do sorriso nervoso encontrado em outros primatas. Trata-se de um recurso que utilizamos quando existe uma possibilidade de conflito, uma coisa com a qual estamos sempre preocupados, mesmo nas circunstâncias mais amistosas. Levamos flores ou uma garrafa de vinho quando invadimos o território de outras pessoas, e nos cumprimentamos acenando com a mão aberta, gesto que parece ter origem em mostrar que não estamos carregando nenhuma arma. Mas o sorriso continua sendo nossa principal ferramenta para melhorar o humor. Copiar o sorriso de outra pessoa deixa todo mundo mais feliz, ou, como Louis Armstrong cantou: "Quando você está sorrindo, o mundo inteiro sorri com você".

Crianças repreendidas às vezes não param de sorrir, o que pode ser confundido com desrespeito. Tudo o que elas estão fazendo, no entanto, é sinalizar nervosamente a não hostilidade. É por isso que as mulheres sorriem mais que os homens e os homens que sorriem muitas vezes estão carentes de relações amistosas. Um estudo analisou explicitamente esse aspecto da inferioridade do sorriso em fotos tiradas logo antes das disputas do Ultimate Fighting Championship. As fotografias mostram ambos os lutadores encarando um ao outro desafiadoramente. A análise de grande número de fotos revelou que o lutador com o sorriso mais intenso acabaria perdendo aquela luta. Os pesquisadores concluíram que sorrir indica falta de domínio físico e que o lutador que mais sorri é o que mais precisa de apaziguamento.[13]

Duvido muito que o sorriso seja a face "feliz" de nossa espécie, como se afirma com frequência nos livros sobre emoções humanas. O que está por trás dele é muito mais rico, tem outros significados além de alegria. Dependendo das circunstâncias, o sorriso pode transmitir nervosismo, necessidade de agradar, de tranquilizar outras pessoas ansiosas, uma atitude acolhedora, submissão, diversão, atração etc. Será que todos esses sentimentos são captados quando os chamamos de "felizes"? Nossos rótulos simplificam grosseiramente as exibições emocionais, do mesmo modo como atribuímos a cada emoticon um único significado. Muitos de nós agora usam rostos sorridentes ou carrancudos para pontuar mensagens de texto, o que sugere que a linguagem por si só não é tão eficaz quanto alardeado. Sentimos a necessidade de acrescentar sinais não verbais para evitar que uma oferta de paz seja confundida com um ato de vingança, ou uma piada seja tomada como insulto. Mas emoticons e palavras são substitutos ruins para o próprio corpo: através da direção do olhar, de expressões, tom de voz, postura, dilatação da pupila e gestos, o corpo é muito melhor que a linguagem verbal para comunicar uma ampla gama de significados.

Não obstante, continuamos a simplificar o sistema de mensagens do corpo ao equiparar suas representações pictóricas estáticas com tristeza, felicidade, medo, raiva, surpresa ou nojo, conhecidas como emoções "básicas". Não importa que, na maioria das vezes, cada estado emocional seja uma mistura de tendências separadas. Quando eu era criança, subi no telhado da nossa casa a fim de treinar para me tornar ajudante do Papai Noel holandês, um bispo barbudo que deixa cair presentes pelas chaminés. Obviamente ele não pode fazer esse trabalho sozinho. Sem me dar conta de que subir no telhado é muito mais fácil que descer, me encalacrei. Meu pai me repreendeu quando fui descoberto naquela situação precária. Sua reação parecia muito com raiva, com gestos ameaçadores, voz alta e rosto vermelho. Mas a raiva foi desencadeada pela apreensão e estava misturada com a esperança de que alguma boa disciplina me impedisse de ser tão estúpido de novo. Com certeza impediu! O que quero dizer é que toda demonstração de emoção precisa ser julgada num contexto mais amplo. Um único rótulo raramente é suficiente. Chamar o estado de meu pai de "raiva" não é justo se não mencionamos também amor e preocupação.

O mesmo desejo de simplificação se aplica às emoções animais, talvez até mais, porque gostamos de pensar que suas emoções devem ser mais simples que as nossas. Na verdade, o *Oxford Companion to Animal Behaviour* [Compêndio Oxford de comportamento animal], publicado em 1987, afirmava que não havia absolutamente nenhum motivo para estudar emoções animais, porque elas não nos dizem nada de novo e, além disso, "os animais estão restritos a apenas algumas emoções básicas".[14] Sem uma ciência das emoções animais, pergunto-me como o autor chegou a essa conclusão. É um pouco como a velha alegação, repetida muitas vezes na bibliografia, de que temos centenas de músculos no rosto, muito mais do que qualquer outra espécie. Conforme a visão da *scala naturae*, supunha-se que, quanto mais próximo um animal chegasse de nós na escada evolutiva, mais rica deveria ser sua paleta de emoções e, portanto, mais variada a sua musculatura facial.

Mas não há nenhuma boa razão para que seja assim. Quando uma equipe de cientistas do comportamento e antropólogos testou finalmente essa ideia, dissecando cuidadosamente as faces de dois chimpanzés mortos, eles encontraram exatamente o mesmo número de músculos miméticos que na face humana e, surpreendentemente, poucas diferenças.[15] É óbvio que poderíamos ter previsto isso, porque Nikolaas Tulp, o anatomista holandês imortalizado em *A lição de anatomia*, de Rembrandt, chegara a conclusão semelhante. Em 1641, ele foi o primeiro a dissecar um cadáver de símio e descobrir que ele se assemelhava tanto ao corpo humano em seus detalhes estruturais, musculatura, órgãos e assim por diante, que era como se as duas espécies fossem duas gotas d'água.

Apesar dessas semelhanças, o sorriso humano difere do equivalente do símio: nós costumamos puxar os cantos da boca e infundimos a expressão com mais simpatia e afeição. Mas isso se aplica somente ao sorriso de verdade. Muitas vezes, usamos "sorrisos de plástico", sem nenhum significado profundo. Os sorrisos do pessoal de bordo num avião e sorrisos produzidos para câmeras ("Diga 'uísque'!") são artificiais, para consumo público. Apenas o chamado sorriso de Duchenne é uma expressão sincera de alegria e sentimento positivo. No século XIX, o neurologista francês Duchenne de Boulogne testou as expressões faciais estimulando eletricamente o rosto de um homem que não tinha percepção da dor. Duchenne produziu e fotografou assim todos os tipos de expressão, mas os sorrisos do homem nunca pareciam felizes. Na verdade, pareciam falsos. Certa vez Duchenne contou àquele homem uma piada engraçada e provocou um sorriso muito melhor, porque em vez de apenas sorrir com a boca, como vinha fazendo até agora, ele também contraiu os músculos ao redor dos olhos. Duchenne concluiu que, embora a boca possa produzir um

Nossa espécie tem dois tipos de sorriso. A versão completa é conhecida como sorriso de Duchenne, nome do famoso neurologista francês pioneiro no estudo das expressões faciais. Ele descobriu que a retração dos lábios e os cantos da boca virados para cima não são suficientes. No sorriso da esquerda, os músculos em torno dos olhos são repuxados também, causando rugas enquanto estreitam os olhos: o sorriso de Duchenne. No rosto da direita, os olhos não acompanham a boca que sorri, resultando num sorriso falso.

sorriso sob comando, os músculos próximos aos olhos não obedecem. A contração deles completa o sorriso, indicando um prazer genuíno.

Aí está: alguns sorrisos são meros sinais para o resto do mundo, produzidos deliberadamente e encontrados em toda a internet, nos retratos de políticos e celebridades e em milhões de selfies. Outros surgem de um estado interno específico, como reflexos sinceros de prazer, felicidade ou afeição. Esses sorrisos são muito mais difíceis de fingir.

Pode parecer bastante óbvio que nosso rosto, na maioria das vezes, reflete sentimentos verdadeiros, mas até essa ideia simples já foi controversa. Os cientistas se opuseram fortemente ao uso do termo "expressão" por Darwin, por ser demasiado sugestivo, pois implica que o rosto transmite o que está acontecendo no interior. Embora psicologia seja literalmente o estudo da *psyche* — "alma" ou "espírito" em grego —, muitos psicólogos não gostavam da referência a processos ocultos e declararam a alma território proibido. Eles preferiam restringir-se a um comportamento observável e consideravam as expressões faciais pequenas bandeiras de cores diferentes que acenamos para alertar as pessoas ao nosso redor sobre nosso comportamento futuro.

Darwin venceu também essa batalha, porque, se nossas expressões faciais fossem meras bandeiras, não teríamos problemas para escolher quais delas acenar e quais deixar dobradas. Cada configuração facial seria tão fácil de produzir quanto um sorriso falso. Mas, na verdade, temos muito menos controle sobre nosso rosto do que sobre o resto do corpo. Tal como os chimpanzés, às vezes escondemos um sorriso com a mão (ou com um livro, um jornal) porque somos simplesmente incapazes de suprimi-lo. E habitualmente sorrimos, ou derramamos lágrimas, ou fazemos cara de nojo enquanto não somos vistos pelos outros, como quando falamos ao telefone ou lemos um romance. Da perspectiva da comunicação, isso não faz nenhum sentido. Deveríamos ter rostos completamente impassíveis quando falamos ao telefone.

A menos, claro, que tenhamos evoluído para comunicar involuntariamente estados internos. Nesse caso, expressão e comunicação são a mesma coisa. Não controlamos totalmente nosso rosto porque não controlamos totalmente nossas emoções. O fato de que isso permite que os outros leiam nossos sentimentos é um bônus. Na verdade, a estreita ligação entre o que acontece em nosso interior e o que revelamos do lado de fora pode muito bem ser a razão pela qual as expressões faciais evoluíram.

Isso foi engraçado!

Certa vez assisti a uma palestra de um filósofo que estava perplexo diante dos aspectos não verbais da comunicação humana. Ele preferia a palavra escrita e falada, mas obviamente não conseguia contornar todas as caras e todos os gestos que fazemos. Por que precisamos de todos esses acompanhamentos, ele se perguntava, e, especialmente, por que são tão exagerados? Quando rimos de uma piada, por exemplo, perdemos o controle parcial sobre nosso corpo e produzimos uma enorme quantidade de *hahahas* que podem ser ouvidos longe. Por que não podemos dizer simplesmente "Isso foi engraçado" e ficar por aí?

Imaginei a cena de um humorista num pequeno teatro contando a melhor piada de todos os tempos e as pessoas, em vez de caindo das poltronas às gargalhadas, todas quietas murmurando "Isso foi engraçado". É óbvio que o humorista, sabendo que o nobre senso de humor da humanidade está irrevogavelmente casado com algo muito mais animalesco, se sentiria profundamente ofendido. O riso mostra como o corpo ocupa um lugar central em nossa existência, inclusive na vida mental. O riso une corpo e mente, fundindo-os num todo. Podemos sentir isso como perda de controle, porque gostamos que a mente esteja no comando. Como disse o crítico teatral John Lahr: "Observar o riso provocado tomar conta de uma plateia é presenciar um grande e violento mistério. Rostos em convulsão, lágrimas que correm, corpos que colapsam, não em agonia, mas em êxtase".[16]

Quando rimos, enlouquecemos. Ficamos moles, nos apoiamos um nos outros, ficamos vermelhos e nossos olhos se enchem de lágrimas, a ponto de dissolver a linha divisória com o choro. Fazemos literalmente xixi nas calças! Depois de uma noite de risos, ficamos totalmente exaustos. Isto se deve, em parte, ao fato de que o riso intenso é marcado por mais expirações (que produzem som) do que por inalações (que absorvem oxigênio), então acabamos ofegando por falta de ar. O riso é uma das grandes alegrias de se ser humano, com benefícios bem conhecidos para a saúde, como redução do estresse, estimulação do coração e dos pulmões e liberação de endorfinas. Não obstante, devemos torcer para que os extraterrestres nunca cheguem a observar um grupo de seres humanos rindo descontrolados, porque eles provavelmente abandonariam a ideia de ter encontrado vida inteligente.

O humor nem sempre é o gatilho para o riso. Quando os psicólogos tomam notas discretas sobre o comportamento humano em shoppings e nas calçadas de nosso habitat natural, eles descobrem que a maioria dos risos ocorre depois de declarações mundanas que são tudo menos divertidas. Tente você mesmo. Observe quando as pessoas riem em bate-papos espontâneos, e verá que muitas vezes não é por nada — nenhuma piada, nenhum trocadilho, nenhuma observação bizarra. É apenas um riso inserido no fluxo da conversa, geralmente ecoado pelo interlocutor. O humor não é fundamental para o riso: as relações sociais, sim. Nossas demonstrações tremendamente ruidosas que mais parecem latidos anunciam bem-estar e gosto compartilhados. O riso de um grupo de pessoas transmite solidariedade e intimidade, não muito diferente do uivo de uma matilha de lobos.[17]

O volume alto da risada de nossa espécie sempre me surpreende: os símios riem com muito mais suavidade, e os macacos mal podem ser ouvidos. Meu palpite é que o volume é inversamente proporcional ao risco de predação. Se o riso dos filhotes de outros primatas fosse tão ensurdecedor quanto o riso de nossos filhos no pátio das escolas, os predadores não teriam dificuldade em localizá-los e atacar no momento certo. O ser humano pode se dar ao luxo de ser barulhento, embora obviamente também dê muitas risadinhas reprimidas e risinhos entredentes.

Em sua festa de oitenta anos, Jan fez uma demonstração esplêndida da sequência da risada humana: ele soltou uma série de gargalhadas, depois inspirou profunda, prolongadamente, para aumentar o efeito. A sala explodiu em gargalhadas, não só porque essa sequência é uma assinatura de nossa espécie, mas também porque é incrivelmente contagiante. Nos experimentos, os seres humanos imitam automaticamente rostos risonhos exibidos na tela do computador, e o propósito de se acrescentar risadas gravadas às séries cômicas da televisão é produzir o contágio. Análises detalhadas de vídeos acerca do comportamento de grandes primatas encontram mimetismo semelhante. Quando um orangotango jovem se aproxima de outro com cara de riso, o outro adota de imediato a mesma expressão, e é por isso que normalmente ambos os parceiros de brincadeiras riem, e não apenas um deles.[18] Até as aves exibem esse comportamento contagiante. Os papagaios da Nova Zelândia, conhecidos como keas, tornam-se instantaneamente brincalhões quando ouvem as vocalizações melodiosas que acompanham as brincadeiras de sua espécie emitidas por alguém oculto. Os cantos, que se assemelham um pouco ao riso, afetam seu estado de ânimo. Os keas imediatamente convidam outras aves para brincar, pegam brinquedos para manipular ou fazem acrobacias aéreas. Nada é tão contagiante quanto a jocosidade e o riso.[19]

A repetitividade do riso dos primatas deriva da respiração ritmada. Nos símios, o riso começa com uma respiração ofegante audível, que fica cada vez mais vocal quanto mais intenso se torna o encontro. Por si só, separada da brincadeira, a respiração ofegante expressa alívio, alegria e um desejo de contato, como quando uma fêmea de chimpanzé caminha até a sua melhor amiga e emite arquejos audíveis antes de beijá-la. Do mesmo modo, Mama ofegava rapidamente para mim antes de agarrar meu braço, depois balbuciava e estalava os lábios quando me catava. Quando se trabalha com símios, aprende-se a ser cuidadoso e observar os seus sinais. Todos esses sons suaves indicavam boas intenções, tanto que, sem eles, eu talvez relutasse em deixar Mama pegar meu braço.

Nadia Ladygina-Kohts, a cientista russa que há um século comparou o desenvolvimento emocional do jovem chimpanzé Joni com o de seu próprio filho pequeno, deu exemplos de momentos alegres que provocaram o arquejo. Um dia, Joni viu Nadia sair de casa e começou a choramingar, mas assim que ela mudou de ideia e ficou ele correu até ela com arquejos rápidos. Quando Joni esperava uma bronca séria por algum malfeito mas foi tratado cordialmente, ele ofegou em agradecimento. Essa respiração ofegante, que comunica alegria e sentimentos positivos, tornou-se a base do riso, que comunica a mesma coisa, só que muito mais alto.[20]

A brincadeira dos animais pode ser bruta, pois eles lutam, mordiscam, pulam uns sobre os outros e arrastam uns aos outros. Sem um sinal inequívoco para esclarecer suas intenções, o comportamento de brincar pode se confundir com uma briga. Sinais de brincadeira dizem aos outros que eles não têm com o que se preocupar, que nada daquilo é sério. Por exemplo, os cães podem "fazer reverência" (agachar-se nos membros dianteiros e manter o traseiro no alto) para ajudar a separar brincadeira de conflito. Mas, assim que um cão se comporta mal e acidentalmente morde o outro, a brincadeira cessa de repente. Uma nova reverência será exigida como "pedido de desculpas", a fim de que a vítima ignore a ofensa e retome o jogo.

O riso serve ao mesmo propósito: contextualiza o comportamento do outro. Uma chimpanzé empurra a outra com firmeza para o chão e põe os dentes no pescoço dela, deixando-a sem escapatória, mas, como ambas emitem um fluxo constante de risos roucos, elas ficam totalmente relaxadas. Sabem que aquilo é só diversão. Uma vez que os sinais de brincadeira ajudam a interpretar o comportamento do outro, eles são conhecidos como metacomunicação: comunicam algo sobre a comunicação.[21] Da mesma forma, se me aproximo de um colega e dou um tapa no ombro dele com uma risada, ele perceberá o gesto de forma bem diferente do que faria se eu desse o tapa sem um som ou sem qualquer expressão no meu rosto. Meu riso transmite um metassinal a respeito da mão que o atingiu. Rir reformula o que dizemos ou fazemos, e tira o peso de comentários potencialmente ofensivos, e é por isso que o usamos o tempo todo, mesmo quando nada particularmente divertido está acontecendo.

O riso emite sinais não somente para os companheiros de brincadeira, mas também para o mundo exterior. Quando os outros veem ou ouvem o riso, sabem que está tudo bem. Os chimpanzés são espertos o suficiente para utilizar as risadas dessa maneira. Certa vez analisamos centenas de jogos de luta entre jovens chimpanzés para ver em quais momentos eles riam. Estávamos particularmente interessados em jovens com grande diferença de idade, já que os jogos deles costumavam ser brutos demais para os mais novos. Assim que isso acontecia, a mãe do mais novo entrava em cena, às vezes batendo na cabeça do companheiro de brincadeira. A culpa era sempre do mais velho! Descobrimos que, quando os jovens brincam com bebês, eles riem muito mais quando a mãe do bebê os observa do que quando estão sozinhos. Sob os olhos de uma mãe protetora, o riso projeta um clima alegre, como se dissesse: "Veja como estamos nos divertindo!".[22]

Se um grupo de pessoas ri e você não faz parte dele, você se sentirá excluído. O riso muitas vezes enfatiza o grupo de pertencimento à custa dos outros grupos. É uma forma tão poderosa de deboche e provocação que alguns propuseram que a hostilidade está em sua raiz. Essas teorias falam em "humor excludente" dirigido a pessoas de fora do grupo ou de raça diferente, e retratam o riso como um ato maligno.[23] O filósofo inglês quinhentista Thomas Hobbes, por exemplo, considerava o riso uma expressão de superioridade, como se todo o propósito do homem ao brincar fosse zombar dos outros. Que vida miserável esse homem deve ter tido!

O riso é muito mais típico das relações afetuosas entre amigos, namorados, cônjuges, pais e filhos etc. Onde estariam os casamentos sem a cola essencial do humor? Eu sou de uma família grande e lembro com carinho das risadas em torno da mesa de jantar, e elas podiam ficar tão fortes que eu me sentia como se estivesse morrendo. Eu tinha de sair da sala para recuperar o fôlego e a compostura. O primeiro riso em nossas vidas ocorre sempre no período da criação, como acontece nos outros primatas. A mãe gorila faz cócegas na barriga de seu bebê com o dedo médio já alguns dias após o nascimento, produzindo a primeira risada. Em nossa própria espécie, mães e bebês têm muitas interações, nas quais prestam atenção a cada mudança na expressão e na voz um do outro, com muitos sorrisos e risos. Esse é o contexto original, totalmente desprovido de malícia.

A estimulação física continua fazendo parte disso, e deve ter uma longa história evolutiva, porque as cócegas também estão ligadas a sons semelhantes a risadas entre os ratos. O falecido neurocientista estoniano-americano Jaak Panksepp fez mais do que qualquer outra pessoa para tornar as emoções animais um tema aceitável de discussão. Panksepp foi inicialmente ridicularizado pela ideia de ratos risonhos. Esses roedores continuam desprezados e subestimados, mas eu, que já os tive como animais de estimação, não tenho dúvidas de que são animais complexos que estabelecem laços e brincam. Panksepp notou que os ratos gostam que dedos humanos lhes façam cócegas, tanto que voltam para pedir mais. Quando retiramos a mão e a levamos a outro lugar, eles a seguem, buscando estímulo enquanto emitem rajadas de pios de 50 kHz que estão acima do alcance da audição humana.

Um apreciador de ratos anônimo tentou isso em casa:

> Decidi fazer uma pequena experiência com Pinky, o jovem rato de estimação do meu filho. Dentro de uma semana, Pinky ficou completamente condicionado a brincar comigo e, de vez em quando,

> até emite um guincho agudo que posso ouvir. Assim que entro no quarto, ele começa a roer as barras de sua gaiola e pula como um canguru até eu fazer cócegas nele. Ele ataca minha mão, mordisca, lambe, rola de costas para expor a barriga a fim de que eu faça cócegas (é o seu lugar preferido), e dá chutes de coelho* quando luto com ele.[24]

Panksepp concluiu que, para os ratos, receber cócegas é uma experiência gratificante (daí eles buscarem a mão) que requer o estado de ânimo certo. Se os animais estiverem ansiosos ou assustados, por cheiro de gato ou luzes brilhantes, por exemplo, nem cócegas fartas provocarão riso. O entusiasmo deles depende também de experiência e familiaridade anteriores, porque os ratos se aproximam com mais avidez de uma mão que lhes fez cócegas, enquanto emitem um pio agudo, do que de uma mão que só os acariciou. Os ratos fazem pequenos movimentos divertidos, conhecidos como "pulinhos de alegria", que são típicos de todos os mamíferos que brincam, como cabras, cães, gatos, cavalos, primatas e assim por diante. As vacas brincalhonas de Darwin logo vêm à mente. Embora os animais possuam todos os tipos de sinais de jogo, a única constante é um salto aleatório abrupto. Eles dançam em sua direção com as costas arqueadas (gatos) ou giram em torno de seu eixo e pulam no sofá proibido (cachorros) para mostrar como estão prontos para uma perseguição. O pulinho de alegria é tão reconhecível que é facilmente entendido entre as espécies. Em cativeiro, um filhote de rinoceronte pode brincar com um ca-

---

* *Bunny kick*: quando o animal deita de costas e empurra o objeto próximo com as duas patas traseiras. (N. T.)

chorro, ou um cão com uma lontra, ou um potro com uma cabra, e na selva observaram-se chimpanzés jovens lutando com babuínos, e corvos e lobos se provocando. O jogo tem sua própria linguagem universal.

Podemos usar o riso para desarmar uma situação constrangedora ou tensa. Isso é menos comum em outras espécies, mas não está excluído. Entre os chimpanzés, vi machos esfriarem um conflito em potencial. Três machos adultos, com todos os pelos eriçados, haviam acabado de realizar impressionantes exibições de ataque. É uma situação muito tensa, potencialmente perigosa, na qual os rivais testam os nervos um do outro. Eles balançam de galho em galho, desalojam pedras pesadas, arremessam coisas e batem em superfícies ressonantes. Mas, quando esses três machos se afastaram da cena, de

Assim como os seres humanos e os símios riem quando sentem cócegas, os ratos nessa situação emitem um guincho agudo, inaudível para o ouvido humano. Eles buscam ativamente a mão humana que lhes faz cócegas, indicando que sentem prazer com isso.

repente um deles literalmente puxou a perna de outro. Este macho resistiu e tentou libertar o pé, sem parar de rir. Então o terceiro entrou na jogada, e em pouco tempo três grandes machos galopavam, batiam nas laterais do corpo um no outro e soltavam gargalhadas roucas, enquanto os pelos voltavam ao lugar. A tensão fora quebrada.

Aristóteles achava que o riso era o que diferenciava os seres humanos dos animais, e muitos psicólogos ainda duvidam que algum animal ria de alegria ou porque alguma coisa é engraçada. Sabe-se muito bem, no entanto, que os símios adoram comédias pastelão, provavelmente por causa de todos os contratempos físicos. Quando uma pessoa de quem gostam caminha na direção deles e escorrega ou cai, sua primeira reação é de tensão preocupada, mas se a pessoa fica bem eles riem com aparente alívio, como fazemos em circunstâncias semelhantes. Já descrevi o riso de Mama quando descobriu que havia sido enganada por um ser humano com máscara de pantera. Reações similares podem ser vistas em bonobos. Há muito tempo, o recinto dos bonobos no Zoológico de San Diego tinha um fosso profundo e seco para separá-los do público. No lado dos bonobos, uma corrente de plástico pendia no fosso para que os macacos descessem e voltassem sempre que quisessem. Mas, quando o macho alfa Vernon descia, o adolescente macho Kalind às vezes puxava rapidamente a corrente para cima. Vernon ficava preso, enquanto Kalind olhava para ele com uma grande cara de riso e batia na lateral do fosso. Ele estava zombando do chefe. A única outra bonobo adulta presente normalmente corria para a cena a fim de resgatar o companheiro largando a corrente de volta, e ficava de guarda até que ele saísse.

Outra risada divertida foi filmada por pesquisadores de campo japoneses na África Ocidental. Um chimpanzé selvagem de nove anos de idade estava esmagando coquinhos com pedras, usando uma técnica comum de martelo e bigorna. Um por um, ele punha os coquinhos na superfície plana de uma pedra grande, enquanto segurava uma pedra pequena na outra mão, depois batia com ela até que os coquinhos quebrassem. Na floresta não é fácil encontrar a combinação certa de pedras para essa tarefa. A mãe do macho olhou para suas ferramentas perfeitas antes de se aproximar e começar a catá-lo. Isso costuma ser um convite para retribuir a catação, então, quando ela terminou, ficou ali esperando que ele girasse e a catasse. Ao fazer isso, ele deixou de cuidar de suas pedras, e em poucos segundos a mãe se apossou delas. Parecia intencional, como se a aproximação e o breve catar tivessem sido uma forma de distraí-lo. No exato momento em que ela pegou as ferramentas dele, foi possível ouvi-la e vê-la rir suavemente consigo mesma, feliz porque a pequena maquinação funcionara.[25]

Essa é uma evidência anedótica, claro, mas esses incidentes sugerem que o riso dos símios pode ser mais do que apenas um sinal de brincadeira. Às vezes, parece se aproximar do significado mais amplo de regozijo, vínculo e ruptura de tensão que conhecemos de nossa própria espécie.

Emoções mistas

As histórias evolutivas do riso e do sorriso mostram como Jan estava certo ao propor origens separadas para os dois. Eles se originam de diferentes cantos do espectro da emoção. Um começou como uma expressão de medo e submissão, que se tornou um sinal de não hostilidade e, por fim, de afeição. O outro começou como um indicador de brincadeira sensível a bagunça e cócegas, depois se transformou num sinal de vínculo e bem-estar, até de diversão e felicidade. Ambas as expressões têm se aproximado em nossa espécie, e, como muitas vezes misturamos emoções, elas acabaram se fundindo. Com frequência, passamos de um sorriso para uma risada e vice-versa, ou mostramos misturas dos dois.

Expressões misturadas são típicas dos hominídeos, a pequena família de primatas dos seres humanos e símios. Enquanto a maioria dos outros animais, inclusive macacos, tem vozes e exibições distintas, os hominídeos se destacam por sua comunicação matizada. Um macaco faz uma cara de ameaça, um sorriso de dentes à mostra ou uma cara de quem quer brincar, mas não uma combinação ou mistura dessas expressões. Seus sinais são fixos e estereotipados, bastante separados uns dos outros, como se fossem ou azuis, ou vermelhos, nunca roxos. Trata-se de uma limitação séria em comparação com os grandes primatas, que facilmente se movem entre uma cara de beicinho, um gemido e um grito de dentes à mostra. Suas faces estão em constante movimento para cobrir uma ampla gama de tendências, mesmo que conflitivas. Da mesma forma, uma criança pode chorar, depois rir em meio às lágrimas, depois chorar mais.

Usando uma classificação de 25 expressões faciais, analisamos literalmente milhares delas na colônia de chimpanzés de Yerkes durante sua vida cotidiana em seu recinto ao ar livre. Percebemos um enorme grau de matizes e misturas.[26] Por exemplo, um macho jovem que procura contato com o macho alfa tem medo e senta-se à distância, esperando por um sinal simpático. O jovem macho faz sinais amistosos, como estender a mão ao seu líder com arquejos rápidos, mas também grunhidos submissos para demonstrar respeito. Ou uma fêmea está interessada na melancia suculenta de outro, mas fica aborrecida quando é rejeitada e hesita entre implorar e protestar em voz alta, o que pode desencadear uma briga. Ela se move entre beicinhos e gemidos para pedir comida e entre uivos e gritos suaves que traem a crescente frustração. As interações sociais estão cheias dessas tendências conflitantes, e as faces dos seres humanos e dos símios revelam todas elas. Eles mostram não apenas um instantâneo de uma emoção ou outra, mas todos os tons sutis entre elas. Estados emocionais independentes são raros, motivo pelo qual é tão problemático pôr as expressões faciais em caixinhas rotuladas como "irritado", "triste" ou outras emoções básicas. Isso não funciona para nós, nem para nossos companheiros hominídeos.

3. De corpo para corpo

Empatia e compaixão

Minha primeira experiência com chimpanzés foi na faculdade, na Universidade Radboud, em Nijmegen, Holanda. Para ganhar alguns florins, assumi o posto de assistente de pesquisa num laboratório de psicologia. No primeiro dia, fiquei sabendo que o trabalho envolvia chimpanzés. Isso me pegou de surpresa, porque quem em sã consciência manteria símios no último andar de um prédio universitário, em meio a escritórios e salas de aula? As condições de vida estavam longe do ideal e nunca seriam permitidas hoje, mas me diverti muito conhecendo meus dois amigos peludos.

Todos os dias eu os testava em tarefas cognitivas que poderiam ser perfeitas para ratos, mas não eram adequadas para símios. Naquela época, os psicólogos ainda acreditavam em leis universais de aprendizado e inteligência e não se interessavam pelos talentos especiais de cada espécie. Nem mesmo o tamanho do cérebro importava para eles. Como B. F. Skinner, o fundador da escola behaviorista, disse sem rodeios: "Pombo, rato, macaco, qual é qual? Isso não importa".[1] Agora, no entanto, sabemos que existem muitos tipos diferentes de inteligência, cada qual adaptada aos sentidos especiais e à história natural de uma espécie. Não se pode avaliar um símio ou um elefante da mesma maneira que se avalia um corvo ou um polvo. Grandes primatas, em particular, são seres pensantes que tentam entender cada problema que enfrentam. Eles perdem o interesse assim que descobrem a solução. Em comparação com alguns macacos rhesus testados no mesmo laboratório, nossos chimpanzés tiveram mau desempenho, o que demonstra que desempenho e inteligência não são a mesma coisa. Enquanto os macacos tinham os olhos firmes nas recompensas e mantinham uma rotina para ganhar o máximo que conseguissem, os chimpanzés ficavam entediados. A tarefa estava abaixo do nível deles. Em consequência, eu passava muito tempo fazendo bagunça com eles, e eles gostavam muito mais.

Foi assim que aprendi os sons típicos e outras formas de comunicação dessa espécie, e também a agir como símio, o que não é tão difícil, uma vez que os seres humanos são essencialmente primatas. A única parte que não consegui imitar foi a força muscular deles. Eu não conseguia me balançar pendurado por um único dedo ou saltar de uma parede para a outra sem tocar no chão. Embora não tivessem nem seis anos de idade, eles rapidamente perceberam que eu era um ser fraco que não gostava de ser atrelado com os mesmos laços com que eles atavam uns aos outros. Eu podia dar o tapa mais forte que conseguisse nas costas deles — tão forte que qualquer ser humano teria explodido em protestos irados —, mas eles apenas continuavam rindo como se aquilo fosse a coisa mais engraçada que eu já fizera.

Como era típico da idade deles, seus impulsos sexuais estavam surgindo, e eles eram forçados a projetá-los em nossa espécie. Ambos os machos tinham ereções assim que viam uma mulher passar. Eram tão precisos em identificar o sexo oposto que eu me perguntava como faziam aquilo. Pelo cheiro era improvável, porque seus sentidos são como os nossos: a visão é dominante. Um colega estudante e eu decidimos fazer um teste, o que levou ao meu primeiro experimento comportamental. Nós nos vestimos com saias e perucas e modulamos nossas vozes para ver que tipo de reação receberíamos. Entramos na sala conversando e apontando para os chimpanzés como se fôssemos visitantes fêmeas inesperadas. Eles mal ergueram os olhos. Nenhum pênis ereto, nenhuma confusão, exceto que puxaram nossas saias. Poucos minutos depois, uma das secretárias espiou pela porta, pois vira duas senhoras estranhas entrarem e pensou que estavam perdidas. Com ela, os chimpanzés mostraram imediatamente a reação que esperávamos. Concluímos que é mais fácil enganar as pessoas do que os chimpanzés.

Esse experimento era mais parecido com um trote. Eu hesitaria em mencioná-lo, a não ser pelo fato de que ele ilustra a percepção aguçada — que é o tema deste capítulo. Como um organismo lê a linguagem corporal de outro? Muitos animais têm a mesma sensibilidade que esses dois chimpanzés quando se trata de distinguir gêneros humanos. Até espécies bem distantes de nós, como aves e gatos, fazem isso com facilidade. Conheço muitos papagaios que só gostam de mulheres, ou só de homens. Eles focam na única diferença de sexo visível que se encontra em todo o reino animal: os movimentos masculinos tendem a ser mais bruscos e resolutos que os das fêmeas, mais fluidos e flexíveis. Nós nem precisamos ver corpos inteiros para fazer essa distinção. Quando os cientistas prenderam pequenas luzes nos braços, nas pernas e na pélvis das pessoas e as filmaram andando, descobriram que esses pontos, por si sós, contêm todas as informações de que precisamos para distinguir o gênero.[2] Observando apenas alguns pontos brancos em movimento contra um fundo escuro os indivíduos podem dizer imediatamente se estão olhando para um homem ou uma mulher. O padrão de caminhada varia até com o estágio do ciclo ovulatório da mulher. Se podemos julgar com precisão as pessoas com base em informações tão escassas como essas, não é difícil perceber por que, para muitos animais, a masculinidade ou a feminilidade humana é um livro aberto. Isso também funciona em sentido inverso, porque à distância eu certamente consigo distinguir um chimpanzé macho de uma fêmea pela maneira como eles se movem.

Muitos anos depois, realizamos um experimento mais científico sobre distinções de gênero. Ele originou-se da pesquisa sobre reconhecimento facial com uso de tela sensível ao toque, mas terminou com a descoberta de que os chimpanzés são íntimos dos traseiros uns dos outros. Sentado diante de um monitor, o chimpanzé via primeiro uma foto do traseiro de um animal da sua própria espécie, seguida por dois retratos. Somente um retrato correspondia ao traseiro que ele acabara de ver: ele mostrava a face do mesmo símio. A tarefa era fácil demais se as faces fossem de sexos diferentes, porque os traseiros de machos e fêmeas são muitíssimo diferentes, e as faces de ambos os sexos também diferem.

Mas e se eles tivessem de escolher entre dois retratos de machos depois de ter visto um traseiro de macho, ou entre dois retratos de fêmeas depois de um traseiro de fêmea? Eles ainda escolheriam o correto? Descobrimos que nossos chimpanzés selecionavam o retrato que combinava com o traseiro, mas apenas dos chimpanzés que conheciam pessoalmente. O fato de terem fracassado com estranhos sugere que suas escolhas não se baseavam em alguma coisa das imagens, como cor ou tamanho, mas no conhecimento que vinha de fora, de se verem todos os dias. Tendo uma imagem de corpo inteiro de indivíduos familiares, eles os conheciam tão bem que podiam conectar qualquer parte de seu corpo com qualquer outra parte, como a anterior com a posterior. Publicamos nossas descobertas sob o título de "Faces e traseiros", e como todo mundo achava engraçado que os símios fossem capazes de fazer isso, recebemos um prêmio Ig Nobel — uma paródia do prêmio Nobel que homenageia pesquisas que "fazem as pessoas rirem primeiro e depois pensar".[3]

Embora o mesmo experimento nunca tenha sido tentado com seres humanos — muito menos com pessoas despidas —, devemos formar a mesma imagem do corpo inteiro, porque todos nós somos capazes de encontrar amigos e parentes numa multidão, mesmo que só os vejamos de costas.

Sabedoria das eras

Percebemos e interpretamos as emoções usando comunicação, empatia, coordenação e, em especial, lendo a linguagem corporal. Uma vez que é quase impossível para os pesquisadores estudarem como as pessoas percebem as emoções apenas pela observação, eles obtêm mais conhecimento a partir de experiências, geralmente aquelas que apresentam imagens em uma tela sensível ao toque. Os seres humanos são testados dessa maneira o tempo todo, mas isso é feito também com outras espécies.

Nossos chimpanzés ficam muito empolgados com esses estudos, talvez por causa do fascínio pelo feedback imediato da tela sensível ao toque, do mesmo modo como as crianças são atraídas pelos celulares. A maneira mais rápida de fazer com que os chimpanzés entrem no Prédio da Cognição em Yerkes, o que eles fazem de forma voluntária, é passar pelo recinto ao ar livre deles com um carrinho de serviço carregando um computador. Os chimpanzés explodem em guinchos e correm para as portas do prédio onde realizamos o teste, fazendo fila para entrar, ansiosos para passar uma hora no que para eles são diversão e jogos e para nós, testes cognitivos. Nem precisamos recompensá-los pelo desempenho: para eles, tocar imagens e solucionar quebra-cabeças é divertido por si só. Alguns chimpanzés se tornam competitivos: eles ouvem pelo som do monitor como estão se saindo (a solução correta produz um som mais feliz que o erro) e ficam aborrecidos quando ouvem um companheiro próximo se sair melhor que eles. É a melhor maneira de fazer com que se concentrem!

Eu gosto de experimentos que sejam agradáveis tanto para os cientistas quanto para os animais. O truque é criar tarefas interessantes. Por exemplo, durante muito tempo testamos o reconhecimento facial mostrando rostos de primatas humanos; então, diante de um desempenho ruim, concluímos que apenas nós humanos reconhecemos os rostos. Alguns cientistas chegaram ao ponto de alegar a existência de um módulo especial de reconhecimento facial no cérebro humano que evoluiu exclusivamente em nossa linhagem. Mas então os chimpanzés foram testados com faces de *sua própria* espécie, e prestaram mais atenção e se revelaram tão bons quanto os humanos nessa tarefa.

Eles até mostraram sinais de percepção holística. Nós, humanos, não reconhecemos rostos pelo tamanho do nariz ou pela distância entre os olhos; em vez disso, captamos a configuração geral, percebendo o rosto como um todo. O mesmo acontece com outros primatas, desde que sejam testados sobre sua própria espécie. Até os cães — animais domésticos criados especificamente para se dar bem conosco — reconhecem melhor as emoções dos cães que as dos humanos. Nada disso é terrivelmente surpreendente, mas por demasiado tempo testamos os animais da forma incorreta, baseados na suposição de que nossos rostos devem ser os mais distintos do mundo. Claramente, nem símios nem cães são tão apaixonados por nós como gostaríamos que fossem.

E o que dizer das expressões emocionais? Aqui a coisa complica, pois não podemos perguntar aos animais o que significam suas expressões. Não podemos dar-lhes uma lista de adjetivos como "feliz", "triste" e assim por diante, como Ekman fez. Lisa Parr, então minha aluna, encontrou uma solução engenhosa usando dados fisiológicos. A fisiologia nos diz como o corpo reage, o que é fundamental, porque as emoções pertencem tanto ao corpo quanto à mente. A palavra moderna inglesa "*emotion*" deriva do verbo francês "*émouvoir*", que significa mover, comover, ou excitar; o latim "*emovere*" significa agitar. Em outras palavras, as emoções não podem nos deixar em paz. São estados mentais que fazem nosso coração bater mais depressa, nossa pele ganhar cor, nosso rosto tremer, nosso peito se contrair, nossa voz se elevar, nossas lágrimas correrem, nosso estômago se revolver e assim por diante.

Não só as emoções afetam o corpo, como o inverso é igualmente verdadeiro. As emoções são fortemente influenciadas por hormônios (como os do ciclo menstrual), excitação sexual, insônia, fome, exaustão, doença e outros estados corporais. Associamos diferentes emoções a locais específicos do corpo, e o corpo, por sua vez, afeta o que sentimos. Por exemplo, o sistema nervoso entérico — uma rede de milhões de neurônios embutidos no revestimento do trato digestivo — pode nos dar um frio na barriga, ou ansiedade na boca do estômago, o que, por sua vez, diz ao nosso cérebro o que sentimos. Por causa da autonomia do sistema entérico, ele é também chamado de nosso "segundo cérebro".

O fato de as emoções estarem enraizadas no corpo explica por que a ciência ocidental levou tanto tempo para valorizá-las. No Ocidente, amamos a mente, dando pouca atenção ao corpo. A mente é nobre, enquanto o corpo nos arrasta para baixo. Dizemos que a mente é forte enquanto a carne é fraca, e associamos emoções a decisões ilógicas e absurdas. "Não se deixe levar pelas emoções!", alertamos. Até recentemente, as emoções eram em grande parte ignoradas, vistas como quase abaixo da dignidade humana.

Em geral, as emoções sabem melhor do que nós o que é bom para nós, mesmo que nem todos estejamos preparados para ouvir. Quando estava tentando decidir se pediria a prima Emma Wedgwood em casamento, Charles Darwin elaborou uma longa lista de argumentos a favor ("Objeto para amar e brincar — melhor que um cão, de todo modo") e contra ("Não ser forçado a visitar parentes e se dobrar por qualquer ninharia").[4] Dessa maneira, ele esperava chegar a uma decisão perfeitamente racional, mas duvido muito que sua lista o tenha influenciado para um lado ou para o outro. Ele até esqueceu os dois itens em favor do casamento que muitos de nós colocaríamos no topo da lista: amor e atração física. Ao concluir com um firme CQD (*quod erat demonstrandum*, "como se queria demonstrar") que favorecia a proposta a Emma,

Darwin agiu como se tivesse produzido algum tipo de prova matemática, mas obviamente sua matemática era ilusória. Sempre nos inclinamos para um lado ou para outro quando temos de tomar uma decisão importante, e raramente é a cabeça que comanda a inclinação. No fraseado elegante de Blaise Pascal, filósofo francês do século XVII, "o coração tem razões que a razão desconhece".[5]

As emoções nos ajudam a abrir caminho num mundo complexo que não compreendemos totalmente. Elas são o jeito de nosso corpo garantir que façamos o melhor para nós. Além disso, somente o corpo pode realizar as ações necessárias. As mentes sozinhas são inúteis: elas precisam de corpos para se envolver com o mundo. As emoções estão na interface de três coisas: mente, corpo e meio ambiente. Elas também são chamadas de *afetos*, mas, como esse termo tem definições conflitantes, fico com *emoções*, definidas da seguinte forma:

> Uma emoção é um estado temporário produzido por estímulos externos relevantes para o organismo. Ela é marcada por mudanças específicas no corpo e na mente — cérebro, hormônios, músculos, vísceras, coração, estado de alerta etc. Pode-se inferir qual emoção está sendo desencadeada pelo estado em que o organismo se encontra, bem como por suas mudanças e expressões comportamentais. Em vez de uma relação exclusiva entre uma emoção e o comportamento subsequente, as emoções combinam a experiência individual com a avaliação do ambiente a fim de preparar o organismo para a resposta ideal.[6]

Vamos considerar a emoção do medo. Assim que vê uma cobra, um macaco fica terrivelmente amedrontado. Da mesma forma, você será tomado pelo medo se descer da calçada para a rua e um ônibus passar a centímetros de seu rosto. O medo faz o corpo congelar e tremer enquanto a frequência cardíaca aumenta, a respiração fica mais rápida, os músculos ficam tensos, os pelos ou as penas se arrepiam, e tem-se uma descarga de adrenalina. Tudo isso envia oxigênio ao cérebro e aos músculos para que se possa lidar melhor com o perigo percebido. O macaco precisa decidir se a cobra é perigosa ou inofensiva, e se o melhor que tem a fazer é escalar uma árvore, recuar, fugir ou lutar. Após ver o ônibus, você vai verificar o tráfego e decidir se é seguro atravessar ou se é melhor procurar a faixa de pedestre. As emoções têm sobre os instintos a grande vantagem de não ditarem comportamentos específicos. Os instintos são rígidos e semelhantes a reflexos, o que não é como a maioria dos animais funciona. Em contraste, as emoções concentram a mente e preparam o corpo, enquanto deixam espaço para experimentar e julgar. Elas constituem um sistema de resposta flexível, muito superior aos instintos. Com base em milhões de anos de evolução, as emoções "sabem" coisas sobre o ambiente que nós, como indivíduos, nem sempre sabemos conscientemente. É por isso que se diz que as emoções refletem a sabedoria das eras.

Voltando a Lisa Parr, ela decidiu medir a temperatura dos chimpanzés enquanto os testava. Ensinou-lhes pacientemente a esticar um dedo enquanto punha uma tira em torno dele e media a temperatura da pele. Em nossa espécie, durante a excitação negativa — como quando vemos coisas que nos incomodam ou nos amedrontam —, a temperatura da nossa pele diminui. Uma reação do tipo "lutar ou fugir" nos deixa com os pés frios, pois o sangue é retirado das extremidades.

Em um episódio do programa de televisão *Caçadores de mitos*, sensores de calor foram colocados nos pés de pessoas que se deparavam com tarântulas rastejando na direção delas, ou que faziam um passeio assustador num avião de acrobacia. As quedas de temperatura foram espantosas. Nossos pés congelam quando estamos com medo, reação que compartilhamos com ratos assustados, que ficam com o rabo e as patas frias.[7]

Lisa se perguntou se os símios mostrariam a mesma queda de temperatura. Primeiro, ela passou um pequeno vídeo na tela. Mostrava uma cena feliz, como tratadores de animais se aproximando com baldes cheios de frutas, ou então uma cena desagradável, como um veterinário vindo com uma arma de dardos — o mais perto que ela podia chegar de um predador. Depois de assistir a um ou outro vídeo, os símios deviam escolher entre duas faces na tela: uma com a expressão risonha feliz de sua espécie, a outra com um sorriso nervoso. O objetivo era ver qual face associariam espontaneamente à cena. Eles nunca haviam sido treinados com essas imagens. No primeiro teste, escolheram o rosto risonho para acompanhar a cena feliz e o sorriso angustiado para acompanhar a cena desagradável. Enquanto viam a última cena, a temperatura da pele caiu como nos seres humanos e ratos que enfrentam uma situação desagradável.[8]

Acho difícil explicar esse resultado sem inferir experiências subjetivas. Não se trata mais apenas de emoções, que podem ser deflagradas automaticamente, mas também de *sentimentos*. Os sentimentos surgem quando as emoções penetram em nossa consciência e nos tornamos conscientes deles. Sabemos que estamos zangados ou apaixonados porque sentimos isso. Podemos dizer que sentimos isso em nossa "barriga", mas na verdade detectamos mudanças em todo o corpo. Como os símios da experiência de Lisa poderiam selecionar a expressão facial correta, a menos que sentissem alguma coisa? É muito provável que eles tenham se sentido bem ou mal ao ver os vídeos, o que os ajudou a decidir que cara combinaria com o que viram. As medições de temperatura de Lisa confirmaram que eles resolviam a tarefa emocionalmente, e não intelectualmente. O experimento dela nos deixou com a intrigante possibilidade de que os símios sejam tão conscientes de seus sentimentos quanto nós.

Na maioria das vezes, no entanto, os sentimentos dos animais são desconhecidos para nós, e tudo o que podemos fazer é testar suas reações. Experimentos nos ensinaram que macacos e grandes primatas são especialistas em suas próprias expressões faciais. Eles são incrivelmente rápidos e precisos em detectar semelhanças e diferenças, do mesmo modo como podemos instantaneamente diferenciar um sorriso de uma carranca. Quando mostramos aos macacos-prego uma tela com fotos de diferentes objetos — flores, animais, carros, frutas, faces humanas, faces de macacos —, descobrimos que o que eles reconheciam com mais rapidez eram as expressões emocionais de sua própria espécie.[9] Essas imagens eram uma categoria à parte, porque as expressões não são apenas significativas, mas também envolventes. De início, os macacos até reagiam a elas, recusando-se, por exemplo, a tocar a imagem de uma face ameaçadora, ou estalando os lábios diante de um movimento amistoso de sobrancelha. As expressões provocam emoções, ou empatia. Na verdade, é difícil ter empatia sem conexão facial.

O psicólogo sueco Ulf Dimberg identificou a conexão empática em nossa própria espécie na década de 1990, quando colou eletrodos em rostos humanos que lhe permitiram registrar até as menores contrações musculares. Ele descobriu que as pessoas imitam automaticamente as expressões exibidas em um monitor. O mais notável é que elas nem precisam saber o que estão vendo. As imagens de rostos podem ser exibidas subliminarmente (apenas por uma fração de segundo) entre fotos de paisagens, e ainda assim as pessoas as imitarão. Elas acham que estão olhando somente para belas paisagens, sem saber dos rostos na tela, mas depois se sentem bem ou mal, conforme tenham sido expostas a sorrisos ou carrancas. Ver sorrisos nos torna felizes, ao passo que ver carrancas nos deixa zangados ou tristes. Inconscientemente, nossos músculos faciais copiam esses rostos, que então repercutem no modo como nos sentimos.[10]

Na vida real, então, não podemos deixar de ser afetados emocionalmente pelos outros. Nossa conexão empática com os outros é como um aperto de mão por debaixo da mesa entre corpos, percebido como uma "vibração", que pode ser positiva e inspiradora, ou tóxica, minando nossa energia. Demora-se para perceber isso, porque esses processos podem ocorrer fora de nossas mentes conscientes. Embora fornecesse insights maravilhosos sobre o mundo dos seres humanos, a pesquisa de Dimberg infelizmente encontrou enorme resistência e foi ridicularizada. Por um tempo, sua obra inovadora continuou inédita porque dava prioridade ao corpo, enquanto no Ocidente preferimos que a mente esteja no comando. Gostamos de nos ver sobretudo como seres racionais, como Darwin elaborando sua lista tola de prós e contras do casamento. Podemos camuflar nossas decisões emocionais com racionalizações, dizendo que precisamos daquele carro esportivo para vencer o tráfego, ou daquele chocolate por causa dos antioxidantes. Pela mesma razão, a ciência elevou a empatia a um processo cognitivo. Deixá-la como uma questão de emoções e processos corporais simplesmente não era aceitável, por isso se dizia que empatia significava colocar-se deliberadamente no lugar do outro. Afirmava-se que entendemos os outros com base num "salto de imaginação para dentro do espaço mental da outra pessoa",[11] ou simulando conscientemente a situação dela. O corpo não fazia parte dessas teorias.

Nos últimos anos, no entanto, a ciência foi forçada a mudar. O corpo está agora na frente e no centro de qualquer consideração sobre a empatia. Novos estudos de imagem cerebral apoiam o processo físico involuntário proposto por Dimberg. E pesquisas descobriram que a empatia é prejudicada quando o mimetismo facial é bloqueado, como quando os seres humanos seguram um lápis entre os dentes, para que os músculos da bochecha não se movam. Nossos rostos têm muito mais mobilidade do que pensamos, o que nos ajuda a nos conectar com os outros, imitando seus movimentos. Isso se tornou um problema para as pessoas em cujo rosto se injetou Botox. O relaxamento muscular as impossibilita de espelhar o rosto dos outros, o que as impede de sentir o que os outros sentem. Pessoas com Botox podem parecer maravilhosas, mas elas têm dificuldade com a empatia. E o problema não está apenas em como elas se relacionam com os outros, mas em como os outros se relacionam com elas. Rostos com Botox parecem congelados e perdem o fluxo de microexpressões utilizadas nas interações diárias. A falta de resposta facial faz com que os outros se sintam isolados, rejeitados até.[12]

O ceticismo inicial da ciência sobre esses processos corporais agora nos parece estranho. Quem não chorou quando os outros choraram, riu quando os outros riram ou pulou de alegria quando os outros pularam? Sentimos o que os outros sentem ao tornar nossas as posturas, os movimentos e as expressões deles. A empatia salta de corpo para corpo.

Macaco vê, macaco faz

Em 1904, o romancista russo, Liev Tolstói publicou uma história infantil cujo início é chocante: "Animais selvagens estavam em exposição em Londres. Para vê-los, as pessoas tinham de pagar em dinheiro, ou trazer cães e gatos que eram jogados para os animais selvagens comerem".[13] Na história, um cãozinho aterrorizado é empurrado para dentro da jaula de um leão feroz.

Hoje multidões protestariam furiosamente do lado de fora dos portões da exposição. As atitudes mudaram tanto que a maioria de nós ficaria horrorizada, incapaz de assistir ao espetáculo. Isso é revelador: eu poderia redigir uma descrição detalhada de um ataque de leão, e você provavelmente a leria, mas assistir ao ataque sangrento de um leão a um cachorrinho seria uma coisa totalmente diferente. Você recuaria. O canal do corpo nos envolve tão diretamente nos acontecimentos que não temos como escapar. Quase nos sentiríamos como se o leão estivesse nos atacando. Tudo o que podemos fazer é evitar a cena tapando os olhos. É difícil imaginar, portanto, que gerações anteriores tenham gostado de assistir a tais espetáculos. Isso significa que nos tornamos mais empáticos hoje? Não tenho certeza, porque é improvável que a capacidade humana de empatia tenha mudado em tão pouco tempo. Em vez disso, o que mudou é o seu foco. Regulamos a empatia abrindo ou fechando uma porta, dependendo de com quem nos identificamos e de quem nos sentimos próximos. Nós abrimos a porta para amigos e parentes, e para os animais que amamos, mas a fechamos para os inimigos e para os animais com os quais não nos importamos.

Em comparação com um século atrás, o mundo ocidental vem abrindo uma porta de empatia cada vez maior para seus animais favoritos. Eles se tornaram parte da família. Em 1964, o presidente norte-americano Lyndon B. Johnson, de pé no jardim da Casa Branca, ergueu um de seus beagles no ar pelas orelhas diante da imprensa. O incidente causou uma comoção. Enormes pilhas de cartas de ódio chegaram à Casa Branca. Depois, Johnson explicou que era uma maneira de fazer seu cachorro ganir. Bem, o cão ganiu, mas o mundo não conseguiu ver o sentido desse gesto de dominação. A corrente de protesto durou tanto tempo e se tornou tão prejudicial que Johnson foi forçado a emitir um pedido público de desculpas. Na verdade, consta que ele recebeu mais correspondências iradas sobre esse único evento do que sobre toda a Guerra do Vietnã. Isso significa que nos importamos mais com os maus-tratos a um canino, que sobreviveu, do que com as mortes violentas de mais de 1 milhão de civis e soldados humanos? Racionalmente falando, não posso imaginar que assim seja, mas nossas reações viscerais são informadas por nossos sentidos, não por números.

Ler sobre um desastre terrível em uma terra distante dificilmente nos comoverá tanto quanto ver fotos do evento ou assistir a entrevistas com vítimas chorando. Toda instituição de caridade sabe que recursos visuais são importantes para obter doações. A má sorte de Johnson foi que o incidente do cachorro

Um sinal da crescente sensibilidade pública aos sentimentos dos animais foi a indignação nacional quando o presidente norte-americano Lyndon Johnson maltratou um de seus beagles. Em certo dia de 1964, ele ergueu o cão pelas orelhas diante da imprensa. O presidente não o levantou do chão, mas o fez ficar de pé. O cão ganiu. Esse incidente infame, que foi fotografado, provocou uma imensa manifestação de compaixão pelo animal e de condenação do presidente, que se viu obrigado a emitir um pedido de desculpas.

foi fotografado. Somos sempre mais sensíveis a corpos e rostos. Assim, com ou sem razão, o retrato de Anne Frank veio a substituir os milhões de judeus mortos no Holocausto. Uma única foto trágica de um menino sírio de três anos morto de bruços numa praia do Mediterrâneo mudou o debate público sobre a enorme crise de refugiados que vinha ocorrendo havia anos. Precisamos de um objeto de identificação, um corpo e um rosto reais para abrir a porta do nosso coração. Michel de Montaigne, filósofo francês do século XVI, já conhecia o poder da linguagem corporal. No pesar e na compaixão, disse ele, o papel da cognição é grosseiramente superestimado em comparação com a proximidade física. Para Montaigne, não é por acaso que dizemos que fomos "tocados" por um evento, usando um termo corporal, porque a forma como nos relacionamos com os outros é muito auxiliada por realmente ver, sentir e ouvir.

Esse canal do corpo é tão antigo que o compartilhamos com outras espécies. Certa vez vi a chimpanzé May inesperadamente dar à luz ao meio-dia. Foi bem debaixo da janela do meu escritório, que dava para a área externa dos símios, e May estava cercada por uma multidão animada de espectadores. Enquanto os chimpanzés se empurravam uns aos outros para dar uma boa olhada, May estava meio ereta com as pernas abertas, depois levou uma das mãos aberta entre as pernas para pegar o bebê quando ele saísse. Ao lado dela estava Atlanta, sua melhor amiga, uma fêmea mais velha que, para minha surpresa, adotou exatamente a mesma postura. Atlanta não estava grávida — ela estava imitando May. Mas ela também esticou a mão entre as pernas — as *próprias* pernas. Talvez houvesse naquilo um elemento de demonstração — "É isso o que você deve fazer!" —, da mesma forma que os pais humanos fazem movimentos de mastigar e barulho de sorver ao alimentar o bebê com a colher. Os seres humanos e outros primatas não somente imitam os outros como se identificam tanto com eles que a situação dos outros se torna a deles. Por fim, depois de uma longa espera, o bebê de May surgiu e o grupo se agitou.

Um chimpanzé gritou e outros se abraçaram, mostrando o quanto todos tinham sido tocados pelas emoções do momento.

Às vezes os chimpanzés se identificam uns com os outros por diversão. Certa vez, nossos chimpanzés jovens jogaram durante algumas semanas o divertido jogo de perseguir um macho adulto machucado. O macho não fazia o típico jeito de andar com as articulações dos dedos (apoiando o peso frontal nos nós dos dedos), mas sim apoiando-se num pulso dobrado para proteger os dedos mordidos. Em fila indiana atrás dele, os jovens mancavam de modo tão patético quanto esse infeliz macho, parecendo haver sido feridos também. Chimpanzés selvagens na floresta de Budongo, em Uganda, também ficaram fascinados com um deles que se movia de maneira incomum. Macho de quase cinquenta anos, Tinka tinha as mãos gravemente deformadas e os pulsos paralisados, o que significava que não conseguia nem se coçar. Tinka desenvolveu uma técnica de se coçar parecida com a maneira como esticamos uma toalha entre as mãos para secar nossas costas. Ele esticava um cipó com o pé, depois esfregava a cabeça e o corpo de lado contra a planta. Era um procedimento esquisito — os chimpanzés fisicamente capazes não precisariam daquilo. No entanto, vários jovens se esfregavam regularmente contra cipós puxados para esse fim, exatamente como Tinka.[14]

Plutarco disse: "Se você vive com um aleijado, aprenderá a mancar". A locomoção solidária é conhecida de nossos animais de estimação. Poucos dias depois de um bom amigo meu quebrar a perna, seu cachorro começou a arrastá-la. Nos dois casos, era a perna direita. O cão coxeou por semanas, mas aquilo desapareceu milagrosamente quando meu amigo tirou o gesso. Isso só é possível porque os cães, como muitos mamíferos, estão perfeitamente sintonizados com os corpos dos outros. Eles não só são ótimos sincronizadores como também gostam disso. Alguns cães aprendem a pular corda junto com as crianças, enquanto outros seguem um bebê humano pela casa, rastejando de barriga junto com ele.

Sincronização e mimetismo são comuns na natureza, como quando muitos golfinhos saltam da água ao mesmo tempo ou quando os pelicanos deslizam em formação perfeita. Também vemos isso em animais sob cuidados humanos. Quando dois cavalos são treinados para puxar uma carroça juntos, eles inicialmente empurram e puxam um contra o outro, cada um seguindo seu próprio ritmo. Mas, depois de anos trabalhando juntos, eles acabam agindo como um só, puxando destemidamente a carroça em alta velocidade inclusive através de obstáculos de água durante maratonas cross-country. Eles se oporão mesmo à mais breve separação, como se tivessem se transformado num único organismo. O mesmo princípio funciona entre os cães de trenó. Talvez o caso mais extremo seja o de uma cadela husky que ficou cega mas ainda corria junto com os outros cães, baseada na capacidade de cheirá-los, ouvi-los e senti-los.

A fusão corporal é o princípio central. A zoóloga norte-americana Katy Payne trabalhou com elefantes africanos:

> Certa vez, vi uma mãe elefante fazer uma sutil dança de tromba e pé enquanto, sem avançar, ela observava o filho perseguir um gnu em fuga. Eu mesma dancei desse jeito enquanto assistia às apresentações de meus filhos — e um deles, não resisto a contar-lhes, é acrobata de circo.[15]

Um século atrás, Theodor Lipps, o psicólogo alemão que inspirou o termo "empatia", explicou a *Einfühlung* (em alemão, literalmente, "sentir dentro") com um exemplo notavelmente similar: o caso de um equilibrista de corda bamba. Enquanto assistimos ao desempenho do artista, entramos emocionalmente em seu corpo e compartilhamos sua experiência como se estivéssemos na corda com ele. Lipps foi o primeiro a reconhecer esse canal especial que temos para os outros. Não podemos sentir nada que acontece fora de nós, mas, ao nos tornarmos inconscientemente o corpo do outro, ganhamos experiências semelhantes, sentindo a situação dele como se fosse nossa.

Isso explica por que nossas reações são instantâneas. Imagine que o equilibrista de circo caia, e o público tenha empatia apenas com base numa recreação mental. Um processo assim exige tempo e esforço, então meu palpite é que não reagiriam até que o corpo quebrado do acrobata estivesse caído numa poça de sangue no chão. Mas não é isso o que acontece. A reação do público é instantânea: centenas de espectadores murmuram "oh" e "uh" no exato instante em que o pé do equilibrista escorrega. Às vezes eles escorregam de propósito, sem intenção de cair, precisamente porque sabem que o público está com eles a cada passo do percurso. Às vezes me pergunto onde o Cirque du Soleil estaria sem esse tipo de conexão empática.

Há cerca de 25 anos, o canal do corpo recebeu um tremendo impulso a partir da descoberta de neurônios-espelho em um laboratório em Parma, na Itália. Esses neurônios são ativados quando realizamos uma ação, como pegar um copo, mas também quando vemos alguém pegar um copo. Esses neurônios não distinguem entre o nosso comportamento e o de outra pessoa, então possibilitam que o indivíduo entre na pele de outra pessoa. As ações dela se tornam nossas. Essa descoberta foi considerada tão importante para a psicologia quanto a descoberta do DNA para a biologia, pelas profundas implicações para a imitação e outras formas de fusão corporal. Ela explica por que as palavras chegam automaticamente à nossa boca quando assistimos ao gaguejante rei Jorge VI no filme *O discurso do rei*, de 2010, e por que Atlanta copiou a postura e os movimentos de May.

Em meio a todo o alvoroço que envolve os neurônios-espelho, no entanto, não devemos esquecer que eles não foram descobertos nos seres humanos, mas em macacos. E ainda hoje as provas da existência dos neurônios "macaco vê, macaco faz" em outros primatas são melhores e mais detalhadas do que para o equivalente no cérebro humano. É provável que os neurônios-espelho ajudem os primatas a imitar os outros, como quando abrem uma caixa da mesma forma que um modelo treinado faz, quando se sincronizam com os outros enquanto apertam botões ou quando, na natureza, removem as sementes de uma fruta da mesma maneira que suas mães.[16] Macacos de diferentes grupos processam frutas de modo um pouco diferente, e os jovens copiam fielmente os mais velhos.[17] Na realidade, os primatas são conformistas naturais. Não só imitam como também gostam de ser imitados. Em um experimento, dois pesquisadores deram a um macaco-prego uma bola de plástico para brincar. Um pesquisador imitava cada movimento que o macaco fazia com a bola — jogá-la, sentar-se nela, batê-la contra a parede —, enquanto o outro não. No final, o macaco claramente preferia aquele que o imitara.[18] Em estudo semelhante, adolescentes humanos em um primeiro encontro amoroso foram instruídos a imitar cada movimento do(a) parceiro(a), como pegar um copo, apoiar um cotovelo na mesa ou coçar a cabeça. O(a) parceiro(a) relatou gostar dele(a) muito mais do que aqueles cujo(a) parceiro(a) agiu de forma independente. Eles não percebem por que sentem diferente, mas em algum nível consideramos a imitação um elogio.

É fácil ver como isso funciona quando alguém de quem estamos perto boceja em nossa presença. É quase impossível não bocejar junto. Já assisti a palestras sobre o bocejo (usando termos sofisticados como "pandiculação") em que todo o público ficava com a boca aberta a maior parte do tempo. O contágio do bocejo está relacionado com a empatia, porque os seres humanos mais propensos a ele são também os mais empáticos em outras medidas, e as mulheres — que em média obtêm uma pontuação mais alta do que os homens em empatia — são mais sensíveis aos bocejos dos outros. Por outro lado, crianças com déficits de empatia, como aquelas com transtorno do espectro autista, muitas vezes não sofrem o contágio do bocejo. Esse conhecimento levou a vários estudos para ver como e quando "pegamos" o bocejo dos outros e se outros animais fazem o mesmo. Agora sabemos que cães e cavalos bocejam em resposta a bocejos humanos — os cachorros fazem isso mesmo que só *escutem* o dono bocejar —, e que os bocejos costumam se espalhar entre os macacos de um grupo.

Ensinamos nossos chimpanzés a pôr o olho num buraco de um balde para ver um iPod do outro lado. Desse modo, poderíamos testar sua reação particular a vídeos de símios bocejando. Assim que viram os bocejos, eles começaram a bocejar como loucos. Porém só faziam isso se conheciam pessoalmente os símios mostrados nos vídeos. Vídeos de estranhos não os interessavam. Então, não era apenas uma questão de ver uma boca aberta e próxima: eles precisavam se identificar com o chimpanzé que viam bocejar no vídeo.[19] O mesmo papel da familiaridade é conhecido entre os seres humanos. Um estudo de campo secreto feito em restaurantes, salas de espera e estações de trem descobriu que, se um homem fica ao lado de sua esposa e ela boceja, ele bocejará junto com ela. Mas se ele ficar ao lado de um estranho que boceja não será afetado. As reações empáticas são sempre mais fortes quanto mais temos em comum com o outro e quanto mais próximos nos sentimos dele.[20]

Terminemos a história de Tolstói sobre o leão e o cachorrinho. Ao encontrar o grande felino, o pobre cãozinho logo rolou de costas enquanto abanava a cauda freneticamente. Esse ato de rendição deve ter apaziguado o leão, porque ele se absteve de atacar. Não só isso, mas os dois se tornaram grandes amigos. Embora isso possa parecer implausível, existem exemplos contemporâneos suficientes de amizades estranhas entre animais — elefante e cão, coruja e gato, até mesmo leão e cachorro bassê — para não se descartar a história de Tolstói de imediato. A coisa sempre se resume a como os corpos interagem, por exemplo quão cheia estava a barriga do leão e quão convincente foi o rolamento do cachorro.

Beijando o ponto dolorido

Quando o canal corporal ajuda a difundir as emoções de um indivíduo para outro, não se trata apenas de bocejar ou imitar, mas de sentir o que os outros sentem. Mesmo que ainda esteja enraizado em conexões corporais, aqui estamos chegando perto da verdadeira empatia. O *contágio emocional*, como é conhecido, começa no nascimento, quando um bebê chora ao ouvir outro bebê chorar. Nos aviões e nas maternidades, os bebês às vezes fazem coro como sapos. Pode-se pensar que eles choram em reação a qualquer tipo de ruído, mas estudos mostraram que reagem especificamente aos gritos de bebês da mesma idade. Bebezinhas o fazem mais do que bebezinhos. O fato de isso surgir tão cedo revela a natureza biológica da cola emocional da sociedade. É uma capacidade que compartilhamos com todos os mamíferos.

Na vida real, uma fêmea de orangotango selvagem balançará habilmente de uma árvore alta para outra. Seu filhote pequeno, tentando segui-la através da copa das árvores, para de repente: o espaço entre as duas árvores seguintes é grande demais. Ele choraminga e pede desesperadamente a ajuda da mãe. Ao ouvi-lo, ela pode choramingar e voltar para fazer uma ponte que ajude o jovem. Ela pega o galho de uma árvore com uma das mãos e o galho de outra árvore com a outra mão ou com o pé, depois puxa as duas árvores para mais perto uma da outra enquanto fica agarrada entre elas, permitindo que o filhote cruze usando seu corpo como ponte viva. Essa sequência corriqueira é impulsionada pelo contágio emocional — a mãe fica angustiada com os gemidos de seus filhos — combinado com a inteligência, que permite à mãe entender o problema e encontrar uma solução.

Mais surpreendente é a atração de emoções negativas. Seria de esperar que os sinais de medo e aflição fossem altamente aversivos, mas um estudo recente descobriu que os ratos são na verdade atraídos por outros ratos com dor.[21] Estou bastante familiarizado com esse fenômeno em macacos rhesus jovens. Certa vez, um bebê caiu acidentalmente sobre uma fêmea dominante, que o mordeu. Ele gritou tanto que logo foi cercado por outros filhotes. Eu contei oito deles na pilha de bebês, todos subindo sobre a pobre vítima, empurrando, puxando e jogando uns aos outros para o lado. Isso obviamente fez pouco para aliviar o medo do primeiro bebê. Mas a resposta dos macacos parecia automática, como se eles estivessem tão perturbados quanto a vítima e procurassem consolar um ao outro.

Porém, essa talvez não seja toda a história. Se esses bebês macacos estavam tentando se acalmar, por que precisariam se aproximar da vítima, em vez de correr para suas mães? De fato, eles procuraram a fonte real de aflição, em vez de uma fonte garantida de conforto. Bebês macacos fazem isso o tempo todo sem qualquer indicação de que sabem o que está acontecendo. Eles parecem atraídos para o sofrimento dos outros como mariposas para a luz.

Gostamos de ler preocupação nesse tipo de comportamento, mas eles provavelmente não entendem o que aconteceu com o primeiro bebê. Eu chamo esse tipo de atração cega para aqueles que estão em apuros de *pré-preocupação*. É como se a natureza tivesse dotado crianças e muitos animais de uma regra simples: "Se você sentir a dor de outra pessoa, vá até lá e faça contato!". É bom perceber, entretanto, que qualquer teoria de autopreservação estrita preveria exatamente o oposto. Se os outros ao seu redor estiverem gritando e choramingando, há uma boa chance de estarem em perigo, portanto o mais sensato seria se retirar. O mesmo se aplica aos sons de aflição. Se gritos agudos irritam seu ouvido, a coisa lógica a fazer é tapar os ouvidos ou se afastar. Mas muitos animais fazem o oposto — se aproximam para descobrir o que está acontecendo, mesmo quando os sons de dor são quase inaudíveis. O ponto é o estado emocional do outro. O fato de que ratos, macacos e muitos outros animais procurem ativamente aqueles que estão com problemas não se encaixa em cenários puramente egoístas, e prova o defeito fundamental das teorias sociobiológicas populares nas décadas de 1970 e 1980.

Em representações sociobiológicas da natureza como um lugar de competição selvagem, todo comportamento se resumia a genes egoístas, e as tendências egoístas eram invariavelmente atribuídas à "lei do mais forte". A gentileza genuína estava fora de questão, porque nenhum organismo seria tão estúpido a ponto de ignorar o perigo para ajudar o outro. Se tal comportamento ocorresse, deveria ser uma miragem ou um produto de genes "defeituosos". A infame frase que resumia essa época — "Arranhe um altruísta e verá um hipócrita sangrar"[22] — foi citada repetidas vezes com certo regozijo: o altruísmo, dizia-se, deve ser uma farsa. A frase era usada para repelir românticos inveterados e idealistas ingênuos que acreditavam na bondade humana. Não por coincidência, foi também a época de Ronald Reagan e Margaret Thatcher, assim como de Gordon Gekko, o personagem fictício do filme *Wall Street*, de 1987: Gekko acreditava que a cobiça era o que fazia o mundo girar. Quase todo mundo estava correndo atrás de uma ideia simples, claramente em desacordo com a forma como os animais sociais, inclusive os seres humanos, foram moldados pela seleção natural.

Felizmente, não se fala mais sobre "genes egoístas". Enterrada por uma massa de novos dados, a ideia de que o comportamento é invariavelmente egoísta teve uma morte inglória. A ciência confirmou que a cooperação é a primeira e mais importante inclinação da nossa espécie, pelo menos a cooperação com os membros do grupo de pertencimento, tanto que um livro sobre o comportamento humano de Martin Nowak, publicado em 2011, tinha por título *SuperCooperators: Altruism, Evolution, and Why We Need Each Other to Succeed* [Supercooperadores: altruísmo, evolução e por que precisamos um do outro para ter sucesso]. Quando as pessoas que participaram de um experimento de neuroimagem tiveram escolha entre uma opção egoísta e uma opção altruísta, a maioria optou pela segunda. Elas preferiam a escolha egoísta se houvesse boas razões para evitar a cooperação.[23] Muitos estudos corroboram essa visão, dizendo que tendemos a ser gentis e abertos aos outros, a menos que algo nos detenha. Às vezes brinco que deve ser por isso que Ayn Rand, a romancista e aspirante a filósofa russo-americana, precisava daqueles volumes pesados tão entediantes, cheios de personagens frios, para defender sua posição. O argumento principal dela é que somos individualistas absolutos, mas ela teve de se esforçar muito para nos convencer, porque no fundo todos sabem que não somos assim. Em vez de uma descrição de nossa espécie, Ayn Rand ofereceu uma construção ideológica contraintuitiva.

O modo de vida padrão do primata humano é intensamente social, como mostram nossas atividades favoritas, desde assistir a jogos esportivos e cantar em coros até festejar e sociabilizar. Uma vez que derivamos de uma longa linhagem de animais que vivem em grupo, que sobreviveram ajudando uns aos outros, essas tendências são inteiramente lógicas. Andar sozinho nunca funcionou para nós.

Nadia Ladygina-Kohts forneceu um exemplo típico da natureza propensa ao social de nossos parentes primatas, incluindo a atração pelos sinais de aflição, em seu chimpanzé adotivo, Joni:

> Se eu fingir que estou chorando, fechar os olhos e lacrimejar, Joni interrompe imediatamente sua brincadeira ou qualquer outra atividade, corre depressa para mim, todo agitado e exaurido, dos lugares mais remotos da casa, como o telhado ou o teto de sua gaiola, de onde eu não conseguia tirá-lo, apesar de meus chamados e súplicas persistentes. Ele corre apressadamente ao meu redor, como se procurasse o ofensor; olhando para o meu rosto, pega carinhosamente meu queixo na palma da mão, toca de leve o meu rosto com o dedo, como se tentasse entender o que está acontecendo, e se vira, firmando os dedos dos pés como punhos cerrados.[24]

Que melhor prova da compaixão dos símios do que o fato de que um chimpanzé que se recusava a descer do telhado em troca de comida o fez instantaneamente ao ver sua dona sofrer? Quando Nadia fingia chorar, Joni olhava nos olhos dela, e "quanto mais triste e desconsolado meu choro, mais calorosa sua compaixão". Quando ela pôs as mãos sobre os olhos, ele tentou afastá-las, estendeu os lábios para o rosto dela, olhou-a com atenção, gemendo e choramingando levemente.

Quando animais ou crianças começam a entender o que está acontecendo com uma pessoa que sofre, eles deixam para trás a atração cega e demonstram *preocupação empática*. Tentam aliviar a dor, como Joni fez com Nadia Kohts. É também a maneira como os pais humanos reagem quando seus filhos esfolam o joelho, batem com a cabeça ou levam tapas ou mordidas de outra criança. A maneira mais rápida de fazê-los parar de chorar é beijar o local dolorido.

O desenvolvimento inicial desse comportamento foi estudado em nossa espécie filmando crianças em suas casas. O pesquisador pede a um parente adulto que finja chorar ou aja como se estivesse com dor, a fim de ver o que as crianças fazem. No filme, as crianças parecem preocupadas enquanto se aproximam do adulto aflito. Elas gentilmente tocam, acariciam, abraçam ou beijam o adulto. As meninas fazem isso mais do que os meninos. O achado mais importante foi que essas respostas surgem muito cedo, antes dos dois anos de idade. O fato de que crianças pequenas já expressem empatia sugere que se trata de algo espontâneo, porque é improvável que alguém as instrua sobre como reagir.[25]

Para mim, a verdadeira revelação foi que as crianças se comportavam exatamente como os símios, que não só se aproximam de alguém aflito, como passam pela mesma rotina de tocar, abraçar e beijar. Após assistir a filmes do estudo humano, percebi de imediato que o tempo todo estive pesquisando uma preocupação empática: por que deveria adotar uma terminologia diferente? Muitos animais, de cães a roedores, de golfinhos a elefantes, exibem um comportamento reconfortante, embora cada espécie use seus próprios gestos. Nas mesmas casas onde as crianças foram filmadas, os psicólogos descobriram acidentalmente que os cães também reagiam à pessoa aflita pondo a cabeça no colo dela ou lambendo seu rosto. Esse comportamento foi depois confirmado por estudos mais direcionados.[26]

Como era de esperar, nem todo mundo gostou de ver a descrição de cães e macacos como seres empáticos, mas ao longo dos anos a resistência diminuiu. A ideia de empatia animal está agora razoavelmente bem estabelecida. Afinal, ninguém está afirmando que os cães têm todas as capacidades mentais que os humanos põem em ação para entender os outros. Muitos níveis diferentes marcam a empatia. Mas podemos certamente reconhecer nos cães sensibilidade para as emoções dos outros, a adoção de emoções semelhantes e expressões de preocupação. Esse é o motivo pelo qual consideramos o cão o melhor amigo do homem, afinal. Nos primatas, a empatia é tão óbvia e comum que agora há dezenas de estudos que examinaram a "consolação", a tendência para confortar e tranquilizar aqueles que passaram por uma experiência dolorosa. Para documentar como os primatas se consolam, simplesmente esperamos por um incidente espontâneo que lhes provoque estresse — uma briga, uma queda, uma frustração —, e então observamos como os outros os consolam. O consolo através do contato corporal tem um efeito calmante e é típico de relacionamentos sociais íntimos. É também muito eficaz. Em um momento, uma primata está gritando a plenos pulmões e estapeando-se com movimentos espasmódicos do braço, batendo nas laterais do corpo numa birra barulhenta porque não conseguiu a comida que estava implorando. No momento seguinte, enquanto uma amiga a mantém apertada num abraço, seus gritos diminuem para gemidos suaves.[27]

Uma vez que o comportamento de consolação não é de forma alguma limitado a bonobos e chimpanzés, fiquei feliz quando um dia um aluno que entrou para minha equipe disse que queria estudar elefantes. Com Josh Plotnik, observamos o maior mamífero terrestre, conhecido por seus laços sociais e assistência mútua. Em um santuário ao ar livre no norte da Tailândia, onde elefantes asiáticos resgatados vagam em semiliberdade, uma elefanta chamada Mae Perm corria para o lado de sua amiga, uma elefanta cega chamada Jokia, sempre que esta precisava: agia como se fosse o seu cão-guia. As duas estavam sempre em contato vocal, bramindo e ribombando uma para a outra. Se Jokia estivesse irritada ou assustada com qualquer coisa, como o bramido de um elefante macho ou o barulho de trânsito distante, as duas elefantas estendiam as orelhas e erguiam as caudas. Mae Perm podia emitir chilreios tranquilizantes e acariciar Jokia com a tromba, ou colocá-la na boca de Jokia. Isso a deixava imensamente vulnerável (nada é mais sensível e importante para um elefante do que a ponta da tromba), mas validava sua confiança na outra. Jokia fazia o mesmo, pondo a tromba na boca de Mae Perm, mostrando que a confiança era mútua.

Se outros elefantes estivessem por perto, eles podiam reagir da mesma maneira agitada que Jokia: levantavam as caudas, abanando as orelhas, às vezes urinavam e defecavam durante o gorjeio. E se posicionavam num círculo protetor ao redor dela.

Josh encontrou amplas provas de contágio emocional e consolação nesses paquidermes.[28] No entanto, muitas pessoas consideram sua existência tão evidente que às vezes lhe perguntavam por que seus estudos eram necessários. Todo mundo não sabe que os elefantes têm empatia? De certa forma, fico feliz ao ouvir essa pergunta, porque mostra como a ideia de empatia animal se tornou bem estabelecida. Mas a ciência progride em meio a um enorme ceticismo, e quem se lembra da feroz resistência a essa ideia, como eu certamente lembro, percebe que, sem dados sólidos, ela nunca teria se consolidado. Mas definitivamente isso aconteceu, da mesma forma que agora aceitamos que o coração bombeia sangue e que a Terra é redonda. Não podemos nem imaginar que as pessoas costumavam pensar de outra forma.

Contudo, mesmo depois de chegar a esse ponto em relação à sensibilidade emocional dos mamíferos, ainda precisamos de estudos para aprender como ela funciona e em quais circunstâncias encontra expressão, porque a empatia nunca é a única opção. Mae Perm, por exemplo, não deixava de se aproveitar da cegueira de Jokia para roubar a comida dela.

Compreender a deficiência do outro também oferece maneiras de explorá-la.

O bom e o mau

Paradoxalmente, a razão pela qual os seres humanos podem ser tão incrivelmente cruéis uns com os outros está relacionada à empatia. A definição típica de empatia — sensibilidade para as emoções dos outros, compreensão da situação de alguém — não diz nada sobre ser bom para o outro. Tal como a inteligência ou a força física, trata-se de uma capacidade neutra. Pode ser usada para o bem ou para o mal, dependendo das intenções. Ser um torturador eficiente, por exemplo, requer saber o que mais dói. Um vendedor de carros usados pode ser simpático e brincar com você apenas para lhe vender uma porcaria de carro por muito dinheiro. Apesar das suposições cor-de-rosa que cercam o termo, a empatia é uma capacidade para todos os fins.

É verdade, porém, que na maioria das vezes a empatia favorece resultados positivos. Ela evoluiu para ajudar os outros, inicialmente no cuidado parental, a forma prototípica de altruísmo e modelo de todos os outros tipos. Nos mamíferos, as mães são obrigadas a cuidar dos filhos, ao passo que para os pais isso é opcional. Os mamíferos precisam amamentar seus filhotes, e apenas um sexo está equipado para isso. Não é de surpreender, portanto, que as fêmeas sejam mais maternais e empáticas que os machos. Entre os símios, o comportamento de consolação é mais típico das fêmeas que dos machos, e o mesmo vale para a nossa espécie. Uma análise recente de imagens de câmeras de vigilância mostrando roubos em lojas confirmou que as vítimas desses incidentes perturbadores com muito mais frequência recebiam consolo físico de mulheres que de homens.[29] Essa diferença entre os sexos vale para todos os mamíferos estudados até agora, e, em nossa própria espécie, as diferenças de empatia se refletem mesmo nos estudos acadêmicos e na ciência. Numerosos homens escreveram sobre o "enigma" do altruísmo, como se fosse uma coisa desconcertante que surge do nada e requer atenção especial. Eles consideram o altruísmo um osso tão duro de roer, tão contraintuitivo, que temos bibliotecas cheias de especulações eruditas sobre por que e como ele pode ter evoluído. Essa literatura ignora o cuidado maternal porque não é tão desconcertante. Afinal, tendo em vista a facilidade com que se explica o comportamento em favor da própria progênie, por que insistir nisso?

Em contraste, não conheço nenhuma cientista que tenha se deixado levar pelo quebra-cabeça do altruísmo. As mulheres achariam difícil deixar de fora o cuidado maternal e a preocupação e atenção constante que isso acarreta. Escrevendo sobre cooperação, a antropóloga norte-americana Sarah Hrdy propôs uma teoria do tipo "é preciso uma aldeia", segundo a qual o espírito de equipe humano começou com o cuidado coletivo dos jovens.[30] Da mesma forma, Patricia Churchland, filósofa norte-americana bem versada em neurociência, trata a moral humana como uma consequência das tendências de cuidado da prole. O corpo feminino coopta o circuito neural que regula suas próprias funções para incluir as necessidades dos jovens, tratando-os quase como um membro extra. Como nossos filhos são neurologicamente parte de nós, protegemos e cuidamos deles sem pensar, do mesmo modo como fazemos com nossos corpos. O mesmo circuito cerebral fornece a base para outros tipos de cuidados de criação, inclusive os cuidados destinados a parentes distantes, cônjuges e amigos.[31]

Essa origem materna explica a diferença de sexo na empatia, que começa bem cedo. No nascimento, as meninas olham por mais tempo os rostos do que os bebês do sexo masculino, que olham mais longamente para brinquedos mecânicos. Mais tarde, as meninas são mais pró-sociais do que os meninos, melhores leitoras de expressões faciais, mais sintonizadas com as vozes, mais arrependidas depois de terem machucado alguém e melhores em se pôr na perspectiva de outra pessoa.[32] As mesmas diferenças foram encontradas em estudos de autoavaliações de seres humanos adultos. Também sabemos que a empatia é aumentada pela oxitocina pulverizada nas narinas de homens e mulheres, enganando-os com o hormônio maternal por excelência. Em consequência, mal notamos nossos próprios esforços diários em favor de nossa progênie, e até brincamos sobre o quanto eles nos custam. Parentes e amigos distantes recrutam menos ajuda, mas a satisfação subjacente é a mesma. O filósofo setecentista escocês Adam Smith entendeu como nenhum outro que a busca do interesse próprio precisa ser temperada pelo "sentimento de companheirismo". Ele disse isso em *Teoria dos sentimentos morais* (1759), livro que não é nem de longe tão popular quanto o posterior *A riqueza das nações* (1776), que fundou a disciplina da economia. É famosa a frase inicial do primeiro livro:

> Por mais egoísta que se suponha o homem, há evidentemente alguns princípios em sua natureza que o fazem interessar-se pela sorte dos outros e considerar a felicidade deles necessária para si mesmo, embora não tire disso senão o prazer de vê-la.[33]

Para sobreviver, precisamos comer, fazer amor e amamentar. A natureza tornou todas essas atividades prazerosas, por isso nos entregamos a elas com facilidade e de forma voluntária. A natureza fez o mesmo com a empatia e a ajuda mútua ao fazer com que nos sintamos bem quando praticamos o bem — o efeito do "brilho cálido" do altruísmo. O altruísmo ativa um dos mais antigos e essenciais circuitos cerebrais dos mamíferos, ajudando-nos a cuidar dos que nos são próximos, ao mesmo tempo que construímos as sociedades cooperativas das quais depende nossa sobrevivência. Ao buscar a origem do altruísmo humano em sua expressão mais antiga e convincente, resolvemos o seu enigma.

Os mecanismos neurais que estão por trás da empatia animal são menos conhecidos, porque é impossível realizar estudos semelhantes em grandes primatas, elefantes, golfinhos etc. Eles não cabem num scanner cerebral comum, ou não ficam parados para serem testados enquanto estão acordados. Por outro lado, os roedores são usados na neurociência o tempo todo. Na Universidade Emory, onde trabalho, James Burkett descobriu que os arganazes do campo se consolam durante o estresse. Nesse minúsculo roedor, machos e fêmeas estão ligados uns aos outros no que é conhecido como vínculo de casal monogâmico e criam seus filhotes juntos. Se um parceiro está perturbado por alguma coisa, o outro é afetado no mesmo grau. Isso acontece até quando o outro não está presente durante o evento estressante. Mais tarde, o nível de corticosterona — um hormônio do estresse — no sangue do macho combina perfeitamente com o de seu cônjuge e vice-versa, indicando um forte vínculo emocional. James descobriu ainda que os casais se cuidam mutuamente mais se um deles está estressado, e que essa atividade os acalma. Por outro lado, se forem imunizados contra os efeitos da oxitocina, eles não reagem ao estresse do outro, sugerindo que a oxitocina é fundamental. Isso faz com que a empatia do arganaz seja fundamentalmente semelhante à empatia humana, também no cérebro.[34]

O contágio emocional humano foi testado da mesma forma que o dos ratos, pela medição dos hormônios do estresse. Como a pessoa mediana morre de medo de falar em público, os participantes de um estudo foram solicitados a dirigir-se a uma plateia. Depois disso, pediu-se que todos eles cuspissem em um copo, o que permitiu aos cientistas coletarem um hormônio associado à ansiedade. Eles descobriram que, com palestrantes seguros, o público seguia cada palavra, sentindo-se relaxado, mas com os nervosos, o desconforto do palestrante contagiava a plateia. Os níveis hormonais dos palestrantes e do público convergiram da mesma maneira que entre os casais de ratazanas.[35] Essas semelhanças sugerem o que os biólogos chamam de *homologia*, ou traços derivados de um ancestral comum. Da mesma forma que nossas mãos são homólogas às mãos dos primatas, a empatia dos mamíferos é homóloga entre espécies, pois funciona da mesma maneira e tem uma origem evolutiva comum.

Na época longínqua de Adam Smith, antes de termos a palavra "empatia", tudo isso se enquadrava em *compaixão*. Hoje, porém, empatia significa outra coisa. A empatia busca informações sobre o outro e nos ajuda a entender sua situação, enquanto a compaixão reflete a preocupação real com o outro e o desejo de melhorar sua situação.[36] Minha profissão de observador de primatas, por exemplo, depende muito da empatia, mas não da compaixão. Seria terrivelmente tedioso observar animais por horas a fio sem se identificar com eles, sem sentir altos e baixos associados aos altos e baixos deles. A morte repentina de um companheiro, o nascimento de um filhote saudável, a alegria de receber uma comida favorita, tudo isso contagia o observador humano. Os cientistas costumam declarar que a objetividade é sua meta, mas peço licença para discordar: o que tudo isso nos deu foi uma visão fria e mecanicista dos animais. A ciência pode ser objetiva, mas abre mão completamente das emoções dos animais. Alguns dos maiores pioneiros do estudo do comportamento animal rejeitaram essa abordagem ao enfatizar a necessidade de nos identificarmos e nos aproximarmos de nossos objetos. Kinji Imanishi, fundador da primatologia japonesa, e Konrad Lorenz propuseram, ambos, a empatia como um portal para a mente animal. Lorenz chegou ao ponto de dizer que quem quer que tenha convivido com um cachorro e não se convenceu de que os cães têm sentimentos como nós está psicologicamente perturbado e é até perigoso.[37]

Eu considero a empatia meu pão de cada dia, já que fiz muitas descobertas ao entrar na pele de meus objetos de estudo.

Isso não é o mesmo que compaixão, a qual também tenho muito, mas é menos espontânea que a empatia, mais sujeita a cálculos. Algumas pessoas demonstram compaixão quase ilimitada pelos animais, como aquelas que resgatam animais de estimação perdidos e cuidam deles para que voltem a ter saúde. Consta que Abraham Lincoln interrompeu uma viagem e sujou a roupa para desatolar da lama um porco que guinchava. A compaixão é orientada para a ação. Muitas vezes está enraizada na empatia, mas vai além disso.

Enquanto a compaixão é por definição positiva, a empatia não necessariamente o é, em especial se a capacidade de entender os outros se voltar contra eles. Animais de cérebro pequeno, como tubarões e cobras, são provavelmente incapazes de fazer isso intencionalmente. Esses animais têm excelentes habilidades para ferir e causar dano aos outros, mas sem a menor ideia de seu impacto. A maior parte da "crueldade" na natureza é desse tipo: cruel no resultado, mas não de propósito. Por sua vez, os cérebros dos símios são complexos o suficiente para infligir dor conscientemente. Eles podem utilizar sua capacidade de entender os outros para atormentá-los. Como meninos que jogam pedras nos patos de um lago, os símios às vezes machucam os outros apenas por diversão. Numa brincadeira de chimpanzés jovens de laboratório, eles atraíam galinhas que estavam do outro lado de uma cerca com migalhas de pão. Toda vez que uma ave ingênua se aproximava, os chimpanzés batiam nela com uma vara ou a cutucavam com um pedaço afiado de arame. Eles inventaram essa "brincadeira de Tântalo", da qual as galinhas eram estúpidas o suficiente para participar (embora não fosse brincadeira para elas), para combater o tédio. E a aperfeiçoaram a ponto de um chimpanzé jogar a isca e o outro bater.

Em nossos estudos vimos algo parecido, embora menos cruel. Estávamos interessados nos uivos e grunhidos que os chimpanzés usam para anunciar uma bonança de comidas, então montamos um teste no qual alguns de nossos chimpanzés descobriam uma caixa cheia de maçãs dentro de uma construção, com uma pequena janela perto da caixa. Todos os amigos do lado de fora podiam olhar para dentro e ver o que estava acontecendo. Eles se reuniam junto à janela, empurrando-se uns aos outros enquanto estendiam os braços, implorando com as mãos abertas por maçãs. Às vezes, os adultos que estavam com as maçãs lhes davam algumas frutas, embora pudessem facilmente tê-las guardado para si. Em contraste, os jovens viam nisso uma ocasião perfeita para provocar os que estavam do lado de fora. Sentados a uma curta distância da janela, eles seguravam a maçã vermelha brilhante para que todos a vissem e recuavam rapidamente assim que alguém estendia a mão para alcançá-la. Os garotos ricos estavam provocando os pobres.[38]

Na natureza, observaram-se chimpanzés que atormentavam pequenos animais como esquilos. Eles parecem sentir prazer nisso, porque riem enquanto o fazem, como se fosse divertido. O pesquisador de campo japonês Koichiro Zamma relatou que Nkombo, uma fêmea adulta no Parque Nacional das Montanhas Mahale, na Tanzânia, arrastou e balançou um esquilo por cerca de seis minutos até que o animal deu seu último grito desesperado e morreu. "Parecia uma tourada", escreveu Zamma: "Nkombo, como um toureiro, acenou com um pano vermelho (o antebraço) diante de um touro (um esquilo) e o apunhalou (mordeu). Esse movimento", prossegue ele, "parecia uma espécie de brincadeira social com a característica de provocação, porque Nkombo permitia que o esquilo contra-atacasse e ela mostrava uma cara de brincadeira", ou expressão de riso.[39] Depois que o esquilo morreu, o comportamento de Nkombo mudou drasticamente. Ela parou de provocá-lo e segurou-o pelo corpo, não pela cauda como antes, o que para Zamma sugeriu que Nkombo compreendeu a mudança no estado do animal. Ela abandonou o corpo sem o comer.

A possibilidade de que uma espécie diferente da nossa não seja apenas empática, mas possa ser propositalmente má, significa dar peso extra às matanças observadas na natureza. Como muitos machos do reino animal, os chimpanzés machos lutam por território, mas às vezes também fazem de tudo para acabar deliberadamente com um rival. Vários deles podem montar uma patrulha que circula pelo território, seguem em total silêncio uma vítima do outro lado da fronteira para surpreendê-la numa árvore frutífera, e então mordem e batem horrivelmente no inimigo até reduzi-lo a uma pasta, e depois o deixam ali para morrer. Testemunhei violência semelhante em cativeiro, que uma vez incluiu até a castração; na época, se especulou que havia sido um acidente ou resultado das condições de vida. Mas agora está bem estabelecido que chimpanzés machos selvagens fazem a mesma coisa. Na verdade, o ataque horrível que vi parece bastante normal para a espécie. Em vez de considerar a morte e a castração como subprodutos infelizes do combate entre machos, agora tento ver ambas as coisas como intencionais. Uma vez que esses animais são capazes de se preocupar com os outros com base numa compreensão da situação deles, por que não supor também que eles podem matar por matar, e, portanto, são capazes de assassinar?

Quando os críticos citam esse tipo de selvageria para desacreditar a ideia de empatia entre os chimpanzés ("Você sabe que esses caras se matam uns aos outros, certo?"), chamo a atenção para a nossa bela espécie. Ninguém jamais argumenta contra a capacidade humana de empatia alegando que, em certas circunstâncias, as pessoas matam. Nossas atitudes variam de acordo com a situação, dando-nos a honra de ser tanto o animal mais gentil quanto o mais maligno do mundo. No entanto, não vejo muita contradição, porque preocupação e crueldade têm mais em comum do que pensamos. São dois lados da mesma moeda.

No século III, Tertuliano de Cartago, um teólogo cristão, teve uma visão muito incomum do céu. Enquanto o inferno era um lugar de tortura, o céu era uma sacada da qual os salvos podiam observar o inferno, deleitando-se assim com o espetáculo das almas condenadas fritando ao fogo. Que ideia esquisita! Para muitos de nós, é quase mais difícil observar o sofrimento dos outros do que sofrermos nós mesmos. A sacada de Tertuliano me parece tão desagradável quanto o próprio inferno.

Mas e os nossos rivais? Sentimos a mesma coisa em relação a eles? A neurocientista alemã Tania Singer, que estudou essa questão, descobriu mais uma intrigante diferença sexual. Quando pessoas que estavam tendo o cérebro escaneado viam a mão de outra pessoa tomar um leve choque, as áreas de dor em seu próprio cérebro se iluminavam, mostrando que compartilhavam a dor do outro. Isso é típico da empatia. Mas só acontecia se o parceiro fosse alguém amável, com quem o sujeito tivesse estabelecido um jogo amistoso antes da sessão de escaneamento. Por outro lado, se o parceiro tivesse sido injusto contra eles no jogo antes da sessão os participantes se sentiam enganados, e ver o outro com dor causava menos efeito. A porta da empatia se fechara. Para as mulheres, ainda estava parcialmente aberta; elas ainda mostravam uma leve empatia. Mas para os homens fechava-se completamente; na verdade, ver o jogador desleal levar um choque ativava os centros de *prazer* no cérebro dos homens. Eles haviam passado da empatia para a justiça e receberam bem a punição do outro. Seu principal sentimento era de *Schadenfreude* ("alegria pela desgraça alheia").[40]

Se existe um céu de Tertuliano, deve ser de *homens* observando seus inimigos queimarem.

A compaixão do rato

Minha história favorita de compaixão humana continua a ser a parábola do Bom Samaritano. Ela começa quando um sacerdote e um levita passam por uma vítima ao lado da estrada, sem nem sequer parar. Eles estão amplamente familiarizados com todos os textos que nos exortam a amar o próximo, mas claramente têm prioridades diferentes. Apenas o samaritano, um pária religioso, sente compaixão e presta assistência. A mensagem da história é desconfiar da ética que segue regras e não o coração. É uma mensagem maravilhosa para se ter em mente quando sábios ou políticos desprezam os sentimentos ternos como algo que possa ser facilmente dispensado. Quem precisa de sentimento de companheirismo? O psicólogo Paul Bloom escreveu um livro inteiro intitulado *Against Empathy*

[Contra a empatia] argumentando que somos seres racionais, por isso devemos fundamentar nossa moral na lógica e na razão. Se pensarmos bastante, de preferência guiados pela ciência, acabaremos com escolhas perfeitamente concebidas entre o certo e o errado. O que poderia ser melhor que uma moral objetiva?

Essa posição, no entanto, é positivamente aterrorizante à luz da história recente. Sem uma âncora humana, ciência e razão podem ser usadas para justificar qualquer coisa, inclusive práticas abomináveis. Elas nos deram argumentos econômicos sólidos para a escravidão, bem como justificativas médicas para o uso de prisioneiros como cobaias. Elas nos instaram a melhorar a raça humana através de esterilização forçada e genocídio. Não muito tempo atrás, a eugenia era uma ciência perfeitamente respeitável, ensinada em universidades de todo o mundo. Triar as raças inferiores fazia sentido para aqueles que se consideravam superiores. Isso é o que se obtém quando a lógica governa e o coração é deixado fora da equação. Aprendemos as consequências dessa linha de pensamento racional durante a Segunda Guerra Mundial, quando também aprendemos que os maiores heróis não são os que pensam assim, mas aqueles cuja empatia pelos outros faz com que desobedeçam a ordens terríveis. Eles alimentaram secretamente prisioneiros famintos ou esconderam membros de grupos perseguidos em porões e sótãos. A enfermeira polonesa Irena Sendler tirou centenas de crianças judias, uma a uma, do gueto de Varsóvia. Ela o fez não com base em algum princípio moral elevado, mas por empatia natural.

Muitos racionalistas consideram que empatia e compaixão são fraquezas, vendo-as como impulsivas e indisciplinadas demais. Mas não é exatamente isso a força delas? A empatia alimenta nosso interesse pelos outros. O prazer que temos com a companhia e o bem-estar dos outros faz parte da nossa biologia. É o que somos e, portanto, não requer nenhuma justificação moral. Nós também não precisamos da Bíblia para ter exemplos, porque relatos de ações surpreendentes de bondade nos chegam todos os dias. As pessoas salvam estranhos pulando em rios gelados ou arrastando-nos para fora dos trilhos de um trem que se aproxima, ou protegem seus corpos durante um tiroteio. Elas fazem esses sacrifícios sem pensar muito nas consequências, e é por isso que os heróis muitas vezes parecem desnorteados pela atenção que recebem. Na cabeça deles, fizeram somente o que precisava ser feito. Dificilmente passa um dia sem um novo vídeo na internet mostrando um cão arrastando um acompanhante ferido para fora de uma rodovia, um elefante impedindo que o filhote seja arrastado por um rio ou baleias-jubarte resgatando uma foca da mira das orcas. A maioria desses resgates ocorre em reação a sinais de aflição. Trata-se da reação de ajuda prototípica dos mamíferos em defesa dos descendentes em perigo, mas que se estende aos outros, às vezes até a espécies diferentes.

Ainda mais intrigante é a ajuda na ausência de qualquer sinal claro de aflição. Nesse caso, os ajudantes avaliam, apenas por compreender a situação, que tipo de ação é necessária. Para ilustrar esse tipo de situação, voltemos ao recinto dos bonobos no Zoológico de San Diego, quando ainda havia um fosso com água. Um dia, os cuidadores tinham drenado o fosso para limpá-lo e se preparavam para enchê-lo de novo. Eles foram até a cozinha para ligar a válvula, mas de repente Kakowet, o macho alfa do grupo, apareceu diante da janela da cozinha gritando e agitando os braços. Os cuidadores disseram que era quase como se ele estivesse falando.

Acontece que vários jovens bonobos haviam saltado para dentro do fosso seco, mas não conseguiram sair. Se a água fosse ligada como planejado, eles teriam se afogado, porque os símios não nadam. Os cuidadores providenciaram uma escada e, com ajuda humana, todos os bonobos saíram do fosso, exceto o menor, que foi puxado pelo próprio Kakowet. A frenética intervenção de Kakowet indica que ele percebeu que o suprimento de água era controlado e quem o controlava, e que encher o fosso teria consequências desastrosas. Ele agiu antes que surgisse qualquer emergência.

Há indivíduos que às vezes levam água ou comida para companheiros do grupo que estão envelhecendo. Na nossa colônia de chimpanzés, Peony, uma fêmea velha com artrite, em alguns dias mal conseguia andar, nem para ir até a torneira. Fêmeas mais jovens iam até lá, enchiam a boca de água e a levavam para Peony. Ela abria bem a boca, na qual as outras cuspiam um jato de água. Em outras ocasiões, uma fêmea mais jovem ajudava Peony a juntar-se a um grupo de chimpanzés que se catavam na estrutura de escalada, pondo as duas mãos em seu amplo traseiro e empurrando-a para cima. Em outro caso, na natureza, uma fêmea velha que perdera a capacidade de subir em árvores recebia frutos da filha, que descia com as mãos cheias deles.

No ChimpHaven, um santuário na Louisiana que apoio e com o qual trabalho, os chimpanzés vivem em enormes ilhas cobertas de vegetação. Eles se "aposentaram" de laboratórios de pesquisa, o que significa que são muitas vezes ingênuos em relação a relva, árvores e ar livre. Os chimpanzés com experiência ensinam aqueles que não a têm. Certa vez, uma fêmea chamada Sara salvou a amiga Sheila de uma cobra venenosa. Sara viu a cobra primeiro e soou o grito de alarme, para que todos soubessem. Mas Sheila correu para dar uma olhada, e Sara teve de segurá-la pelo braço, arrastando-a vigorosamente para longe. Enquanto cutucava a cobra com uma vareta para testá-la, Sara continuou segurando Sheila. Ela deve ter suposto que Sheila queria agarrar a serpente, o que teria sido um erro fatal.

Eu poderia dar dezenas de exemplos de situações como essas entre primatas, e pelo menos outros tantos entre golfinhos, cães, aves e assim por diante. Os elefantes, em especial, oferecem um material rico, como entrar no buraco de lama que está sugando um filhote e resgatar o pequeno pondo a tromba sob ele, para levantá-lo. Um vídeo de um zoológico sul-coreano que viralizou mostra um filhote que escorrega para dentro de uma piscina, e a mãe em pânico na borda. A tia do filhote chega apressada e cutuca a mãe com força em direção aos degraus da piscina. As duas elefantas entram na água juntas, nadam em direção ao filhote e o conduzem para os mesmos degraus. Como o filhote de elefante é excelente nadador e usa sua tromba como um snorkel, o pânico das elefantas parece um pouco exagerado, razão pela qual a especialista Joyce Poole, ao comentar o incidente, disse: "Os elefantes são dramáticos". Para mim, o mais intrigante foi que a tia sabia como tirar o filhote da piscina, mas pediu que a mãe assumisse a liderança.

Muitas espécies parecem compreender as necessidades dos outros e agir espontaneamente em benefício deles. Mas, em vez de contar mais histórias, gostaria de me concentrar aqui em alguns experimentos, porque eles são a única maneira de obter provas com precisão. As observações são abertas demais para que se tirem conclusões exatas. Os experimentos oferecem situações controladas em que os animais têm várias opções, ao mesmo tempo que descartam um possível interesse próprio. Até recentemente, havia pouquíssimos experimentos sobre o comportamento de ajuda, pois os cientistas supunham que somente os seres humanos se preocupam com o bem-estar alheio. Dizia-se que os animais eram indiferentes ao destino dos outros. Às vezes os cientistas declaravam isso da maneira mais dramática, enfatizando a nobreza da natureza humana ou alegando que uma "faísca" evolutiva relativamente recente tornara nossos ancestrais diferentes. Assim como os Santos Padres se recusaram a dar uma espiada pelo telescópio de Galileu, convencidos de que não havia nada para ver, os cientistas tinham baixas expectativas que empobreceram a pesquisa sobre comportamento animal durante a maior parte do século passado. Por que testar em animais faculdades que eles não podem possuir? Porém, as coisas começaram a mudar. Uma vez que tudo o que os humanos fazem deve ter antecedentes ou paralelos em outras espécies, inclusive o comportamento de ajuda, este último tornou-se um tema de estudo respeitável.

Uma notável série de testes levada a cabo pelo antropólogo norte-americano Brian Hare e seus colegas dizia respeito ao bonobo, o símio mais empático.[41] Os bonobos são tão próximos de nós quanto os chimpanzés, mas são consideravelmente mais sensíveis e gentis. Seu uso de contato sexual para desarmar as tensões me levou há muito tempo a apelidá-los de primatas "Faça amor/Não faça guerra", rótulo que pegou. Nos experimentos criativos de Hare, eles fizeram jus à reputação. Em um dos testes, os pesquisadores deram a um jovem bonobo uma pilha inteira de frutas que ele poderia comer sozinho. Se deixado sozinho, ele consumia tudo. Mas muitas vezes podia ver um companheiro sentado atrás de uma porta de tela que ele sabia como abrir. A primeira coisa que muitos bonobos faziam, antes de consumir as frutas, era abrir aquela porta e deixar o outro entrar. Esse movimento lhes custava metade das guloseimas, porque agora tinham de dividir. Por outro lado, se não havia ninguém do outro lado da porta, eles raramente a tocavam. Ainda mais impressionantes foram os testes em que eles tiveram a chance de oferecer alimentos para os outros sem ganhar nada. Podiam puxar uma corda que abria uma porta e dava a outro bonobo acesso a frutas, mas eles mesmos não participavam do banquete. Mesmo assim, ainda puxavam a corda; para lembrar as palavras de Adam Smith sobre a compaixão, eles "não tiravam nada disso, exceto o prazer de vê-la [a felicidade]".

Esse tipo de teste não diz respeito somente ao altruísmo, que pode acontecer de várias maneiras, mas a tendências *pró-sociais*, definidas como a intenção de tornar a vida melhor para os outros. Um dos membros da minha equipe, Vicky Horner, estudou as escolhas pró-sociais versus egoístas em chimpanzés, sob condições controladas. Vicky chamava dois chimpanzés ao Prédio da Cognição e os punha lado a lado com uma tela entre eles. Nosso primeiro teste envolveu a velha Peony e Rita, uma fêmea que não era parente sua. Peony recebeu um balde cheio de fichas plásticas coloridas, metade delas verdes e metade vermelhas. Ela aprendera a selecionar uma ficha de cada vez e entregá-la para nós, mas não sabia nada sobre as duas cores. Qualquer que fosse a cor escolhida, ela sempre receberia uma recompensa por isso. A única diferença estava no que Rita receberia. As fichas vermelhas eram "egoístas", na medida em que recompensavam apenas Peony, enquanto as fichas verdes eram "pró-sociais", recompensando ambas as parceiras. Escolhendo muitas vezes seguidas, Peony começou a preferir fichas verdes duas em cada três vezes. Outros pares de chimpanzés fizeram até nove entre dez escolhas pró-sociais. Se testássemos um chimpanzé sozinho, por outro lado, as cores não faziam diferença para eles. A preferência pró-social só se desenvolvia quando um parceiro ganhava com isso.[42]

Mas o debate sobre se o copo está meio cheio ou meio vazio continua: enquanto estávamos extremamente impressionados com a pró-socialidade de nossos símios, os críticos apontaram que eles não conseguiam ser pró-sociais o tempo todo. Disseram que os chimpanzés devem ser criaturas "mesquinhas", pois que outro motivo eles teriam para deliberadamente reter as recompensas do parceiro? Porém, essa tentativa de recuperar parte do terreno perdido dos que defendem que apenas os seres humanos se importam com os outros fracassou. Os chimpanzés são seres complexos, que variam de comportamento o tempo todo. Não sei de uma única tarefa que eles desempenhem à perfeição, mesmo que saibam perfeitamente como ela funciona. Os seres humanos não são diferentes: nosso desempenho também varia com as circunstâncias, os humores, a atenção e os parceiros. Ao ler sobre a escolha pró-social humana, encontramos exatamente a mesma variabilidade que entre os chimpanzés. Crianças de sete a oito anos, por exemplo, são pró-sociais apenas três quartos do tempo, o que significa que fazem escolhas egoístas em um quarto do tempo. Outros estudos sugerem a mesma coisa. Tal como os chimpanzés, os humanos nunca são perfeitamente pró-sociais.[43]

No Japão, Shinya Yamamoto realizou um teste em que os chimpanzés poderiam ajudar-se uns aos outros, mas somente se adotassem a perspectiva do outro. Seus resultados foram semelhantes aos já relatados sobre a compreensão dos chimpanzés quando outros precisam de comida ou água, ou estão prestes a tomar uma atitude burra em relação a uma cobra. Yamamoto pôs esse tipo de assistência perspicaz sob controle experimental. Ele deu a uma fêmea duas maneiras de obter suco de laranja: ela precisaria de um ancinho para trazer o recipiente para perto ou precisaria de um canudo para sugar o suco. Mas ela não tinha ferramentas disponíveis para nenhuma das opções. Ao lado dela, em uma área separada, estava outro chimpanzé que tinha um conjunto completo de ferramentas. Depois de dar uma olhada no problema dela, ele selecionou a ferramenta certa para a tarefa e a entregou à vizinha através de uma pequena janela. Se ele não fosse capaz de ver a situação dela, teria pegado ferramentas aleatoriamente, indicando que não tinha ideia do que ela precisava. Assim, os chimpanzés não só auxiliam prontamente os outros como são capazes de levar em conta as necessidades específicas deles.[44]

Ainda sabemos muito pouco sobre essas capacidades, mas é óbvio que os símios não são tão egoístas como se supunha, e podem derrotar o sacerdote ou o levita quando se trata de comportamento humano. Mas, por razões tanto práticas quanto éticas, quase não temos experimentos sobre formas dispendiosas de altruísmo, como quando os indivíduos arriscam suas vidas para ajudar os outros. Nenhum cientista vai deliberadamente lançar um chimpanzé em um rio para testar se outro irá salvá-lo, mas sabemos por meio de observações que eles o farão. Os zoológicos costumam acomodar os símios em ilhas cercadas por fossos úmidos, e temos relatos deles tentando salvar companheiros que caíram, às vezes com um desfecho fatal para ambos. Um macho perdeu a vida quando entrou na água para salvar um filhote que havia sido derrubado por inépcia da mãe. Em outro zoológico, um bebê chimpanzé tocou num fio elétrico e entrou em pânico, pulando de sua mãe para a água, e mãe e bebê se afogaram quando ela tentou salvá-lo. E quando Washoe, a primeira chimpanzé treinada em línguas do mundo, ouviu um grito de fêmea que caiu na água, ela passou por entre dois fios elétricos, que normalmente controlavam os símios, para alcançar a vítima, que se agitava descontroladamente. Washoe entrou na lama escorregadia na beira do fosso, agarrou o braço da outra e puxou-a para um lugar seguro. Ela mal conhecia a vítima, tendo-a encontrado apenas algumas horas antes.[45]

Obviamente, a hidrofobia intensa não pode ser superada sem uma motivação avassaladora. Explicações em termos de cálculos mentais ("Se eu a ajudar agora, ela me ajudará no futuro") não dão conta do gesto: por que alguém arriscaria a vida por uma previsão tão incerta? Somente as emoções imediatas podem fazer com que alguém abandone toda a cautela, como a empatia faz ao ligar os estados emocionais de dois indivíduos. Nas palavras do psicólogo norte-americano Martin Hoffman, a empatia tem a propriedade única de "transformar o infortúnio de outra pessoa em seu próprio sentimento de aflição".[46] Esse mecanismo foi testado, não em primatas ou outros grandes mamíferos, mas em roedores, por Inbal Ben-Ami Bartal, na Universidade de Chicago. Bartal colocou uma rata num cercado, onde ela encontrou um pequeno recipiente transparente, parecido com um pote de geleia. Espremido lá dentro estava outro rato, trancado, aflito, contorcendo-se. A rata livre não só aprendeu a abrir uma pequena porta para libertar o outro como também ficou extremamente ansiosa para fazê-lo. Nunca havia treinado isso, mas o fez espontaneamente. Então Bartal desafiou sua motivação, dando-lhe uma escolha entre dois recipientes, um com lascas de chocolate — comida favorita, cujo cheiro ela podia facilmente sentir — e outro com um companheiro preso. A rata livre muitas vezes resgatou primeiro seu companheiro, sugerindo que reduzir sua aflição contava mais do que a comida deliciosa.[47]

É possível que esses ratos tenham liberado seus semelhantes por companheirismo? Enquanto um rato está trancado, o outro não tem chance de brincar, cruzar ou catar. Será que eles só querem fazer contato? Embora o estudo original não tenha respondido a essa questão, uma pesquisa diferente criou uma

A empatia de ratos de laboratório foi testada ao serem postos diante de um companheiro preso num recipiente de vidro. Reagindo à aflição do rato preso, o rato solto faz um esforço proposital para libertá-lo. Esse comportamento desaparece se o rato livre recebe uma dose de droga relaxante, que embota sua sensibilidade ao estado emocional do outro.

situação na qual os ratos poderiam resgatar um ao outro sem qualquer possibilidade de interação futura.[48] O fato de que mesmo assim eles o tenham feito confirmou que a força motriz não é um desejo de ser social. Bartal acredita que se trata de um contágio emocional: os ratos ficam aflitos quando percebem a aflição do outro, o que os estimula a agir. Por outro lado, quando Bartal dava aos ratos uma droga redutora da ansiedade, transformando-os em hippies felizes, eles ainda sabiam como abrir a portinhola para alcançar os pedaços de chocolate, mas, em seu estado tranquilo, não tinham interesse pelo rato aprisionado. Estavam se lixando para o outro, exibindo o tipo de embotamento emocional das pessoas que tomam Prozac ou analgésicos. Os ratos ficaram insensíveis ao sofrimento do outro e deixaram de ajudar. Esse resultado combina muito mais com a ideia de ajuda baseada na empatia, ou compaixão, do que com explicações baseadas no interesse próprio imediato.[49]

A palavra *imediato* é essencial nesse contexto, porque ninguém está afirmando que a empatia não tem nenhum propósito a longo prazo. Em biologia, distinguimos nitidamente entre duas maneiras de servir aos próprios interesses. Primeiro, no nível da evolução, a empatia nunca teria evoluído se não oferecesse uma vantagem: ela contribui para uma sociedade cooperativa na qual os indivíduos podem contar uns com os outros. A empatia provavelmente transborda de benefícios mútuos e valor de sobrevivência. O segundo significado do interesse próprio é psicológico, os objetivos que um indivíduo persegue. Objetivos evolutivos são frequentemente desconhecidos para atores individuais. Da mesma forma que as aves jovens seguem as rotas migratórias de suas espécies sem saber por quê, ou que os animais acasalam inconscientes de suas consequências reprodutivas, a natureza está repleta de benefícios evoluídos que não fazem parte da motivação. Do ponto de vista psicológico, os animais podem ser perfeitamente altruístas. Se arranharmos Washoe, a chimpanzé que resgatou a fêmea que estava se afogando, ou Mae Perm, a elefanta que guiava sua amiga cega, é improvável que vejamos hipócritas sangrando. Em vez disso, descobriremos duas almas gentis, altamente sensíveis à situação difícil dos outros.

No entanto, os estudiosos continuam obcecados com motivos egoístas, simplesmente porque tanto a economia quanto o behaviorismo os doutrinaram dizendo que os incentivos motivam tudo o que os animais ou os seres humanos fazem. Eu não acredito em uma palavra disso, e um recente e engenhoso experimento com crianças mostra por quê. O psicólogo alemão Felix Warneken pesquisou como jovens chimpanzés e crianças ajudam os adultos humanos. O pesquisador estava usando uma ferramenta, mas a deixou cair no meio do trabalho: eles a pegariam? As mãos do pesquisador estavam cheias: abririam um armário para ele? Ambas as espécies fizeram isso de forma voluntária e com entusiasmo, mostrando que entendiam o problema dele. Mas, depois que Warneken começou a recompensar as crianças por sua ajuda, elas se tornaram *menos* úteis. As recompensas, ao que parece, as desviaram de compadecer-se do pesquisador desajeitado.[50] Estou tentando entender como isso funcionaria na vida real. Imagine que toda vez que eu oferecesse uma ajuda a um colega ou vizinho — segurar uma porta aberta ou pegar a correspondência deles — eles enfiassem alguns dólares no bolso da minha camisa. Eu ficaria profundamente ofendido, como se eles dissessem que tudo o que me importava era dinheiro! E isso certamente não me estimularia a fazer mais por eles. Eu poderia até começar a evitá-los por serem manipuladores demais.

É curioso pensar que o comportamento humano é inteiramente motivado por recompensas tangíveis, uma vez que na maior parte do tempo as recompensas não estão à vista. Quais são as recompensas para alguém que cuida de um cônjuge com Alzheimer? Que recompensas alguém recebe por enviar dinheiro para uma boa causa? Recompensas internas (sentir-se bem) podem muito bem entrar em jogo, mas elas só funcionam através do melhoramento do estado do outro. Elas são o modo natural de nos certificarmos de que nos orientamos para o outro, em vez de nos orientarmos para nós mesmos. Se chamarmos isso de egoísmo, a palavra perde todo o significado. Quando se trata de outras espécies, a noção de que tudo o que elas buscam é ganho próprio também é um insulto à sociabilidade delas.

Os seres humanos evoluíram para reverberar os estados emocionais dos outros, a ponto de internalizarmos, principalmente através de nossos corpos, o que está acontecendo com eles. Isso é conectividade social na sua melhor expressão, a cola de todas as sociedades animais e humanas, o que garante uma companhia solidária e reconfortante.

4. Emoções que nos tornam humanos

Nojo, vergonha, culpa e outros desconfortos

A RAINHA VITÓRIA PODE TER FICADO enojada com os símios que conheceu no Zoológico de Londres, mas o que dizer dos próprios símios? Os animais alguma vez sentem nojo? E do quê? Quando os cães lambem os testículos, comem fezes ou rolam na lama fedorenta, supomos que eles não têm nenhuma sensação de vergonha ou nojo. Mas o mesmo argumento poderia se aplicar aos nossos próprios hábitos. Gostamos de comer laranjas e espremer limões frescos, por exemplo, mas assim que oferecemos uma fruta cítrica ao nosso cão (não recomendado) vemos uma reação de total repugnância, com lábios dobrados, baba e recuo diante do cheiro ácido. Uma fruta que consideramos saudável é revoltante para outra espécie. Será que os cães se perguntam se os seres humanos conhecem o nojo?

Reações de repulsa são comuns nos símios. Na nossa colônia de chimpanzés em Yerkes, a sempre intrépida Katie estava uma vez cavando a terra debaixo de um grande pneu de trator quando puxou algo enroscado. Ela emitiu "huus" suaves de alarme e manteve o objeto longe de si, segurando-o entre os dedos indicador e médio, do modo como as pessoas seguram um cigarro. Primeiro ela o cheirou, depois se virou e o mostrou para os outros, inclusive para sua mãe, segurando-o no alto com o braço estendido, como se dissesse "Deem uma olhada nisso!". Era provavelmente um rato morto coberto de vermes. Sua mãe emitiu um par de "uoaous"* barulhentos.

Reconhecendo o valor dramático desses objetos, Tara, a prima mais moça de Katie, desenvolveu o hábito maroto de carregar o cadáver de um rato pela cauda, tomando cuidado para mantê-lo longe do próprio corpo, e sub-repticiamente colocá-lo nas costas ou na cabeça de um companheiro de grupo que estivesse dormindo. Sua vítima pulava assim que sentia o toque (ou o cheiro) do animal morto, gritava alto e balançava descontroladamente o corpo para afastar aquela coisa repugnante. Podia até esfregar o corpo com um punhado de grama, para ter certeza de que o cheiro havia sumido. Por sua vez, Tara rapidamente pegava o rato e seguia para o próximo alvo. Afora a questão de saber por que Tara considerava a brincadeira divertida, e por que nós humanos percebemos imediatamente seu valor humorístico, meu interesse nisso está na emoção de nojo, que tem uma reputação controversa.

Por um lado, o nojo é considerado primitivo do ponto de vista da evolução. Por basear-se muitas vezes no cheiro e servir para evitar a ingestão de alimentos prejudiciais (as frutas cítricas são venenosas para os cães), o nojo é considerado uma emoção básica, às vezes até a "primeira" emoção. Por outro lado, uma bibliografia crescente sobre o nojo considera-o uma sensação caracteristicamente humana, culturalmente construída, usada para desaprovação moral e coisas do gênero. Por exemplo: o neurocientista norte-americano Michael Gazzaniga, em *Human: The Science Behind What Makes Us Unique* [Humano: a ciência por trás do que nos torna únicos], classifica

---

* Ver p. 227 para uma explicação. (N. T.)

O nariz franzido ou torcido de nojo é uma expressão humana universal, combinada geralmente com olhos estreitados e sobrancelhas franzidas (*à dir.*). É uma reação a comida malcheirosa ou a outras situações desagradáveis, mas também expressa desaprovação diante de um mau comportamento humano. Os chimpanzés têm a mesma expressão, como a chamada "cara de chuva" (*ao centro*; comparar com a expressão descontraída, *à esq.*).

o nojo como um dos cinco módulos emocionais que nos distinguem de todos os outros animais.

Tara não deve ter lido este livro.

Um cavalo sedento

Para quem se perguntava sobre quais emoções nos tornam humanos, eu costumava ficar com as mais constrangedoras, como vergonha e culpa, embora percebesse que alguns colegas iam muito além disso. Eles argumentavam que os animais possuem apenas um punhado de emoções, nunca as misturam e não as sentem como nós. Mas tudo isso é pura especulação — como a que levou José Ortega y Gasset a afirmar, do nada, que o chimpanzé difere de nós porque acorda todas as manhãs como se nenhum chimpanzé tivesse existido antes dele. O filósofo espanhol estava sugerindo que todo chimpanzé acha que foi criado da noite para o dia? Por que dizer uma coisa dessas? Em seu desejo de separar os humanos dos outros animais, pesquisadores sérios apresentam as propostas mais malucas, algumas inventadas, outras não verificáveis. Devemos ter muitíssima cautela com essas ideias, incluindo aquelas que dizem respeito ao que os animais sentem ou não sentem.

Não obstante, eu estava disposto a sacrificar a vergonha e a culpa no altar da religião do "somente os seres humanos têm X" que ainda reina nos círculos acadêmicos. Eu pensava que ambas as emoções exigem um nível de autoconsciência de que outras espécies poderiam carecer. Não tenho mais tanta certeza. Cada vez mais acredito que todas as emoções com as quais estamos familiarizados podem ser encontradas de um jeito ou de outro em todos os mamíferos, e que a variação ocorre apenas nos detalhes, nas elaborações, nas aplicações e na intensidade. Parte do problema é a linguagem humana. Podemos achar que é uma enorme vantagem descrever o que sentimos, mas trata-se de uma bênção controversa, que cria um grande problema para o estudo das emoções.

Tudo começou com a rotulagem das expressões faciais feita por Paul Ekman, que apresentava aos participantes de sua pesquisa fotografias de um rosto e lhes perguntava se ele indicava "raiva", "tristeza" ou "alegria". Ao ver a foto de uma mulher rindo, escolhe-se sem hesitação "alegria". Feita em todo o mundo, a pesquisa mostrou que as pessoas concordam com um conjunto limitado de emoções. Tudo isso parece perfeitamente lógico e informativo. Mas e se não oferecermos aos participantes rótulo algum para trabalhar e lhes pedirmos apenas para identificar a emoção com suas próprias palavras? E se lhes dermos uma lista de rótulos que exclua os mais óbvios, eles mudarão para alguma alternativa? E o que dizer de fotos de rostos tiradas em condições imperfeitas de luz? Os atores fazem caras estereotipadas, como uma risada que não pode ser confundida com outra coisa. Mas "na natureza" os seres humanos fazem caras que são muito menos estereotipados, mais fugazes, muitas vezes de baixa intensidade. Nós apresentamos expressões sutis enquanto olhamos para longe, mastigamos comida, piscamos os olhos, nos sentamos no escuro e assim por diante. Depois de muitas pesquisas adicionais, não está mais tão claro como interpretarmos as expressões faciais. Dada a liberdade de descrever o que veem, os pesquisados nem sempre julgam segundo o padrão. Há algumas imagens sobre as quais a maioria concorda, mas o resultado não é tão homogêneo quanto se pensava.[1]

Além disso, a rotulagem das emoções é um exercício que não faz sentido, porque elas existem fora da linguagem. Ao conversar com um bom amigo enquanto tomamos uma xícara de café num terraço ensolarado, eu reagirei em milésimos de segundo a cada movimento facial ou corporal que ele faz sem precisar procurar em minha mente por uma palavra que acompanhe a reação. Os seres humanos reagem constantemente à linguagem corporal um do outro, num fluxo, ou "dança", de movimentos coordenados. Enquanto meu amigo fala, levanto as sobrancelhas, reviro os olhos, murmuro "hummm" ou "tsc", e indico com movimentos sutis de músculos ao redor de meus olhos e de minha boca que concordo, discordo, simpatizo, aprovo, acho divertido, estou surpreso e assim por diante. As minhas pupilas dilatam-se em sincronia com as do meu amigo e a minha postura corporal com muita frequência combina com a dele. Mas se você me perguntasse depois que tipo de cara meu amigo mostrou, talvez eu não soubesse ou nem sequer me importasse, porque a rotulagem verbal não faz parte da comunicação emocional. A linguagem nos ajuda a discutir sentimentos, mas não desempenha grande papel no modo como eles são gerados, expressos ou sentidos. No entanto, a pesquisa moderna sobre emoções colocou a linguagem na frente e no centro.

Depois, há o contexto das expressões faciais. Ao ver uma foto ampliada da tenista Serena Williams com a boca aberta e os dentes à mostra, você pensa que ela está brava com seu oponente. Mas a adversária é sua irmã, Venus, a quem ela ama muito e acabou de vencer numa partida, o que significa que ela provavelmente está em êxtase e pode estar gritando triunfante. Essa diferença, fundamental, é difícil de perceber a partir somente de um close-up. Ou então vemos uma mulher de olhos marejados, mas não sabemos se são lágrimas de alegria num casamento ou lágrimas de tristeza num funeral. O tio Joe está mostrando os dentes na foto numa tentativa de sorrir ou porque está se esforçando para tirar a rolha de uma garrafa de vinho?

A ideia de que julgamos melhor as faces no seu contexto foi levada ao extremo pela psicóloga norte-americana Lisa Feldman Barrett, que afirma que as emoções são uma construção mental. Em vez de nascermos com um conjunto de emoções bem definidas, marcadas por assinaturas corporais claras, ela argumenta que o que sentimos se resume a como avaliamos a situação em que nos encontramos. Sua posição entra em choque com a dos cientistas que acreditam nas seis emoções básicas de Ekman como alicerce de tudo. A escola de emoções básicas adora rótulos simples para emoções reconhecíveis, enquanto Lisa Barrett se impressiona com a variabilidade de como julgamos nossos sentimentos, o que nem sempre fica claro na forma como os expressamos.

As pessoas sorriem quando estão tristes, gritam quando estão felizes e até riem enquanto sentem dor. Em uma cena popular da década de 1970 do programa *Mary Tyler Moore Show*, Mary não consegue parar de rir em um funeral, embora (ou talvez precisamente porque) ela saiba que aquilo é inadequado. Porém, o fato de o que é expresso externamente não combinar perfeitamente com o que é sentido internamente não significa que um ou outro sejam suspeitos. Não há grande contradição entre assumir expressões faciais humanas universais, compreendidas em todo o mundo, e reconhecer a ausência de uma correspondência unívoca entre expressões e sentimentos. Os dois nem sempre concordam e não precisam concordar.

Pela mesma razão, rejeito a noção de que não estamos autorizados a falar de emoções animais, pois não podemos saber o que eles sentem. Um paladino do estudo do medo, que ensinou ao mundo que o medo passa através da amígdala, recentemente ficou tão empolgado com essa ideia que, de repente, se recusa a falar em "medo" nos ratos que estudou durante toda a sua vida. O neurocientista norte-americano Joseph LeDoux fez abundantes comparações entre ratos assustados e fobias humanas, usando muitas vezes as palavras "rato" e "medo" na mesma frase; agora, porém, ele nos pede para evitar qualquer alusão a emoções animais, porque a terminologia emocional não pode ser empregada sem implicar que os ratos sintam o mesmo que nós. Além disso, LeDoux supõe que, uma vez que temos dezenas de palavras diferentes relacionadas ao medo ("fobia", "ansiedade", "pânico", "preocupação", "pavor" etc.), e já que os ratos não têm todas essas palavras ou nenhuma, é impossível que eles experimentem tantas nuances de emoção quanto nós.[2]

Esse argumento, que postula que a linguagem está na raiz das emoções, me faz lembrar de um encontro durante uma oficina sobre comportamento sexual, na qual antropólogos pós-modernos depositavam mais confiança na linguagem do que no método científico. Os sentimentos não podem ser sentidos sem palavras, diziam eles, e chegam a ponto de afirmar que é impossível para os povos cuja língua não tem uma palavra para "orgasmo" sentir qualquer prazer sexual. Essa afirmação sem base perturbou tanto os cientistas presentes que começamos a circular pequenos bilhetes uns para os outros com perguntas do tipo "Se um povo não tem uma palavra para oxigênio, ele pode respirar?". As emoções obviamente precedem a linguagem tanto na evolução quanto no desenvolvimento humano, logo a linguagem não pode ser tão importante. Ela é anexada. Tudo o que ela faz é rotular estados interiores, mas quem diz que isso nos ajuda a distingui-los? A língua alemã tem duas palavras diferentes para raiva e repugnância, enquanto a língua maia iucateca, do México, abrange ambas as emoções com uma única palavra, mas pessoas das duas culturas são igualmente boas em distinguir rostos que expressam raiva ou desgosto. O conhecimento das emoções vai claramente além das palavras.[3]

Mas LeDoux ficou com tanto medo do termo "medo" que agora nega essa emoção em seus ratos. Em vez disso, ele lhes concede "circuitos de sobrevivência" no cérebro que os fazem reagir diante de ameaças existenciais. Estou bastante familiarizado com esse argumento, porque a etologia (a escola europeia de comportamento animal em que me formei) preferia interpretações funcionais semelhantes. Ela não queria conversa com os processos internos. Meus professores de etologia literalmente faziam cara de nojo — uma expressão emocional compartilhada com outros animais! — assim que a palavra "emoção" surgia em relação aos animais. Eles se sentiam muito mais confortáveis com histórias funcionais sobre como um determinado comportamento auxilia a sobrevivência.

Voltando às emoções dos ratos, sempre soubemos que emoções e sentimentos são coisas diferentes. As emoções são expressas corporalmente, portanto observáveis, enquanto os sentimentos são privados. Nada de novo nisso. Então, por que só agora ouvimos que, como não sabemos o que os ratos sentem, é melhor evitar qualquer conversa sobre suas emoções? E por que não estender o mesmo argumento ao nosso próprio comportamento? Podemos ter muitas palavras para medo, mas isso realmente nos ajuda a entender esse estado nos outros? Sabemos o significado exato de todas essas palavras, e elas abrangem adequadamente o que está sendo sentido? O nosso vocabulário está à altura da tarefa? Se eu perguntar como você se sentiu a respeito da morte de seu pai, por exemplo, você pode me dizer que estava "triste", mas isso realmente me permite entender seus sentimentos? Eu não posso entrar em você. Quem diz que sua tristeza é como a minha tristeza, e quem diz que a sua não estava misturada com alívio, ou talvez raiva, ou algum outro sentimento que você preferiria não mencionar? Pode até ser que houvesse emoções envolvidas que você não admitisse para si mesmo.

As emoções costumam ficar subconscientes. Quando era estudante, eu estava prestes a fazer meu primeiro voo de avião para ver orangotangos na floresta tropical de Sumatra, na Indonésia. Você pode pensar que eu estava preocupado com cobras e tigres, ou talvez com os milhões de sanguessugas que rastejam pelo chão da floresta, mas eu ansiava muito por minha primeira viagem tropical. Ou pelo menos pensei que era isso. Porém, quanto mais perto estava a data da viagem, mais eu tinha problemas de barriga. Eu não sabia de onde eles vinham, mas tive um nó no estômago por semanas, inclusive no dia em que entrei no avião. No entanto, meus sintomas desapareceram milagrosamente assim que o avião pousou em Medan. Um dia depois, cheguei à selva em excelente humor e tive uma ótima estada. Em retrospecto, concluí que estava morrendo de medo da viagem de avião, mas reprimira o sentimento, pois isso interferiria no meu sonho de ver orangotangos selvagens. Não creio que seja o único sentimento que força o córtex pré-frontal a bloquear a consciência de emoções inconvenientes. O que os seres humanos nos dizem sobre seus sentimentos é com frequência incompleto, às vezes claramente errado e sempre modificado para consumo público.

Como se isso não fosse problema suficiente, até as melhores e mais precisas descrições não me fazem sentir o que você sente. Os sentimentos são experiências privadas, podemos falar tudo o que quisermos sobre eles, mas permanecem privados. Portanto, duvido que eu conheça melhor os sentimentos de meus semelhantes do que os sentimentos dos animais com quem trabalho. Pode parecer-me mais fácil inferir a partir dos seus sentimentos que dos de um chimpanzé, mas como eu teria certeza? A menos, claro, que presumamos que os animais não têm sentimentos. Nesse caso, poderíamos seguir a proposta de LeDoux e evitar por completo a implicação de emoções sentidas. Mas trata-se de uma posição altamente irracional, dada a similaridade com que as emoções se manifestam em corpos animais e humanos, e como os cérebros de todos os mamíferos são parecidos até nos detalhes dos neurotransmissores, da organização neural, do suprimento de sangue e assim por diante. Seria como dizer que tanto cavalos como humanos parecem ficar com sede em um dia quente, mas em cavalos devemos chamar isso de "necessidade de água" porque não está claro se eles sentem alguma coisa. Surge assim a questão de como o cavalo decide que precisa beber, se não por sinais de desidratação dentro de seu próprio organismo. O corpo do cavalo detecta alterações internas e envia informações para o hipotálamo, que monitora a concentração de sódio no sangue. Se esse nível se elevar acima de um determinado limite, o sangue fica muito salgado, e o cérebro provoca um forte desejo de engolir água. Os desejos funcionam porque são sentidos. O cavalo será irresistivelmente atraído para um rio ou bebedouro. Esse sistema de detecção é um dos mais antigos a vigorar e é essencialmente o mesmo em muitas espécies, inclusive a nossa. Alguém realmente acredita que depois de uma longa viagem pelo deserto o cavaleiro se sente diferente de seu cavalo em relação à água?

Sou totalmente a favor de falar em cavalos sedentos e ratos medrosos com base no comportamento deles e nas circunstâncias em que ele se dá, ao mesmo tempo que percebo que não posso sentir o que eles sentem — só posso conjecturar. A meu ver, essa situação não é muito diferente daquela que concerne às emoções humanas. Quando se trata de sentimentos, tudo o que sei com certeza é o que eu mesmo sinto, e ainda assim desconfio de minhas impressões, considerando o quanto sou propenso a pensamentos desejantes, negação, memória seletiva, dissonância cognitiva e outras artimanhas mentais. A maioria de nós não é como o romancista francês Marcel Proust, que analisava sem parar seus próprios sentimentos e ficou intimamente familiarizado com eles. Mas até Proust concluiu (sobre uma companheira romântica que seu protagonista não amava mais, até que ela morreu e ele percebeu que ainda a amava): "Eu estava enganado em pensar que podia ver claramente em meu próprio coração".[4] Ele não podia porque o coração muitas vezes conhece melhor do que a mente o que sentimos. Percebo que essa é uma visão nada científica do coração, e talvez seja melhor se referir ao corpo como um todo, mas é inegável que temos dificuldade em penetrar em nossa própria vida emocional. Mas isso não nos impede de dissecá-la e discuti-la o tempo todo, gastando toneladas de palavras imprecisas num tema muito escorregadio, o que faz com que a timidez da ciência a respeito das emoções animais pareça ainda mais desproporcional.

Olho por olho

A ciência costuma comparar símios adultos com crianças, como em "O chimpanzé tem a mente de uma criança de quatro anos". Eu nunca sei o que fazer com declarações desse tipo, apesar de achar impossível olhar para um chimpanzé adulto como uma criança. Um macho está interessado em poder e sexo, e preparado para matar por isso. Se ele ocupa um lugar alto na hierarquia, pode adotar um papel de liderança que inclui manter a ordem e defender os mais fracos. Os machos engajados em lutas pelo poder às vezes têm uma expressão permanente de cenho franzido que sugere agitação interior, e são conhecidos por terem altos níveis de estresse. Por outro lado, uma fêmea de símio está interessada principalmente em seus filhos e nos deveres que vêm com a maternidade, como ter tempo para cuidar deles, encontrar comida e deter predadores e membros agressivos de sua própria espécie. Ela também trabalha todos os dias em seus relacionamentos, catando os amigos, consolando-os depois de revoltas e vigiando os filhotes deles, se necessário. Desse modo, a vida dos símios adultos está muito centrada nas preocupações dos adultos, e eles têm pouco a ver com a despreocupação de uma criança.

Símios jovens brigam por comida e batem uns nos outros gritando muito, enquanto os adultos pedem e compartilham educadamente, às vezes revezando-se, enquanto trocam comida por serviços recebidos no início do dia. Sob esse aspecto, a melhor comparação é também entre jovens símios e jovens humanos, ou adultos símios e adultos humanos. Isso é importante em relação às emoções, porque algumas são típicas dos adultos, especialmente aquelas que exigem maior avaliação do tempo que as encontradas nos jovens. Os jovens vivem no momento, os adultos, não. Algumas emoções estão voltadas para o futuro, como esperança e preocupação, enquanto outras se relacionam com o passado, como vingança, perdão e gratidão. Todas essas "emoções cronológicas", como gosto de chamá-las, parecem estar presentes em símios adultos e também em alguns outros animais.

Nos chimpanzés, compartilhar comida faz parte de uma economia de dar e receber que inclui catação, sexo, apoio em brigas e outros tipos de ajuda. Todos esses favores são jogados numa grande cesta de trocas amarrada pela emoção da gratidão. A gratidão funciona para manter os balancetes das trocas: faz com que os indivíduos procurem aqueles que foram bons para eles e, se a ocasião surgir, retribuam os favores. Com base em milhares de observações, descobrimos que os chimpanzés compartilham alimentos especificamente com aqueles que foram gentis com eles no passado. Todas as manhãs, quando se reúnem na estrutura de escalar para cuidar pacientemente dos pelos uns dos outros, anotamos quem cata quem. Na parte da tarde, fornecemos comida compartilhável, como algumas melancias grandes. Os donos da fruta permitem que quem os catou retire pedaços de suas mãos ou da sua boca, mas não os indivíduos com os quais não conseguiram interagir pela manhã; eles podem resistir a estes últimos e, às vezes, até ameaçá-los. Desse modo, os padrões de compartilhamento mudam de um dia para o outro, dependendo da distribuição da catação anterior. Como o intervalo de tempo entre os dois eventos é de várias horas, o compartilhamento requer memória de encontros passados e sentimentos positivos em relação aos serviços usufruídos. Conhecemos essa combinação como gratidão.[5]

Mark Twain uma vez brincou: "Se você pegar um cachorro faminto e torná-lo próspero, ele não o morderá. Esta é a principal diferença entre um cão e um homem". Em minha casa, animais perdidos adotados sempre foram muito gratos pelo calor e comida que oferecemos. Um gatinho esquelético cheio de moscas, apanhado em San Diego, cresceu e se transformou num lindo gato chamado Diego. Ele ronronava excessivamente durante toda a sua longa vida de quinze anos sempre que era alimentado, mesmo quando mal comia. Interpretamos seu comportamento como gratidão, mas é difícil excluir a mera felicidade. Diego talvez gostasse mais de comida do que a média dos animais de estimação mimados.

Nos símios, os sinais de gratidão podem ser mais óbvios. Dois chimpanzés tinham ficado trancados fora de seu abrigo durante uma tempestade. Wolfgang Köhler, o pioneiro alemão dos estudos sobre uso de ferramentas, passou por ali e encontrou os dois encharcados, tremendo na chuva. Ele abriu a porta para eles. Em vez de se apressarem para entrar na área seca, os chimpanzés abraçaram o professor num frenesi de satisfação.[6]

A reação deles se assemelha à de Wounda, uma fêmea de chimpanzé que havia sido resgatada de caçadores ilegais, às portas da morte, e recebeu assistência médica no Centro de Reabilitação Tchimpounga, no Congo-Brazzaville. Em 2013, ela foi liberada para voltar à floresta. Um vídeo desse momento viralizou pela interação emocional entre Wounda e Jane Goodall, que participou da soltura. De início, Wounda se afastou, mas depois voltou apressadamente para abraçar as pessoas que cuidaram dela. Voltou especificamente até Jane Goodall para um longo abraço mútuo antes de partir. Isso foi notável, porque Wounda primeiro pegou um caminho, depois pareceu se corrigir e voltar, como se percebesse que não seria muito legal simplesmente se afastar daqueles que a salvaram e cuidaram de restaurar sua saúde.[7]

Há relatos semelhantes sobre golfinhos e baleias presos em rede ou encalhados que foram libertados por mergulhadores humanos que os soltaram de redes ou empurraram de volta para o oceano. Os cetáceos voltaram até seus salvadores e os cutucaram ou se ergueram fora da água antes de nadar para longe. Em todos os casos, os seres humanos presentes, profundamente comovidos, viram essas interações como sinais de gratidão.

Eu já mencionei como Kuif, a melhor amiga de Mama, ficou tocada por eu ter-lhe ensinado como criar um bebê com mamadeira. A partir do momento em que lhe demos permissão para pegar Roosje, o bebê adotivo que colocamos nas palhas da jaula dela, Kuif me tratou como se eu fosse da família, algo que nunca havia feito antes. Considerei isso um sinal de gratidão por mudar sua vida para melhor, de mãe que havia perdido vários bebês pelo fracasso na lactação para alguém que criou Roosje com sucesso e mais tarde aplicou as mesmas habilidades com a mamadeira em seus próprios filhotes.

A irmã feia da gratidão é a vingança, emoção igualmente preocupada com o acerto de contas, mas num sentido negativo. Edvard Westermarck, antropólogo finlandês que nos deu as primeiras ideias sobre a evolução da moral humana, enfatizou o valor da desforra para manter as pessoas na linha. Ele não achava que éramos a única espécie com essa tendência, mas em sua época havia poucas pesquisas sobre comportamento animal. Então ele se baseou em relatos interessantes, como aquele que ouviu no Marrocos sobre um camelo que havia sido extremamente espancado por um garoto de catorze anos por se virar na direção errada. O animal recebeu passivamente sua punição, mas alguns dias depois, quando estava sem carga e sozinho na estrada com o mesmo condutor, ele "agarrou a cabeça do menino infeliz com sua boca monstruosa, o levantou no ar e o atirou de novo no chão com a parte superior do crânio completamente arrancada e o cérebro espalhado pelo chão".[8] Histórias de animais ressentidos podem ser ouvidas em zoológicos, geralmente em relação a elefantes (com sua memória proverbial) e símios. Todo novo estudante ou tratador que trabalhe com símios precisa ser informado de que não escapará se os importunar ou insultar. Um símio insultado não esquece e esperará o quanto for necessário pela oportunidade de acertar as contas. Às vezes não demora muito. Um dia, uma mulher foi à recepção de um zoológico onde trabalhei para reclamar que seu filho fora atingido por uma pedra vinda dos chimpanzés. Porém, o filho estava surpreendentemente calado. Mais tarde, testemunhas nos disseram que ele jogara a mesma pedra primeiro.

Os chimpanzés também retaliam entre si. Apoiam um ao outro em brigas, seguindo a regra de que um bom favor merece outro; experimentos confirmaram essa tendência. Tendo chance, muitos animais estão dispostos a fazer um favor para o parceiro, como puxar uma alavanca ou selecionar um símbolo que renda comida. Eles o fazem em nível moderado, desde que o parceiro seja um receptor passivo, mas aumentam muito sua generosidade quando o parceiro pode retribuir o favor. Quando ambas as partes ganham, eles avançam para um novo patamar. Obviamente, é assim que as coisas funcionam também na vida real.[9] O peculiar nos chimpanzés é que eles aplicam regras similares aos atos negativos e tendem a dar o troco àqueles que agiram contra eles. Por exemplo: se uma fêmea dominante ataca com frequência outra fêmea, esta não poderá retaliar sozinha, mas esperará pela melhor ocasião. Assim que sua atormentadora estiver envolvida numa briga com outros, ela aproveitará para acertar as contas.

Depois que se tornou o novo macho alfa da colônia de chimpanzés do Zoológico de Burgers, Nikkie praticava periodicamente retaliações estratégicas. Seu domínio ainda não estava totalmente reconhecido, e os subordinados muitas vezes o pressionavam, uniam-se e o perseguiam, deixando-o ofegante e lambendo suas feridas. Mas Nikkie não desistia, e algumas horas depois recuperava a calma. O resto do dia ele percorria a ilha grande para identificar os membros da resistência, visitando-os um por um enquanto estavam sentados sozinhos cuidando de suas vidas. Ele os intimidava ou lhes dava uma surra, o que provavelmente os faria pensar duas vezes antes de se opor a ele novamente. Essa tendência de reagir olho por olho é tão proeminente nos chimpanzés que pode ser estatisticamente demonstrada em milhares de observações de nosso banco de dados.

A retaliação é uma reação "educativa" que atribui custos a comportamentos indesejáveis, mas não está claro se os próprios símios pensam assim.[10] É provável que apenas sigam um desejo de vingar-se, uma tendência que compartilhamos com eles. Afinal, chamamos a vingança de "doce", como se fosse algo delicioso. Quando pesquisadores deram a seres humanos bonecos de vodu que representavam pessoas que os tinham insultado, o humor delas melhorou bastante quando lhes permitiram espetar agulhas nos bonecos.[11] Nossos sistemas judiciais levam o anseio de ajustar as contas ainda mais longe: quando a família de uma vítima de assassinato ou aqueles que foram vítimas de um golpe financeiro buscam reparação, eles são inegavelmente impelidos por um profundo desejo de infligir danos àqueles que lhes fizeram mal.

Os chimpanzés fazem o mesmo, graças à sua hierarquia flexível, que oferece espaço para retaliação. Em contraste, os macacos rhesus e babuínos possuem hierarquias tão despóticas que é quase suicida para um subordinado voltar-se contra um superior. As intimidações e punições sempre fluem de cima para baixo na hierarquia, o que exclui oportunidades de vingança. Mas até esses macacos sabem como dar o troco: eles se valem dos laços de parentesco que permeiam sua sociedade. Avós, mães e irmãs passam uma quantidade extraordinária de tempo juntas, formando unidades matrilineares. É provável que um macaco vítima de agressão descarregue seus sentimentos sobre um parente do agressor. Em vez de retaliar, o que não pode, ele procurará um membro mais jovem da linha materna do atacante, que será mais fácil de intimidar. Às vezes, levam a cabo ações vingativas depois de muito tempo, o que sugere que têm excelente memória.[12] Essa tática exige obviamente que os macacos estejam cientes de quais são as famílias às quais os outros macacos pertencem, e sabemos que eles estão. Seria como se eu reagisse à reprimenda do meu chefe puxando o cabelo de sua filha pequena: não vou contra a hierarquia, mas, mesmo assim, puno meu ofensor.

A última emoção relativa a eventos passados é o perdão. Tendo estudado a reconciliação de primatas durante toda a minha vida, vi muitas vezes como os chimpanzés beijam e abraçam seus antigos adversários, como os macacos os catam e como os bonobos resolvem as tensões sociais com um pouco de sexo. Esse tipo de comportamento não se limita de forma alguma aos primatas: centenas de relatos o encontram em outros mamíferos sociais e em aves, tanto que se alguém alegasse que uma determinada espécie *não* faz as pazes depois de brigas ficaríamos perplexos.

A resolução de conflitos é parte da vida social. As emoções envolvidas são difíceis de identificar, mas um requisito mínimo é que a raiva e o medo — as emoções típicas durante um confronto — sejam atenuados para permitir uma atitude mais positiva. Essa inversão não é tão óbvia. Alguém que acabou de perder uma briga para um agressor dominante precisa agora arranjar coragem para se aproximar dele num reencontro amigável. Ao mesmo tempo, o agressor deve subitamente abandonar a inimizade, o que é ilógico. Mas muitos animais passam por essas mudanças emocionais com rapidez incrível, como se um botão de controle em sua mente girasse de hostil para amigável.

Os seres humanos se tornam mestres em girar o mesmo botão emocional se vivem em um ambiente propenso ao conflito, como uma família grande ou um local de trabalho com muitos colegas. Esses lugares exigem acordo e perdão todos os dias. Não obstante, o perdão nunca é perfeito, e embora muitas vezes digamos "Perdoe e esqueça", a parte do esquecimento é problemática. Não apagamos a memória de uma esnobada, mas simplesmente decidimos seguir em frente. Muitos animais que vivem em grupos fazem o mesmo porque também dependem da coexistência pacífica e da cooperação. A reconciliação é o processo observável, enquanto o perdão é vivenciado internamente. Tendo em vista a antiguidade evolutiva desse mecanismo, é difícil imaginar que as emoções envolvidas sejam radicalmente diferentes entre nós e outras espécies.

Todas as três emoções — gratidão, vingança e perdão — sustentam as relações sociais baseadas em anos de interação entre os indivíduos, às vezes remontando à época em que brincavam juntos quando filhotes. Essas emoções servem a amizades e rivalidades, aumentam ou prejudicam a confiança e mantêm a sociedade funcionando em benefício de todos. Os animais são incrivelmente bons nesse malabarismo, o que requer que troquem favores e resolvam tensões. Sabemos agora que macacos (e provavelmente outros animais também) têm redes cerebrais delicadas que os ajudam a processar informações sociais. Essas redes neurais foram testadas: quando os macacos assistem a cenas televisionadas e veem seus semelhantes se envolverem em atividades sociais, elas são ativadas, mas permanecem inativas durante cenas físicas ou ecológicas. Nós, estudiosos do comportamento animal, insistimos durante muito tempo no status especial da inteligência social: agora a neurociência nos apoia.[13]

Há também emoções que dizem respeito ao futuro? Já está bem estabelecido que símios e algumas aves de cérebro grande não vivem puramente no presente. Os chimpanzés selvagens planejam com antecedência e pegam as ferramentas horas antes de chegarem ao morro de cupim ou à colmeia onde as usarão. Precisam saber para onde irão enquanto as selecionam. Planejamento semelhante foi observado em primatas e corvídeos, mostrando que eles podem ignorar a gratificação imediata para obter benefícios futuros.[14] Tendo escolha, os símios renunciam a uma suculenta uva colocada próxima a uma ferramenta que poderão usar horas depois a fim de obter uma recompensa melhor. Isso requer autocontrole. O planejamento é mais difícil de provar no domínio social, mesmo que as batalhas políticas entre os chimpanzés machos sejam sugestivas. Quando um adulto jovem desafia o chefe estabelecido, pode perder todos os confrontos e sofrer lesões frequentes. Mas continuará dia após dia, sem recompensas imediatas. Somente alguns meses depois finalmente ele terá um grande avanço e obterá o apoio de outros que o ajudem a derrubar o adversário. E mesmo assim, como foi o caso de Nikkie, o jovem macho talvez encontre resistência antes de ser totalmente aceito. Pode levar anos até que sua posição esteja realmente segura. Era esse o seu plano o tempo todo? Se não, por que passar por esse inferno? É difícil observar essas estratégias, como já fiz tantas vezes em minha carreira, e não pensar que elas estão baseadas na esperança.

"Esperança" é um sentimento raramente atribuído aos animais, mas a ideia correlata de "expectativa" já foi proposta há um século. O psicólogo norte-americano Otto Tinklepaugh realizou um experimento no qual uma macaca observava uma banana sendo colocada sob um copo. Assim que tinha acesso à sala, ela corria para o copo com a isca. Se encontrasse a banana, tudo procedia sem problemas. Mas se o pesquisador substituísse sub-repticiamente a banana por um pedaço de alface, a macaca só olhava para ele. Ela procurava freneticamente ao redor, inspecionando o local várias vezes, enquanto gritava furiosamente para o pesquisador trapaceiro. Só depois de uma longa pausa ela se contentava com o vegetal decepcionante. Tinklepaugh demonstrou que, em vez de uma simples associação entre localização e recompensa, a macaca lembrava o que ela havia visto. Ela tinha uma expectativa, cuja frustração a irritava muito.[15]

Primatas e cães reagem com surpresa semelhante quando mágicos humanos fazem as coisas miraculosamente desaparecer ou aparecer do nada. Os símios podem rir ou ficar intrigados, enquanto os cães buscam loucamente o petisco desaparecido, indicando que a realidade que tinham em mente era diferente daquilo.

As expectativas também alimentam as trocas do tipo elas por elas, o que é bem conhecido entre os animais, apesar da afirmação de Adam Smith de que "ninguém nunca viu um cão fazer uma troca justa e deliberada de um osso por outro osso com outro cão".[16] Smith talvez tivesse razão a respeito de cães, mas sabe-se que os chimpanzés selvagens da Guiné atacam as plantações de mamão para comprar sexo. Os machos adultos costumam roubar frutas grandes, uma para si e outra para uma fêmea com inchaço genital. A fêmea espera em um local quieto enquanto o macho se arrisca a enfrentar a ira dos fazendeiros para lhe trazer uma fruta deliciosa, que entrega a ela durante ou logo após o sexo.[17]

Em outro exemplo desse tipo de expectativa, em alguns templos balineses os macacos cinomolgos têm o hábito de

O escambo ou troca é habitual entre os primatas. Aqui, a adolescente bonobo notou que o macho adulto segura duas toranjas em suas mãos. Ela se apressa em oferecer-lhe sexo, mostrando uma cara de orgasmo durante a cópula. Depois o macho compartilha com ela uma das frutas.

roubar objetos valiosos dos turistas. Na entrada dos templos, placas avisam a todos para tirarem seus óculos e suas joias, mas muitos turistas não o fazem, sem saber da incrível rapidez com que a máfia dos macacos age nesses lugares. Um macaco saltará sobre o ombro do turista para pegar um par de óculos ou sair correndo com um precioso smartphone. Eles roubam chinelos literalmente arrancando-os dos pés dos turistas. Em vez de brincar com esses itens ou fugir com eles, os macacos sentam-se pacientemente por perto, mas fora de alcance, para ver o quanto a vítima está disposta a pagar para recuperar um objeto. Alguns amendoins não servem. Os macacos querem pelo menos um saco inteiro de biscoitos antes de soltar o item. Os primatólogos que estudaram esse jogo de extorsão descobriram que os macacos tinham uma boa ideia de quais objetos os humanos valorizam mais.[18]

Estabelecida a existência de um comportamento voltado para o futuro, os cães foram recentemente classificados como "otimistas" ou "pessimistas" quando enfrentam determinada tarefa. Os que ficam seriamente contrariados quando o dono os deixa sozinhos e descarregam sua frustração destruindo a casa, fazendo suas necessidades ou latindo furiosamente são considerados pessimistas. Quando ganham uma tigela de comida de conteúdo desconhecido, eles hesitam e se aproximam devagar, talvez esperando que a tigela esteja vazia. Por outro lado, os cães menos perturbados pela separação são considerados mais otimistas: eles correm alegremente em direção à tigela, esperando que ela esteja cheia. Esse chamado *viés cognitivo* também é comum nas pessoas. Pessoas alegres e descontraídas esperam coisas boas na vida, enquanto as deprimidas acreditam que tudo o que pode dar errado dará errado.[19]

O viés cognitivo nos oferece uma rara oportunidade de testar como os animais de fazenda se sentem em relação a seus arranjos de vida. Afinal, porcos que vivem sob estresse em pequenas caixas podem esperar que poucas coisas boas lhes aconteçam. Mas aqueles que vivem num ambiente divertido, com palha em que afundar enquanto dormem empilhados, aproveitando o calor do corpo e o contato físico, podem ficar de melhor humor. Em um estudo, grupos de porcos foram alojados em chiqueiros pequenos com pisos de concreto ou em chiqueiros maiores com palha fresca todos os dias e caixas de papelão para brincar. Todos os porcos foram treinados com dois sons diferentes: um som positivo anunciava uma fatia de maçã e um som negativo anunciava apenas uma sacola de plástico sacudida em seu focinho. Sendo inteligentes, os porcos aprenderam rapidamente a procurar o som positivo.

Depois desse treinamento, os porcos foram apresentados a um som ambíguo, em algum lugar entre os outros dois. O que eles fariam? Isso dependia inteiramente de suas condições de vida. Os porcos no ambiente enriquecido esperavam que coisas boas acontecessem e abordavam avidamente o som ambíguo, mas os que eram mantidos no ambiente estéril não viam as coisas da mesma maneira. Eles ficavam longe, talvez esperando aquele estúpido saco plástico novamente. Se seu alojamento fosse alterado para melhor ou pior, as reações dos porcos ao som ambíguo seguiam a mudança, indicando que a vida diária afetava o modo como percebiam o mundo. O teste de viés cognitivo é informativo e nos permite verificar as alegações de empresas que anunciam seus produtos como provenientes de animais felizes, como o famoso queijo francês La Vache qui

Mama, a velha matriarca da colônia de chimpanzés do Zoológico Burgers, com sua filha Monick. Na época desta foto, Mama estava no auge de seu poder. Ela não dominava fisicamente nenhum dos machos adultos, mesmo assim exercia uma imensa influência política.

Com cinquenta anos, Mama parecia velha e caminhava com grande dificuldade por causa da artrite. Apesar disso, ainda era muito respeitada.

Mama era conhecida como a melhor mediadora de disputas. Aqui, ela intervém numa briga entre Nikkie (*à dir.*), o macho alfa, e o protegido dela, um jovem macho chamado Fons, que grita em protesto (*à esq.*). Mama interpõe-se entre os dois enquanto grunhe ofegante para Nikkie, o que o acalma. Em seguida, ela irá catá-lo, e depois levará Fons para longe.

Um macaco rhesus jovem sorri para um macho dominante que se aproxima. Essa expressão com lábios repuxados e boca fechada indica submissão, mas também disposição para ficar perto.

Acredita-se que o gesto de mostrar os dentes de muitos primatas, inclusive o sorriso humano, deriva de uma reação do tipo reflexo a estímulos nocivos. Aqui, um babuíno comedor de cactos do Quênia retrai os lábios para mantê-los longe dos espinhos.

Uma fêmea de macaco rhesus lança a ameaça típica de sua espécie a um subordinado: olha ferozmente para o outro enquanto abre a boca sem mostrar muito os dentes.

Orange, a fêmea alfa de um bando de macacos rhesus, está sentada entre as duas filhas adultas, que se aproximaram dela depois de uma briga feia. Durante essa reconciliação familiar, as três fêmeas emitem um coro de grunhidos amistosos e estalam os lábios enquanto prestam atenção aos filhotes uma da outra.

O contato corporal é calmante para todos os primatas.
Essas duas fêmeas de chimpanzé se abraçam enquanto
observam uma briga intensa em sua comunidade.

Durante uma tempestade de neve no parque Jigokudani,
no Japão, macacos-japoneses se catam numa fonte de água quente.
Os primatas passam uma extraordinária quantidade de tempo
se catando, o que serve para manter laços e relações de apoio.

Os macacos-prego prestam muita atenção aos alimentos que os outros possuem. Eles compartilham com facilidade, mas também são muito sensíveis à desigualdade.

Os primatas podem ter chiliques quando suas expectativas não são atendidas. Este jovem (*à dir.*) começou a gritar quando sua mãe, que carrega um bebê, o empurrou para longe dela. Antes da chegada do irmãozinho, ele costumava andar agarrado à barriga da mãe.

A expressão mais comum de empatia é o consolo, uma reação de confortar quem sofre. Aqui, um bonobo do santuário Lola ya Bonobo segura carinhosamente o companheiro que acabou de perder uma luta. (Foto: cortesia de Zanna Clay.)

Uma fêmea de chimpanzé (*à dir.*) beija na boca o macho alfa depois de uma briga entre eles na qual o macho a perseguiu. Como entre os seres humanos, o beijo é típico de reconciliações e de saudações após uma separação.

Eu segurando Roosje no Zoológico Burgers, em 1979. Tivemos sucesso ao treinar Kuif, uma mãe adotiva, a dar mamadeira para esse bebê chimpanzé. (Foto: cortesia de Desmond Morris.)

Um jovem chimpanzé grita em protesto ao mesmo tempo que implora com a mão estendida pelas frutinhas que um macho adulto roubou dele.

Desde Darwin, debateu-se muito se o franzir de cenho, movimento causado por pequenos músculos entre as sobrancelhas, era exclusivamente humano. Sabemos hoje que outros primatas têm os mesmos músculos, que também contraem quando estão com raiva. Aqui, um jovem macho bonobo (*à esq.*) olha com sobrancelhas franzidas e boca tensa para seu oponente, um macho mais jovem que buscou a proteção de uma fêmea (*à dir.*). Ela o abraça enquanto detém o agressor com o braço erguido.

Para os bonobos, tal como no sorriso dos seres humanos, mostrar os dentes serve muitas vezes para acalmar os outros e melhorar o humor deles. Aqui, Loretta (*à dir.*) resolve um impasse com Lenore, a bebê que tenta agarrar sua comida, um feixe de galhos frondosos. O problema de Loretta é a presença da mãe dominante de Lenore (*à esq.*). Ela afasta a comida do alcance da bebê ao mesmo tempo que lhe oferece um aperto de mãos e um sorriso amistoso.

Dois chimpanzés machos adultos acabaram no alto da árvore no final de uma luta. Um deles estende a mão para o outro, num convite à reconciliação. Logo depois que tirei esta foto, os dois machos se abraçaram, se beijaram e, em seguida, desceram juntos da árvore.

A vocalização mais alta dos chimpanzés é o grito, que expressa medo e raiva. Ele costuma ser emitido contra indivíduos de alta hierarquia, como fazem essas duas fêmeas que perseguem raivosamente um macho adulto.

Os machos alfa vivem sob pressão constante e podem ficar estressados. Esse macho da Estação de Campo de Yerkes tinha um rival que nunca desistia e o provocava todos os dias. A preocupação constante parece refletir-se em seus olhos.

Os símios dão risadas roucas e ofegantes durante algazarras e quando brincam de perseguir uns aos outros.

Uma fêmea adulta (*à esq.*) e um macho adolescente (*à dir.*) de bonobos, no Zoológico de San Diego. Entre todos os grandes símios, o bonobo tem a constituição física mais parecida com a de nossos ancestrais, nas suas pernas relativamente longas, no formato dos pés e no tamanho do cérebro. Estando tão próximos de nós geneticamente quanto os chimpanzés, os bonobos merecem igual atenção de qualquer um que se interesse pela evolução humana.

Rit ("A vaca que ri"). O teste pode nos dizer se esses animais realmente têm algum motivo para rir.[20]

O sentimento de esperar por algo desejável é o que chamamos de "esperança". Um macaco que procura uma troca lucrativa, um chimpanzé que tenta melhorar sua posição social, um golfinho que procura o filhote perdido no oceano, lobos que partem em caçada, ou uma manada de elefantes que segue a velha matriarca que conhece a última poça de água no deserto — todos eles experimentam esperança. Ela também pode estar presente ou ausente em animais de fazenda. Como nós, muitos animais avaliam tudo o que acontece com eles contra um cenário de passado e futuro. As emoções cronológicas que vão além do presente não podem mais ser negadas, tendo em vista as crescentes provas de que os animais guardam lembranças de eventos específicos, são voltados para o futuro, trocam favores e se envolvem em reações de olho por olho.

Orgulho e preconceito

O velocista jamaicano Usain Bolt comemorava suas vitórias com um "raio", dobrando um braço enquanto esticava o outro para apontar à distância. Muita gente famosa imitou essa pose característica de vitória. Jogadores de futebol, depois de marcar um gol, levantam suas camisas para mostrar os músculos abdominais enquanto deslizam de joelhos sobre a grama, com os braços abertos, para absorver o aplauso da multidão que ruge. Nós em geral nos fazemos parecer maiores depois de uma vitória, nos expandimos, numa exibição de triunfo:

queixo erguido, peito para fora, ombros puxados para trás, braços afastados do corpo e sempre aquele sorriso. A emoção correspondente é o orgulho. Em animais, ela é chamada geralmente de dominância, mas o princípio é o mesmo: os animais vencedores procuram parecer maiores ao levantar as penas ou os pelos, caminhar com as pernas afastadas, erguer a cabeça, esticar o torso e assim por diante. Esse exagero cria uma ilusão de tamanho maior, de modo que se pode erroneamente pensar que é sempre o maior que vence.

A especialista norte-americana em elefantes Caitlin O'Connell escreve sobre Greg, o maior e mais dominante elefante do Parque Nacional Etosha, na Namíbia:

> Há algo mais profundo que o diferencia, algo que exibe seu caráter e o torna visível de longe. Esse sujeito tem a confiança da realeza: a maneira como sustenta a cabeça, seu bamboleio despreocupado: ele é feito da matéria da realeza. E está claro que os outros reconhecem sua posição real, pois ela é reforçada toda vez que ele se aproxima da poça de água para beber.[21]

Os sinais de poder dos indivíduos dominantes remontam ao tempo evolutivo. Os peixes fazem ameaças estendendo todas as suas barbatanas. Alguns lagartos expandem os folhos em torno do pescoço, e o galo dominante no galinheiro canta primeiro. Talvez o mais conhecido de todos seja o *Triumfgeschrei* ("grito de triunfo", em alemão) do ganso-bravo. O ganso macho, depois de perseguir e expulsar um intruso, corre de volta para sua companheira com as asas abertas enquanto emite gritos estridentes. Os dois então se envolvem em um ritual de vínculo para celebrar a derrota do rival em que am-

Atletas comemoram a vitória esticando o corpo e erguendo os braços para comunicar que venceram. Essa expressão de orgulho é um universal humano. Encontram-se sinais de vitória semelhantes em animais que derrotaram um rival, como a exibição de triunfo de um ganso.

bos esticam os pescoços em paralelo e gritam ruidosamente. O vínculo deles sobreviveu a outro desafio.

A psicóloga norte-americana Jessica Tracy documentou as exibições de triunfo humano num livro de 2016 chamado *Take Pride: Why the Deadliest Sin Holds the Secret to Human Success* [Orgulhe-se: Por que o pecado mais mortal guarda o segredo do sucesso humano]. Ela analisou centenas de fotografias de atletas de nível mundial para determinar como eles reagiam a ganhar ou perder. As fotografias dos vencedores da competição olímpica de judô de 2004, tiradas logo após cada disputa, mostraram a mesma expressão de orgulho: expansão corporal, braços erguidos e punhos fechados. Muitas vezes pensamos que os ocidentais estão mais ligados no sucesso individual, enfatizando suas próprias qualidades e realizações, mas, na verdade, o background cultural dos atletas não importava. Todos os vencedores mostraram o mesmo comportamento, independentemente da nacionalidade. Mais uma vez, podemos perguntar se isso é assim porque o mundo foi homogeneizado. Será que os atletas aprendem a expressar triunfo ao observarem uns aos outros? Tracy abordou essa questão analisando um novo conjunto de fotografias tiradas durante os Jogos Paralímpicos, mostrando atletas cegos de nascença. Atletas cegos vencedores celebraram exatamente da mesma maneira que os que enxergavam, de modo que a autora concluiu que as expressões de orgulho não são adquiridas dos outros. Elas são biológicas, ideia ainda mais reforçada pela sua similaridade com outras espécies.[22]

Mas Jessica Tracy não reconheceu a mesma emoção de orgulho nos animais; em vez disso, ela ofereceu o tipo de explicação funcional que meus professores de etologia teriam adorado. Ela sugere que o único motivo pelo qual os animais buscam se mostrar grandes é blefar, ameaçar ou intimidar. É tudo um meio para um fim. Eles exibem esse tipo de comportamento antes ou durante os confrontos, ao passo que os seres humanos o fazem *depois* da derrota de um rival e, portanto, por um motivo diferente. Somente os humanos têm uma sensação de realização, concluiu Tracy, o que "requer uma compreensão de que o eu é uma entidade estável que tem continuidade ao longo do tempo, que quem sou e o que faço agora é relevante para quem fui ontem e quem serei amanhã".[23]

Ouço um eco da afirmação de Ortega y Gasset de que um chimpanzé acorda todas as manhãs sem saber quem ou o que ele é? Fico perplexo, porque, para a maioria dos animais, o comportamento de hoje é uma continuação direta do de ontem e prevê o de amanhã. Imagine ter de recomeçar todos os dias a descobrir seu lugar na hierarquia e na estrutura social! Na realidade, cada membro individual de uma sociedade animal tem um papel duradouro. Como nós, os animais sabem exatamente quem são e onde se encaixam. Suas amizades em geral duram uma vida inteira. Além disso, as exibições de status são muito mais do que uma maneira de ganhar vantagem. Às vezes elas se relacionam com a história recente, tipo a cerimônia de triunfo dos gansos, que costuma vir depois de uma vitória, como o ganso macho expulsando um rival. Essa cerimônia não sugere que o ganso é orgulhoso?

Da mesma forma, um coiote que imobilizou o outro no chão pode executar uma marcha saltitante enquanto o perdedor fica deitado de barriga para baixo. Depois de brigas entre gatos domésticos, o vencedor muitas vezes rola de costas de um lado para o outro diante do perdedor. Nos caranguejos de mangue, as exibições de triunfo são comuns após as disputas; o macho vitorioso esfrega com vigor uma garra na outra, estridulando assim uma canção para celebrar seu sucesso.[24] Também em outros animais, de lobos a cavalos e macacos, basta dar uma olhada em um indivíduo para saber se ele tem uma história de vitórias ou derrotas. Está escrito neles. O fato de Greg, o elefante, caminhar majestosamente exalando autoconfiança baseia-se obviamente no histórico das coisas que aconteceram em seu caminho.

Um chimpanzé macho alfa tem o pelo quase permanentemente eriçado, tornando mais fácil distingui-lo dos outros machos. Ele pode mostrar uma "arrogância bípede", na qual anda ereto sobre as pernas com os braços soltos, distantes do corpo, e o torso balançando de um lado para o outro como se a parte superior fosse mais pesada. Ele também pode segurar ameaçadoramente uma pedra ou um pau na mão. É uma pose tão arrogante, e tão reconhecível, que muitas vezes mostro ao público a foto de um chimpanzé ereto lado a lado à imagem quase idêntica do caminhar de pistoleiro de um ex-presidente norte-americano nascido no Texas.

Eu prefiro a maneira como Abraham Maslow pensou sobre a diferença de atitude entre os primatas de alto e baixo status. É um fato pouco conhecido que, muito antes de esse psicólogo norte-americano se tornar famoso por sua hierarquia das necessidades — agora um elemento básico dos livros didáticos de psicologia e de administração —, ele realizou pesquisas de pós-graduação sobre dominância social de primatas. Estou muito familiarizado com isso, pois ele trabalhou no Zoológico de Vilas Park, em Madison, Wisconsin, onde observei macacos duas décadas depois. Maslow descreveu o ar arrogante e autoconfiante de macacos dominantes e aquilo que chamou de covardia esquiva dos subordinados. Um macho alfa de macaco rhesus caminha o dia inteiro com a cauda no ar, e é o único a fazê-lo, embora outros machos ousem levantar a cauda quando o alfa está fora da vista. O alfa costuma saltar para cima de uma árvore e agitar vigorosamente seus galhos, para todos saberem quem é o chefe. O conceito de "autoestima" de Maslow derivou diretamente do que em primatas ele chamou de "sentimento de dominância". De início, ele usou os dois termos de forma intercambiável, enfatizando como a psicologia humana está enraizada no comportamento dos macacos. Desse modo, Maslow apreciava a autoconfiança de primatas de alto status, incluindo o senso de superioridade que eles têm.[25]

A diferença entre as visões de Tracy e Maslow se resume ao nível de autoconsciência que estamos dispostos a conceder a outros animais. Detesto dizer dessa maneira, porque, se existe uma capacidade que escapa à definição adequada, esta é a consciência. Isso significa que temos de trabalhar com suposições, ainda que não inteiramente, já que o comportamento observável continua sendo o ponto de partida.

E em termos de comportamento observável, as semelhanças nas atitudes entre humanos e outros animais são impressionantes. Darwin notou que a postura corporal assertiva de um cão (cabeça erguida, pernas rígidas, pelo eriçado) é o oposto ou a "antítese" da postura submissa (agachado, rabo abaixado, pelo liso). Como esses sinais de status são universais, não deveríamos também pressupor que as emoções subjacentes são as mesmas? Do ponto de vista evolutivo, essa é a aposta mais segura sempre que espécies relacionadas agem de modo parecido. Não queremos sobrecarregar o orgulho com preconceito postulando grandes diferenças emocionais para as quais não há provas, e é por isso que concordo com a opinião de Maslow de que indivíduos que sistematicamente superam os outros, sejam humanos ou outros animais, provavelmente chegam a uma autoavaliação muitíssimo diferente. Eles se sentem bem consigo mesmos e alardeiam isso em seu comportamento. Não somente as expressões de orgulho têm uma longa herança evolutiva, mas também as emoções associadas a elas.

Culpado como um cão

No estudo de Tracy, os judocas perdedores encolheram de tamanho, abaixaram os ombros e a cabeça, exibindo todos os sinais de vergonha e fracasso. Essa também é a reação típica quando as pessoas não conseguem atender às expectativas ou antecipar problemas depois de violar uma norma. Acredita-se que a palavra *shame* ["vergonha", em inglês] venha de uma palavra antiga que significa "cobrir".* Abaixamos o rosto, evitamos o olhar dos outros, dobramos os joelhos, baixamos as pálpebras e geralmente parecemos arrasados e de estatura menor. Nossa boca pende e nossas sobrancelhas se arqueiam para fora numa expressão nitidamente inofensiva. Podemos morder ou avolumar nossos lábios, ou esconder o rosto atrás das mãos como se quiséssemos "nos enfiar no chão". Dizemos que estamos envergonhados, mas também sabemos que as pessoas estão com raiva de nós, ou pelo menos irritadas e desapontadas.

A baixa estatura e o desejo de invisibilidade de um atleta envergonhado têm paralelos óbvios no comportamento submisso dos primatas. Os chimpanzés rastejam na poeira para seu líder, abaixam o corpo ao olhar para ele, ou viram o quadril na di-

* Em português, "vergonha" vem do latim *verecundia*, que significa "pudor, recato, respeito". (N. T.)

Quando chegam em casa e descobrem um travesseiro rasgado ou um sapato mordido, os donos de cães não têm dificuldade para descobrir quem fez a arte. Enquanto é repreendido, o culpado (*à dir.*) se recusa a olhar para cima e adota uma postura submissa. Embora ele se comporte como culpado, não está claro se sente de fato remorso. O mais provável é que perceba que está em apuros.

reção dele, o que os deixa vulneráveis. Os chimpanzés dominantes podem enfatizar o contraste caminhando literalmente sobre um subordinado, ou então passam correndo por ele enquanto movem um braço levantado sobre as costas dele, não deixando outra escolha senão mergulhar numa posição fetal.

Note, no entanto, a linguagem diferente aplicada aos seres humanos e aos animais. Já vimos isso com *orgulho*, a palavra usada para os humanos, versus *dominância*, empregada para outras espécies. Da mesma forma, diz-se que uma pessoa que tem problemas com os outros ou perde uma competição fica *envergonhada*, enquanto um chimpanzé nas mesmas circunstâncias é meramente *submisso* ou age como *subordinado*. Preferimos termos funcionais para animais, enquanto para nós mesmos focamos nos sentimentos por trás do comportamento.

Relutamos em sugerir que os animais possam ter os mesmos sentimentos, ou sequer algum sentimento. Mas obviamente as emoções devem estar envolvidas na coisa, e por que elas seriam diferentes? Se a vergonha fosse de fato uma emoção exclusivamente humana, sem antecedentes evolutivos, então os humanos não deveriam expressá-la de forma bem diferente da dos animais? Por que ela deve parecer exatamente o comportamento que os biólogos classificariam como submisso? E não apenas os biólogos: Daniel Fessler, antropólogo norte-americano estudioso da vergonha humana, compara a aparência universal de encolhimento à de um subordinado que enfrenta um dominante irado. A vergonha reflete a consciência de que alguém perturbou os outros ou fez papel de tolo, de modo que o abrandamento e a explicação se impõem. Seu modelo hierárquico é óbvio.[26]

Isso não significa que a vergonha humana seja exatamente como a submissão. Ela certamente parece ter alcance mais amplo em nós que em outros primatas. Nunca vi chimpanzés jovens com vergonha de sua mãe ou elefantes gordinhos obcecados com o peso. Nós, seres humanos, somos ótimos em hábitos culturais, normas e modas, que mudam o tempo todo, criando motivos exclusivamente humanos para a vergonha, inclusive intergeracionais. Os adolescentes, por exemplo, ficam envergonhados quando seus pais estão fora de sintonia com a moda ou empregam um vocabulário de séculos (duas décadas) atrás. Os mesmos adolescentes não têm nenhum problema com os pais em casa, mas assim que seus amigos estão por perto as coisas mudam: "O que eles vão pensar se me virem com essas criaturas jurássicas?". À primeira vista, sentir vergonha dos pais tem a ver mais com conformidade do que com hierarquia, mas, no fim das contas, tem tudo a ver com a reputação e a posição do adolescente dentro do seu grupo.

Em nossa espécie, somente uma demonstração de vergonha é nova e, portanto, sugere uma emoção mais profunda ou nova: ruborizar, uma mudança de cor na região da face e do pescoço produzida pelo aumento do fluxo sanguíneo através dos vasos capilares subcutâneos. Já mencionei que é uma reação exclusivamente humana. Charles Darwin ficou tão intrigado com ela que escreveu cartas para administradores coloniais e missionários em todo o mundo para saber se os seres humanos coravam em todos os lugares. Ele especulou sobre o efeito da cor da pele (um rosto avermelhado se destaca mais contra um fundo mais claro) e o papel da vergonha e da postura moral. Sua principal conclusão foi que o rubor era uma reação inata e universal em nossa espécie, que evoluiu para transmitir vergonha ou constrangimento.

O rubor é altamente comunicativo, mas involuntário. Até as lágrimas podem ser falseadas com mais facilidade que o rubor. Somos incapazes de produzi-lo sob comando, e incapazes de suprimi-lo se quisermos que ele desapareça. De fato, quanto mais conscientes de que estamos corando, mais difícil é fazê-lo desaparecer. Por que nossa espécie precisa de um sinal de vergonha que outros primatas não têm, e por que a natureza não nos deu mais controle sobre ele?

A questão principal aqui é a confiança. Nós confiamos mais em pessoas cujas emoções podemos ler em seus rostos do que naquelas que nunca mostram o menor sinal de vergonha ou culpa. Temos outra característica que se encaixa no mesmo padrão: o branco ao redor dos olhos. Ele faz com que nossos movimentos oculares sobressaiam mais do que os de um chimpanzé, por exemplo, cujos olhos são completamente escuros e recuados à sombra de uma proeminente crista de sobrancelhas. Não há como saber para onde o chimpanzé está olhando com base somente nos olhos, enquanto os seres humanos têm dificuldade em confundir a direção do olhar ou esconder o olhar inquieto que denuncia nervosismo. Isso dificulta nossa manipulação dos outros. Durante a evolução humana, a confiabilidade deve ter se tornado tão importante que as capacidades enganadoras se viram em desvantagem. Isso nos tornou mais atraentes como parceiros. O rubor pode fazer parte do mesmo pacote evolutivo que nos deu altos níveis de cooperação e de moral.

A vergonha também envolve o sexo, como em nosso desejo de privacidade e a obrigação de cobrir certas partes do corpo em público. Uma parcela disso é totalmente cultural. De minha parte, nunca me acostumei com a fixação norte-americana em seios. Meu primeiro choque cultural neste país ocorreu quando li num matutino que uma mulher havia sido presa por amamentar em público. Na Holanda isso nunca seria problema, e ademais sou um primatólogo, para quem não há nada mais natural do que um bebê no seio. Mas em todo o mundo os seres humanos declararam que certas áreas relacionadas ao sexo e à reprodução estão fora dos limites visuais. No caso extremo, pessoas são incapazes de fazer amor com a luz acesa.

Alguns desses tabus são difíceis de entender, mas provavelmente tudo começou com a necessidade de proteger a família. As sociedades humanas caracterizam-se por unidades que envolvem pais e mães, ambos com interesse em salvaguardar seu vínculo. Em vez de ter um território e manter todo mundo fora, que é como as aves e muitos outros animais lidam com esse problema, vivemos juntos com muitos potenciais parceiros e rivais sexuais. Evidentemente não faltam casos extraconjugais, mas há também a necessidade de mantê-los sob controle ou pelo menos sob o radar. Trata-se de uma grande diferença entre nós e os outros hominídeos, que não possuem famílias nucleares. As fêmeas dos grandes primatas criam seus rebentos por conta própria. Mesmo que alguns machos e fêmeas prefiram a companhia um do outro, seus laços não são exclusivos. Para os chimpanzés, a única ocasião em que o sexo precisa ser retirado da visão pública é quando um macho e uma fêmea se preocupam com a inveja dos rivais. Eles se encontrarão atrás de arbustos ou se afastarão do resto da comunidade, num padrão que pode estar na raiz de nosso desejo de privacidade. A "cópula oculta", como os biólogos a chamam, é um fenômeno bastante comum nos animais. Sendo o sexo uma das principais fontes de competição e violência, uma forma de manter a paz é restringir sua visibilidade. Os seres humanos levam essa necessidade um passo além dos chimpanzés, escondendo não apenas o ato da procriação mas também cobrindo quaisquer partes do corpo excitantes ou excitáveis, pelo menos em público.

Nada disso ocorre entre os bonobos, e é por isso que esses macacos costumam ser considerados sexualmente "liberados". Mas, como privacidade e repressão não são importantes em suas sociedades altamente tolerantes, a liberação também não é uma questão. Eles simplesmente não têm modéstia, nem inibições além do desejo de evitar problemas com os rivais. Quando dois bonobos acasalam, os jovens pulam por cima deles para dar uma olhada nos detalhes. Ou um adulto pode se aproximar e pressionar seus genitais contra um dos parceiros sexuais para participar da diversão. Nessa espécie, a sexualidade é com mais frequência compartilhada do que contestada. Uma fêmea pode se deitar de costas e masturbar-se à vista de todos, e ninguém nem piscará. Ela move os dedos rapidamente para cima e para baixo na vulva, mas também pode escolher o pé para a função, mantendo as mãos livres para cuidar do bebê ou consumir uma fruta. Os bonobos são ótimos em multitarefas.

Emocionalmente perto da vergonha está a culpa. Mas a culpa se relaciona a uma ação, enquanto a vergonha diz respeito mais ao ator. "Eu não deveria ter feito isso!" — é o que uma pessoa culpada sente, enquanto a vergonha está mais para "Não olhe para mim, eu não valho nada!". A vergonha está preocupada com o julgamento pelo grupo, mas a culpa, com o julgamento por si próprio. Com base em seus sinais externos, contudo, as duas emoções são difíceis de distinguir, e os paralelos entre os animais são igualmente fortes para ambas. É por isso que muitos donos de cães estão convencidos de que seus animais de estimação sentem culpa. Na internet encontram-se vários vídeos sobre dois cães, um dos quais comeu a ração do gatinho e outro que é inocente. Meu preferido é "Denver, o cão culpado", em que Denver mostra todos os sinais de perceber que a punição paira sobre sua cabeça.[27] Ninguém duvida que os cães saibam quando estão com problemas, mas se eles realmente se sentem culpados é um ponto para debate.

A especialista norte-americana Alexandra Horowitz fez testes levando os cães a encontrar um dono irritado quando não haviam feito nada de errado ou um dono descontraído quando haviam bagunçado a cozinha ou estragado alguns sapatos caros (ou, no caso do experimento de Horowitz, comido um biscoito em que o dono lhes dissera para não tocar). Depois de vários testes, Horowitz concluiu que a aparência de culpado que os cães assumem — olhar baixo, orelhas apertadas para trás, corpo caído, cabeça virada para o lado, cauda batendo rapidamente entre as pernas — não está relacionada a terem obedecido ordens ou não. Não se trata do que eles fizeram, mas do modo como o dono reage. Se o dono os repreende, eles agem como se fossem extremamente culpados. Se o dono não faz isso, está tudo bem. De fato, muitas transgressões dos cães ocorrem bem antes de o dono chegar em casa, de modo que a associação impressa em sua mente é entre o dono e o problema, não tanto entre o comportamento e o problema. É por isso que os cachorros costumam desfilar alegremente diante dos donos com as provas de suas transgressões, como um tênis mastigado ou um urso de pelúcia desmembrado.[28]

Desse modo, o comportamento dos cães após uma transgressão não deve ser visto como uma expressão de culpa, mas como a atitude típica do membro de uma espécie hierárquica na presença de um dominante potencialmente irritado: uma mistura de submissão e conciliação que serve para reduzir a probabilidade de ataque. Tenho somente gatos em casa, então não consigo jamais detectar o menor traço de culpa em meus animais de estimação, o que tem a ver com a natureza menos hierárquica dos gatos. Os cães são sensíveis a violações de regras e as entendem melhor. O modelo original de culpa continua a ser a hierarquia social, embora os seres humanos internalizem o medo da punição a tal ponto que se sentem culpados. Nós nos castigamos nos sentindo mal com o comportamento que não deveríamos ter tido, ou com o comportamento que deveríamos ter tido mas não conseguimos ter. Estamos prontos para a reparação, como corrigir o erro ou aceitar a punição.

Esse tipo de internalização é raro ou está ausente em outras espécies, mas não pode ser descartado. Um problema é que temos sido excessivamente antropocêntricos ao testar nossos animais de estimação, usando regras que fazem todo o sentido para nós mas provavelmente não para eles, como "Não pule naquele sofá!", ou "Não ponha suas unhas na minha poltrona de couro!". Os seres humanos me aparecem com cada proibição tão estranha! Deve ser tão difícil para os animais entender a relevância dessas regras quanto é para mim entender por que não posso mascar chiclete em Cingapura.

Em vez disso, talvez devêssemos testar os animais em relação a comportamentos que são errados segundo quase qualquer padrão, inclusive o da própria espécie deles. Konrad Lorenz deu um exemplo perfeito para seu cachorro, Bully, que rompeu a regra fundamental de nunca morder o superior. Os humanos não precisam ensinar essa regra e, de fato, Lorenz observa que Bully nunca havia sido punido por isso pela simples razão de que nunca havia rompido a regra. Mas o cão mordeu acidentalmente a mão do dono quando Lorenz tentou interromper uma das mais ferozes brigas caninas que já vira. Embora não tenha repreendido Bully e tenha imediatamente tentado acariciá-lo, o cão estava profundamente abalado com o que havia feito e sofreu um colapso nervoso total. Nos dias seguintes, ficou praticamente paralisado e ignorou a comida. Ficava deitado no tapete respirando superficialmente, às vezes soltando um profundo suspiro que vinha do fundo de sua alma atormentada. Era como se tivesse uma doença mortal. Durante semanas Bully ficou quieto. Ele havia violado um tabu natural, que entre os membros de sua espécie, ou seus ancestrais, poderia causar as piores consequências imagináveis, como a expulsão da matilha. Nesse ponto, parece que estamos chegando perto de uma regra internalizada, cuja violação pode levar a um profundo tormento emocional e físico que provavelmente não está longe da culpa.[29]

E nossos parentes próximos, os primatas? Em algum momento eles chegaram tão longe? Um dos reguladores externos mais conhecidos de sua sociedade é o efeito dos machos de posição hierárquica alta na vida sexual dos de baixa hierarquia. Quando eu era estudante e trabalhava com macacos cinomolgos, acompanhava as atividades numa seção ao ar livre da jaula de grupo conectada à seção interna por um túnel. Com frequência, o macho alfa se sentava no túnel para ficar de olho nos dois lados. No entanto, assim que ele ia para dentro outros machos se aproximavam das fêmeas que estavam ao ar livre. Normalmente eles estariam em sérios apuros por fazer isso, mas agora podiam acasalar-se sem serem incomodados. Porém, o medo da punição não desaparecia totalmente. De tempos em tempos, corriam até a entrada do túnel para dar uma espiada no interior e checar o alfa, preocupados com um retorno repentino. Se eles o encontrassem logo após uma cópula sorrateira, os machos de baixa hierarquia exibiam grandes sorrisos, traindo o nervosismo, mesmo que o alfa não pudesse saber o que havia acontecido. As mesmas reações foram observadas quando esse tipo de situação foi sistematicamente testado num experimento, levando os pesquisadores a concluir que "os animais podem incorporar regras de comportamento associadas ao seu papel social e podem reagir de maneira que reconheçam uma violação percebida do código social".[30]

As regras sociais não são simplesmente obedecidas na presença de dominantes e esquecidas na ausência deles. Se fossem, os machos de baixa hierarquia não precisariam verificar o paradeiro do alfa quando ele estava fora da vista nem mostrar uma submissão exagerada a ele depois das proezas proibidas. Em algum grau eles internalizam as regras. Uma expressão mais complexa ocorreu certa vez na colônia de chimpanzés de Arnhem após a primeira vez em que o macho beta Luit derrotou o alfa Yeroen. A luta ocorreu enquanto ambos os machos estavam sozinhos em seus alojamentos noturnos. Na manhã seguinte, a colônia foi solta em sua ilha e descobriu as chocantes consequências físicas da luta:

> Quando descobriu as feridas de Yeroen, Mama começou a uivar e olhar em volta em todas as direções. Diante disso, Luit desabou, gritando e ganindo, e então todos os outros chimpanzés se aproximaram para ver qual era o problema. Enquanto os símios se aglomeravam em torno dele e gritavam, o "culpado", Luit, também começou a gritar. Ele correu nervosamente de uma fêmea para a outra, abraçou-as e apresentou o traseiro para elas. Depois, passou uma grande parte do dia cuidando das feridas de Yeroen, que tinha um corte no pé e dois machucados na lateral do corpo, causados pelos poderosos caninos de Luit.[31]

A situação de Luit assemelhava-se à do cão Bully, no sentido de que havia rompido o encanto da hierarquia. Nos anos anteriores, ninguém nunca havia ferido Yeroen. "Que coisa terrível de se fazer!", a reação do grupo parecia dizer. Luit esforçou-se para fazer as pazes, mas sem desistir de sua estratégia para dominar Yeroen, porque nas semanas que se seguiram ele manteve a pressão, e no final forçou Yeroen a desistir de sua posição. Luit havia reagido aos ferimentos porque se sentira culpado com base numa regra interna de como deveria se comportar? Ou estava preocupado com a reação da colônia?

Nesse aspecto, os bonobos vão além dos chimpanzés. A violência é tão rara nessa espécie que ela os perturba mais. Quem ataca parece misturar arrependimento por suas ações e empatia, porque se apressa a fazer as pazes depois. Em contraste, entre outros primatas a iniciativa da reconciliação costuma ser do subordinado. Os bonobos são diferentes porque, em geral, são os indivíduos dominantes que parecem ter remorso, especialmente se causaram ferimentos. Lembro-me de um deles que voltou à vítima e, sem hesitar, pegou o dedo exato do pé ou da mão que havia mordido para examinar o dano. Seu comportamento indicava que ele sabia exatamente o que havia feito e também onde. Para mim, se há situações que sugerem remorso são essas cenas de bonobos dominantes voltando às suas vítimas para passar meia hora ou mais lambendo e limpando as feridas que eles mesmos infligiram.

É difícil ter certeza do que os bonobos sentem, mas devo acrescentar que, em meus momentos mais cínicos, faço perguntas muito semelhantes sobre a culpa humana. Não estamos superestimando o poder da internalização? Veja como as pessoas descartam as inibições quando as condições mudam, como durante guerras, conturbações políticas ou uma fase de falta de alimentos. Muitos cidadãos de bem saqueiam, roubam e matam sem escrúpulos quando há pouca chance de serem apanhados ou quando os recursos se tornam escassos. Até uma mudança menos dramática das circunstâncias, como férias em terras distantes, pode levar as pessoas a agir de forma ultrajante (embriaguez pública, assédio sexual) e impensável em sua cidade natal.

Pessoas que dizem que se sentem culpadas e pedem desculpas por seus erros nem sempre me convencem, também. Na verdade, prefiro a culpa silenciosa. Os pedidos de desculpas [*apology*] de figuras públicas são tão cheios de falsas emoções e lágrimas falsas que se tornaram conhecidas em inglês como *nonpology* ou *fauxpology*, definidas como uma declaração na forma de pedido de desculpas sem verdadeira aceitação da responsabilidade. Em 1988, Jimmy Swaggart, um preeminente pregador da televisão norte-americana, foi apanhado com uma prostituta. Depois ele chorou, e chorou na televisão, seu rosto se transformou num rio, enquanto ele implorava a Deus e à sua congregação que perdoassem seus pecados. Alguns anos mais tarde, ele foi pego de novo. Nos seres humanos, o que passa por sentimento de culpa é muitas vezes, tal como nos cães, uma maneira de evitar consequências negativas, e não a prova de que se sente profundamente a diferença entre o certo e o errado.

Não estou negando que os seres humanos possam fazer essa distinção ou ser capazes de sentir culpa de verdade, mas a diferença entre isso e apaziguamento/submissão não é tão aguda quanto gostaríamos de pensar.[32] A culpa é frequentemente descrita como produto da religião e da cultura, ou enquadrada como uma emoção que nos incita a emendar e reparar os danos que fizemos. Isso tudo é muito bom e, sem dúvida, verdade, mas não devemos menosprezar o fator medo. Culpa e ansiedade costumam andar juntas, alimentando-se uma da outra. Por baixo disso tudo está algo muito mais fundamental do que cultura ou religião. O que alimenta a culpa e a vergonha é um desejo profundo de pertencer, uma questão de sobrevivência para qualquer animal social. A maior preocupação subjacente é a rejeição pelo grupo. Foi isso que levou Luit a abraçar as fêmeas reunidas em torno de seu rival ferido, Bully a entrar em depressão e Swaggart a derramar suas lágrimas de crocodilo, e que faz adolescentes sentirem vergonha de seus pais. A preocupação quanto a vir a se indispor com os outros e perder o amor e o respeito deles é o que, em última análise, motiva a vergonha e a culpa humanas.

Uma vez que esse medo está subjacente a comportamentos semelhantes em outras espécies, vou encerrar com uma descrição da maneira como Gua, uma jovem fêmea de chimpanzé criada na casa de Winthrop e Luella Kellogg nos anos 1930, costumava reagir às broncas de seus pais adotivos. Não considero a reação de Gua necessariamente prova de vergonha ou culpa, mas ela exibe de fato um profundo desejo de pertencer e ser perdoada, o que para mim é a raiz de ambas as emoções. Os Kellogg contaram que, se as coisas terminassem bem, Gua invariavelmente dava um profundo suspiro de alívio:

> Quando Gua era punida ou muitas vezes simplesmente repreendida por morder a parede, evacuar indevidamente ou algum passo em falso similar, ela soltava gritos de "uh-uh" e tentava correr para os nossos braços. [Se a empurrássemos para longe,] isso precipitava invariavelmente explosões mais graves de gemidos e gritos que só cessavam quando sinalizávamos nossa disposição de recebê-la. As vocalizações mudavam então para "uh-uhs" num ritmo muito rápido e, ao mesmo tempo, ela corria em nossa direção com os braços abertos. Subia então até a altura de nossos

ombros, tentando de toda maneira pôr seu rosto em algum lugar perto do nosso. A reação seguinte era o beijo de reconciliação. Se correspondêssemos ao seu convite, ela então dava um grande suspiro, audível a um metro ou mais de distância.[33]

O fator argh!

O enrugamento do nariz em aversão ou nojo é típico em um dia chuvoso. Eu o chamo de "cara de chuva" do chimpanzé. Assim que começa a chover, todos os chimpanzés, jovens e velhos, fazem cara feia, puxando o lábio superior para perto do nariz e esticando o lábio inferior ligeiramente para fora. Os olhos ficam semifechados, os dentes visíveis. Os chimpanzés odeiam molhar as mãos, então eles também exibem essa cara enquanto caminham sobre dois pés pela grama molhada, com as mãos bem dobradas na frente do peito, parecendo totalmente infelizes. Estou familiarizado com a mesma face em seres humanos, porque a Holanda é o país número um da bicicleta. Milhares de ciclistas cruzam as grandes cidades em fileiras cerradas, faça chuva ou faça sol, porque é assim que eles vão para o trabalho ou para a escola. Sempre que chove, os ciclistas mostram "caras de chuva" de dentro de suas capas de chuva, incomodados com o tempo e a perspectiva de roupas molhadas pelo resto do dia.

Nojo e aversão estão entre as emoções mais antigas e entre as poucas que ligadas a uma área específica do cérebro: o córtex insular (também conhecido como ínsula). A ativação dessa área cria um forte nojo por qualquer coisa dentro da boca.

Assim, um macaco que mastiga amendoins com entusiasmo os cuspirá logo que sua ínsula for estimulada. E ao mesmo tempo ele muda a expressão facial. Enruga o lábio superior e o nariz juntos enquanto usa a língua para empurrar a comida para fora da boca.[34] Nos seres humanos, a mesma ínsula acende quando veem imagens de coisas que os fazem engasgar, como excremento, lixo apodrecido ou comida infestada de larvas. Nós também puxamos o lábio superior para mais perto do nariz, enquanto estreitamos os olhos e franzimos as sobrancelhas. A característica ruga do nariz é uma ritualização das contrações musculares que protegem os olhos e as narinas contra o perigo que chega, como ondas de ar fétido. Dizemos que "torcemos o nariz" para alguma coisa.

A semelhança facial e o envolvimento da mesma área do cérebro em macacos, grandes primatas e seres humanos sugerem que se trata da mesma emoção. O nojo é mais antigo que os primatas, porque todos os organismos precisam rejeitar substâncias perigosas e parasitas. Os ratos escancaram a boca (num movimento provavelmente de intenção de vômito) quando cheiram alimentos que os deixam nauseados. Os gatos recuam diante de perfumes ou sacodem loucamente a pata depois de tocar em uma superfície pegajosa. Os cães ganem e franzem os lábios em reação a odores desagradáveis. De forma cativante, gatos quando encontram um objeto malcheiroso, como uma barata morta, raspam ao redor da coisa imunda com a pata para cobri-la, mesmo que não haja terra por perto, como no chão da cozinha. Todas essas reações significam autoproteção contra substâncias nocivas. O "nojo visceral", como é conhecido, é uma extensão comportamental do sistema imunológico que vem do interior do organismo e é quase impossível de controlar.

Numa reviravolta curiosa, o nojo se tornou a Cinderela das emoções. Apesar de suas origens humildes, nenhum sentimento hoje recebe mais amor e atenção dos psicólogos, pela sua conexão com a moral. Sentimos nojo de certos tipos de comportamento, como o incesto e a zoofilia, mas também de corrupção política, traição, fraude e hipocrisia. Chocados com pessoas egoístas que fingem câncer para pedir doações na internet, ou que estacionam num lugar a que não têm direito, nós as chamamos de "nojentas" e dizemos que "dão náusea". Sempre que os políticos querem nos voltar contra pessoas de nosso meio, como certos grupos étnicos, lançam mão da repugnância. Dizem que essas pessoas parecem certos animais que detestamos ou cheiram como eles. Chegam até a fazer cara de nojo quando falam delas. Por outro lado, equiparamos limpeza a virtude e coisas boas. Quando "lavamos as mãos" em relação a um assunto suspeito, estamos dizendo, como Pôncio Pilatos, que a pureza é igual à inocência.[35] A bibliografia atual sobre "nojo moral" às vezes passa dos limites e trata a emoção original quase como uma reflexão tardia. Eleva o desgosto humano a fenômeno cultural, um gosto adquirido muito distante da mera evitação de patógenos.

Costumamos chamar os alimentos que nos provocam repulsa de "nojentos". Aprendemos nossos hábitos alimentares com outras pessoas de nossa própria cultura, de modo que não gostamos nem mesmo da comida preferida de outra cultura. Certa vez, num bar em Sapporo, no Japão, fui aplaudido de pé por ser o primeiro ocidental — pelo menos foi o que me disseram — a comer meia tigela de *natto*, um malcheiroso prato de soja fermentada. Fiquei muito orgulhoso, mas então alguém me perguntou se eu tinha gostado da coisa. Antes que eu pudesse dar uma resposta diplomática, meu rosto traiu meus sentimentos. Todo mundo riu. Os japoneses, por outro lado, não suportam cascas de maçãs e peras, frutas que sempre descascam, o que eu acho esquisito. Claramente, nós humanos adquirimos gostos e adquirimos nojo. Os animais não fazem tais distinções culturais, ou assim se diz, porque eles instintivamente sabem o que comer e o que não comer.

Outra ideia popular é que o nojo nos ajuda a nos separar dos animais, classificando seus corpos e produtos como repelentes. Plantas e frutas podres não nos incomodam tanto quanto os cadáveres em decomposição de animais e suas fezes, sangue, sêmen, tripas e assim por diante. E não somente a visão e o cheiro de animais mortos nos fazem mal, teoricamente; eles nos lembram nossa própria mortalidade. Temos tanto medo da morte que odiamos tudo o que enfatiza o que temos em comum com os animais e sua frágil existência. Esse recuo em relação aos animais nos ajuda a lidar com questões existenciais, o que explica por que alguns cientistas consideram a aversão nada menos que um sinal de civilização!

Fico aturdido diante dessa noção pomposa de uma emoção simples que evoluiu para manter substâncias perigosas à distância. Os pesquisadores tendem a se deixar levar por suas próprias elaborações extravagantes. Eles conseguiram bagunçar de tal modo os rastros que levam à origem comum do nojo que este começou a parecer uma emoção nova em folha. E não apenas uma emoção: é visto como uma operação mental que nos define e explica nossas realizações mais nobres. Mas nem todos os psicólogos pensam assim. Alguns acham, como eu, que, se examinarmos em profundidade o sentimento de nojo, mesmo quando aplicado ao domínio moral, encontramos exatamente a mesma emoção localizada na ínsula e expressa por um nariz franzido.

Como alguém que ama animais e trabalha com eles todos os dias, o que me impressiona especialmente é a ideia de que detestá-los promove de algum modo a civilização. Se for assim, por que levamos tantos animais para nossas casas, onde os mimamos como se fossem da família, apesar do xixi e do cocô que temos de limpar todos os dias? Os amantes de gatos não se assustam com a caixa de areia e os amantes de cães com o saquinho de recolher cocô, para não falar no que os amantes de cavalos têm de enfrentar. Veja como a humanidade depende dos animais. Nós os usamos (ou usávamos) não apenas para comer, mas também para arar a terra, transportar exércitos e correio aéreo (pombos-correios), farejar drogas, ajudar na caça, pastorear ovelhas, consolar os doentes, caçar roedores, polinizar flores etc. Se os animais causam repugnância nos seres humanos, por que os zoológicos atraem cerca de 175 milhões de visitantes por ano apenas nos Estados Unidos? Pense em todos os vídeos de animais vistos no mundo inteiro. Os desenhos animados para crianças estão cheios de animais falantes. As lojas de brinquedos vendem ursos, elefantes e dinossauros de pelúcia que nossos filhos abraçam enquanto dormem. Na verdade, os seres humanos se sentem extremamente atraídos pelos animais e os celebram com expressões como "valente como um leão", "sábio como uma coruja" e "forte como um touro". Embora seja verdade que no Ocidente gostamos de nos ver como separados do reino animal, nossos ancestrais, que viviam mais próximos da natureza, provavelmente não tinham a mesma ilusão. É possível que adorassem deuses animais da mesma forma que os povos pré-letrados ainda o fazem. Não creio, portanto, que o nojo humano tenha algo a ver com a negação de nossa animalidade.

O fato de se pensar que essa emoção tem origem cultural é intrigante à luz do que sabemos sobre as culturas de outras espécies. É muito possível que os animais também tenham repugnâncias culturais. É possível que algumas espécies saibam instintivamente o que comer, como aquelas que dependem de um único alimento — pandas-gigantes mascam bambu o dia inteiro, e coalas só ingerem folhas de eucalipto —, mas trata-se de uma situação rara. A floresta tropical contém milhares de plantas diferentes, cujas frutas e folhas os primatas comem. A maioria dessas plantas não é comestível, algumas são venenosas e outras lhes fazem mal, então como os primatas sabem quais espécies explorar? Eles são muito cuidadosos quanto ao que comem e em que estágio de amadurecimento. Acredita-se que a visão de cores tenha evoluído na ordem dos primatas para auxiliar nessas distinções. Os chimpanzés também comem quantidades substanciais de carne que eles mesmos caçam. Devem ter a mesma sensibilidade que nós em relação às carcaças em decomposição, porque não aproveitam a oportunidade de comer animais mortos que não foram eles que mataram. Essa aversão explica por que a brincadeira de Tara com os cadáveres de ratos funcionava tão bem.

Sabemos, por meio de uma grande quantidade de pesquisas, que os chimpanzés jovens aprendem com os mais velhos não só o que comer e o que evitar, mas também como obter alimentos de difícil acesso. Eles aprendem a fisgar cupins, quebrar coquinhos e coletar mel de colmeias. Nossos próprios experimentos demonstram que os símios são excelentes imitadores,[36] o que, em seu habitat natural, se traduz em preferências alimentares adquiridas culturalmente. Hoje os estudos culturais abarcam uma ampla variedade de espécies, de aves e peixes a golfinhos e macacos. A ligação disso com a aversão pode ser ilustrada com um elegante experimento de campo numa reserva de caça sul-africana.

A primatóloga holandesa Erica van de Waal (sem parentesco comigo) deu aos macacos-verdes selvagens caixas de plástico abertas cheias de milho, alimento que esses pequenos macacos acinzentados com faces negras adoram. Mas havia uma pegadinha. Alguns dos grãos eram azuis e outros cor-de-rosa. Para um grupo, os grãos azuis eram bons para comer, enquanto os rosados foram misturados com babosa, cujo sabor era desagradável. Para outro grupo, o tratamento foi invertido: os azuis foram tratados com babosa, enquanto os rosados eram saborosos. Dependendo de qual a cor do milho palatável, alguns macacos aprenderam a comer o azul e outros o rosa, por aprendizado associativo. Mas então os pesquisadores deixaram de lado o tratamento desagradável dos grãos e esperaram que nascessem novos macaquinhos. Vários grupos de macacos passaram a receber milho perfeitamente palatável de ambas as cores, mas todos se mantiveram teimosamente fiéis à preferência adquirida, sem nunca descobrir o sabor melhorado da outra cor. De 27 recém-nascidos, somente um aprendeu a comer alimentos de ambas as cores. O resto, como suas mães, nunca tocou na outra cor, embora ela estivesse disponível gratuitamente e tivesse um sabor tão bom quanto o da outra cor. Alguns filhotes chegavam mesmo a sentar-se na borda da caixa com o milho rejeitado enquanto se alimentavam alegremente com o tipo preferido. A única exceção era um filhote cuja mãe era de tão baixa posição hierárquica e tão faminta que ocasionalmente provava dos frutos proibidos. Então, mesmo esse filhote seguiu os hábitos alimentares de sua mãe.[37]

O poder do conformismo é imenso. Longe de ser uma extravagância, é uma prática generalizada. Ao seguir o exemplo de suas mães sobre o que comer e o que evitar, os filhotes têm uma chance melhor na vida do que tentar descobrir tudo por conta própria e correr o risco de se envenenarem. A implicação óbvia é que os animais também podem adquirir nojo. Macacos adultos passaram a rejeitar o milho desagradável, depois transmitiram sua preferência à prole. É difícil saber se os filhotes realmente sentiam aversão ao milho que suas mães se recusavam a comer, mas, em termos comportamentais, elas mostraram clara atração por um tipo e aversão pelo outro, o que, em se tratando de seres humanos, não hesitaríamos em qualificar em termos emocionais.

Na ilha subtropical de Koshima, no Japão, a primatóloga francesa Cécile Sarabian estudou a reação de "argh!" dos macacos selvagens. Ela pôs três coisas diferentes perto uma das outras na praia: fezes de macaco, fezes de plástico de aparência realista e uma capa de caderno de plástico marrom. Sobre cada item ela colocou um grão de trigo (que os macacos comem, mas não com avidez) ou metade de um amendoim (que os macacos adoram). Ao descobrir essas coisas, os macacos pegaram e comeram todos os amendoins (embora às vezes esfregassem vigorosamente as mãos depois de tocar nas fezes). Eles também pegaram todos os grãos de trigo da capa de caderno de plástico, mas apenas cerca de metade dos grãos das fezes reais e falsas. Ou seja, os macacos tinham nojo o bastante das pilhas de cocô para abrir mão dos grãos; já quando se tratava de amendoim, o desejo deles era mais forte. Ingerir alimentos potencialmente contaminados é sempre um malabarismo entre a aversão e o valor nutricional, que é maior nos amendoins. Cécile Sarabian agora aplica testes semelhantes em chimpanzés para saber quais contaminantes os repugnam o suficiente para rejeitar vários alimentos.[38]

O nojo também pode ser desencadeado por impurezas e sujeira quando não há nada para comer. A chuva nem é suja, mas, como os nossos colegas símios, desgostamos o suficiente dela para fazer uma careta. Um táxi de interior imundo nos causa aversão, assim como o banheiro malcuidado de outras pessoas. Do mesmo modo que tomamos banho e escovamos os dentes pela manhã porque nos preocupamos com o nosso bem-estar (o lado funcional) e porque odiamos estar sujos (o lado emocional), os animais buscam a higiene corporal não apenas pelos benefícios para a saúde, mas também por um desejo de limpeza e uma profunda aversão às impurezas. Veja como um passarinho se limpa meticulosamente com o bico, sobretudo as longas e rígidas penas de voo nas asas e na cauda. É difícil não admirar a higiene deles.

Além do mais, os pássaros ficam felizes com isso. Na minha época de estudante, uma vez por semana eu deixava minhas gralhas domesticadas molharem meu quarto, chapinhando numa grande bacia de água colocada no chão. Pelo resto da manhã elas cuidavam de cada pena do corpo. No final, estavam todas afofadas e irrompiam numa "canção" (entre aspas, porque as gralhas não fazem sons muito agradáveis), obviamente de excelente humor por estarem imaculadas. A mesma meticulosidade pode ser vista em gatos que lavam cuidadosamente o rosto e todas as outras partes do corpo. Em animais que espreitam a presa, a limpeza ajuda a esconder seu cheiro da vítima.

Diz-se que os gatos domésticos gastam até 25% de seu tempo de vigília cuidando de si mesmos para ficarem impecáveis.

O desejo de ordem e limpeza fora do corpo é comum em muitas espécies. Os animais que fazem ninhos preferem a ordem e um ambiente livre de detritos. O pássaro jardineiro espalha centenas de pequenas decorações (flores, élitros de besouros, conchas) na entrada do seu caramanchão para atrair as fêmeas, e constantemente as organiza e reorganiza. Pássaros canoros removem meticulosamente os sacos fecais (fezes dentro de uma membrana mucosa) que seus filhotes eliminam: eles pegam o saco branco no bico e voam para jogá-lo longe do ninho. Ratos-toupeira-pelados têm câmaras especiais para toalete em seu sistema de túneis; quando os antigos ficam sujos, eles os tapam com terra, enquanto cavam novos em outro lugar. As vantagens da limpeza são óbvias — penas limpas facilitam o voo e o isolamento do corpo; um ninho limpo impede a presença de parasitas e predadores —, porém precisamos prestar mais atenção às emoções subjacentes, que provavelmente incluem uma forte aversão a qualquer coisa que não pertença ao lugar. O nojo de impurezas marca milhares de espécies.

Por fim, o nojo entre os animais também pode ser de natureza social, como os psicólogos tanto gostam de discutir a respeito dos seres humanos. De fato, outros primatas podem rejeitar atos sociais ou de certos indivíduos. O primeiro exemplo que me vem à mente é uma historieta sobre Washoe, uma chimpanzé treinada na língua de sinais americana. Ela aprendeu o sinal manual "sujo" para móveis e roupas sujas. Certa vez, quando ficou seriamente aborrecida com um macaco, fez repetidamente o gesto que indicava "macaco sujo!". Tratava-se de um uso novo da palavra, que não havia sido ensinado a ela. Isso sugere que, para Washoe, a aversão social parecia ter a ver com a imundície.

O nojo de indivíduos tem um contexto sexual quando os machos mais velhos cortejam as fêmeas. Observei fêmeas de chimpanzés adolescentes literalmente fugirem gritando quando um macho idoso tentou fazer sexo com elas. Durante a estação de acasalamento, as fêmeas de macaco rhesus também deixam a área assim que veem um macho mais velho vindo em sua direção. É provável que as jovens fêmeas estejam tentando evitar a fertilização de machos com idade suficiente para serem seus pais — daí a evitação do incesto —, mas elas certamente agem como se estivessem horrorizadas. Quando o macho que se aproxima é parente delas, a repulsa é ainda mais óbvia. Uma chimpanzé selvagem recusou os avanços sexuais de seu filho, mas acabou se submetendo porque ele continuava a intimidá-la. Fez isso sob protesto, e "gritou bem alto e pulou fora antes da ejaculação".[39]

Na década de 1960, o Parque Nacional de Gombe sofreu um surto de poliomielite. Na descrição de Jane Goodall, os chimpanzés afetados tiveram uma paralisia dos membros que os deixou incapazes de atravessar a floresta ou subir em árvores. Eles foram forçados a padrões bizarros de locomoção. Os chimpanzés saudáveis da comunidade ficaram extremamente perturbados com a presença dos aleijados. Chegavam a se aproximar deles, mas depois paravam a uma distância segura, às vezes com gritos suaves de alarme. Raramente tocavam num dos afetados e nunca os catavam, o que é muito incomum. Apesar de suas pernas não funcionarem, um macho adulto fez um esforço extraordinário para se juntar a dois machos que se catavam numa árvore, mas ambos continuaram a se afastar, deixando-o sem companhia.[40]

Até o nojo animal pelo excremento tem um componente social. Entre os grandes primatas, as mães costumam ser sujas por seus filhotes menores, que carregam o dia todo. Elas aceitam isso com muita calma, como parte de sua função. Em geral detectam, a partir do comportamento do bebê, que uma defecação se aproxima e mantêm o bebê ligeiramente afastado do corpo. Se não conseguem fazer isso a tempo, pegam algumas folhas e limpam a bagunça. Em contraste, se um chimpanzé está atacando outro e se vê sujo pela diarreia que o medo provoca em sua vítima, ele se esfregará com movimentos frenéticos, claramente perturbado pela sujeira inesperada. Não é apenas o excremento que os incomoda, mas sua origem.

Reações de repugnância a membros de um grupo externo são ainda mais fortes e podem se estender a objetos inanimados ligados a eles. Se durante uma patrulha de suas fronteiras os chimpanzés machos avistam um ninho noturno construído por machos vizinhos em seu lado da floresta, eles naturalmente tomam isso como um insulto. Vários machos sobem na árvore e cuidadosamente cheiram e inspecionam o ninho, após o que o sacodem e arrancam cada galho até que o ninho fique destruído. Imagino que um cão que encontra a marcação de um inimigo em seu território e deliberadamente urina sobre ela é movido pelo mesmo tipo de repulsa. Uma história engraçada nessa linha: uma noite, um pesquisador de campo nas planícies africanas colocou suas botas do lado de fora da barraca. Na manhã seguinte, sentiu algo mole dentro de uma das botas e descobriu que era excremento de leopardo. O felino deve ter considerado o cheiro dos pés do camarada ofensivo e decidiu apagá-lo.

Entre os animais não há muitos exemplos de repulsa provocada pelo *comportamento* dos outros, equivalente ao que chamamos de repulsa moral. Isso não significa que não ocorra. Ninguém tem procurado por eles, exceto em alguns estudos sobre como os primatas avaliam o "caráter" dos outros. Cientistas da Universidade de Kyoto testaram a reação de macacos-prego a uma cena em que uma pessoa fingia ter problemas para abrir um recipiente de plástico e pedia ajuda a um pesquisador humano, que gentilmente a ajudava. Na cena seguinte, a pessoa pediu ajuda a outro pesquisador, que se afastou e ignorou a solicitação. Os macacos gostariam do cara bom ou do idiota egoísta? Lembre-se, o experimento dizia respeito a como o pesquisador tratava não os macacos, mas outra pessoa. Depois de assistir às cenas representadas diante deles, os macacos se recusaram a ter qualquer relação com o pesquisador desprezível, repelido por seu baixo nível de cooperação.[41]

Esses experimentos, que estão sendo feitos com frequência cada vez maior, têm a ver com a evolução da moral. Trata-se de um tema que me é muito caro e do qual já tratei em livros anteriores. Dos muitos exemplos que eu poderia oferecer, gostaria de destacar apenas uma história que diz respeito a uma violação das normas sociais entre os chimpanzés. Ela aconteceu quando Jimoh, o macho alfa da colônia da Estação de Campo de Yerkes, suspeitou que um macho adolescente e uma de suas fêmeas favoritas estavam acasalando secretamente.

Eu acompanhei todo o caso da janela do meu escritório, que me possibilitava ver todos os cantos do recinto. Porém, para os chimpanzés, a visão era obstruída por muitos obstáculos. Isso permitia que os jovens machos e fêmeas escapassem temporariamente da visão de Jimoh. Mas o macho alfa percebeu que algo estava acontecendo e foi procurá-los. Normalmente ele apenas perseguiria o culpado, mas, por alguma razão — talvez porque a mesma fêmea o havia rechaçado pouco antes —, ele foi com tudo atrás do macho jovem e não esmoreceu. Devo acrescentar que, embora os machos adultos muitas vezes estapeiem os jovens ou os atropelem grosseiramente, as fêmeas dessa colônia não permitiam que eles os mordessem — era o limite estabelecido. Mas Jimoh estava enlouquecido e perseguiu o jovem macho por todo o recinto, provocando pânico total em sua vítima. Parecia disposto a pegá-lo e puni-lo.

No entanto, antes que chegasse a esse ponto, as fêmeas próximas à cena começaram a dar gritos de "uoaou". Esse som de indignação é uma advertência contra agressores e intrusos. No início, elas olharam em volta para ver como todos os outros reagiriam. Outras aderiram, especialmente a fêmea alfa, e a intensidade de seus gritos aumentou até que literalmente todas gritavam num coro ensurdecedor. Dava a impressão de que o grupo estava votando. Quando o protesto cresceu, Jimoh interrompeu seu ataque com um largo sorriso nervoso na face: ele entendera a mensagem.

A mim pareceu desaprovação moral.

As emoções são como órgãos

Começarei com uma proposta radical: as emoções são como órgãos. Elas são todas necessárias, e nós as compartilhamos com outros mamíferos.

Quando se trata de órgãos, isso é óbvio. Ninguém argumentaria que alguns órgãos são fundamentais, como o coração, o cérebro e os pulmões, enquanto outros são menos necessários, como o pâncreas e os rins. Quem quer que tenha tido algum problema no pâncreas ou nos rins sabe que todos os órgãos do nosso corpo são indispensáveis. Além disso, nossos órgãos não diferem fundamentalmente daqueles de ratos, macacos, cães e outros mamíferos. Mas eu tampouco limitaria isso aos mamíferos. Afora as glândulas mamárias, que diferenciam os mamíferos, todos os órgãos são compartilhados por todos os vertebrados, inclusive sapos e aves. Dissequei muitos sapos quando era estudante, e eles têm tudo, inclusive órgãos reprodutores, rins, fígado, coração e assim por diante. O corpo dos vertebrados requer um certo maquinário, e se alguma parte estiver faltando ou falhando, ele morre.

Em relação às emoções, porém, o pensamento é bem diferente. Acredita-se que os seres humanos têm somente algumas emoções "básicas" ou "primárias", que são essenciais para a sobrevivência. O número varia conforme o cientista, indo de dois a dezoito, mas geralmente fica em torno de meia dúzia. As emoções básicas óbvias são medo e raiva, mas também temos arrogância, coragem e desprezo. A ideia de que algumas emoções são mais básicas que outras remonta a Aristóteles e foi elevada a uma teoria, conhecida como Teoria das Emoções. Para que seja considerada "básica", a emoção deve ser expressa e reconhecida pelos humanos em todo o mundo e ter uma conexão física — uma maneira de se dizer que é inata. As emoções básicas são biologicamente primitivas e compartilhadas com outras espécies.[42]

Por outro lado, as emoções humanas que não têm expressões estereotipadas são conhecidas como "secundárias" ou até "terciárias". Elas enriquecem nossas vidas, mas sem elas ainda estaríamos bem. Além disso, são inteiramente nossas e variam de acordo com a cultura. A lista de emoções secundárias sugeridas é bastante longa, mas, como o leitor deve ter percebido, discordo de toda a proposta e até mesmo de que essas emoções existam. A teoria é tão falha quanto seria a ideia de que nem todos os órgãos do nosso corpo são essenciais. Mesmo o apêndice (o pequeno tubo cego conectado ao ceco) não é mais chamado de "redundante" ou "rudimentar", porque evoluiu independentemente tantas vezes que seu valor de sobrevivência não está mais em dúvida. Sua função provável é abrigar bactérias boas que ajudam a reiniciar o aparelho digestivo, por exemplo, após um caso grave de cólera ou disenteria. Do mesmo modo que cada parte do nosso corpo tem o seu propósito, cada emoção evoluiu por uma razão.

Primeiro, como vimos aqui em relação a orgulho, vergonha, culpa, vingança, gratidão, perdão, esperança e nojo, não podemos excluir a presença delas em outras espécies. Essas emoções podem ser mais desenvolvidas em nós, ou podem ser usadas numa variedade maior de circunstâncias, mas não são fundamentalmente novas. O fato de algumas culturas humanas enfatizarem algumas delas mais do que outras dificilmente significa que elas não tenham uma origem biológica.

Em segundo lugar, é altamente improvável que qualquer emoção comum não tenha uma função. Tendo em vista o custo de ficarmos exaltados e apaixonados por algo, e o quanto esses estados afetam a tomada de decisão, as emoções supérfluas representariam um fardo incrível. Elas podem nos desviar do caminho, o que certamente não é o tipo de bagagem que a seleção natural nos permitiria carregar. Daí minha proposta de que todas as emoções sejam biológicas e essenciais. Nenhuma é mais básica que as outras, e nenhuma delas é exclusivamente humana. Para mim, trata-se de uma posição lógica, levando-se em conta a proximidade das emoções com o corpo e como todos os corpos de mamíferos são, fundamentalmente, o mesmo. Desse modo, quando foram solicitados a adivinhar o estado de excitação emocional de vários répteis, mamíferos, anfíbios e outros animais terrestres apenas ouvindo seus sons, os seres humanos foram notavelmente bons em fazê-lo. Parecem existir "universais acústicos" que permitem que todos os vertebrados comuniquem emoções de maneira similar.[43]

Note-se que não estou falando de sentimentos, que são mais difíceis de conhecer que as emoções e podem ser mais variáveis. Como avaliações subjetivas das próprias emoções, os sentimentos podem variar de cultura para cultura. É difícil saber o que os animais sentem, mas é bom perceber que a inacessibilidade de seus sentimentos tem dois lados: podemos apenas conjecturar o que eles sentem, mas também não podemos excluir nenhum sentimento em particular. Dada a frequência com que o segundo aviso é ignorado, quero retornar brevemente à forma-padrão de desconsiderar os sentimentos animais, que é desviar a atenção para funções e resultados comportamentais. Assim que você propuser que dois animais se amam, ouvirá que eles não precisam disso porque tudo o que importa é a reprodução. Se propuser que eles mostram orgulho, ouvirá que eles apenas se encorpam para se exibir. Se propuser que um animal está com medo, ouvirá que os animais não precisam de medo, desde que consigam escapar do perigo. Tudo se resume ao resultado do comportamento.

Trata-se de uma manobra bastante ardilosa, porque resultados benéficos nunca excluem emoções. Em biologia, isso é conhecido como ruído entre os níveis de análise, contra a qual advertimos nossos alunos todos os dias. As emoções pertencem à motivação que está por trás do comportamento, ao passo que os resultados pertencem a suas funções. As duas andam de mãos dadas: todo comportamento é marcado por motivações e funções. Nós, seres humanos, amamos *e* nos reproduzimos, sentimos orgulho *e* intimidamos, ficamos com sede *e* bebemos água, temos medo *e* nos protegemos, nos enojamos *e* nos limpamos. Então, enfatizar o lado funcional do comportamento animal não nos leva, de maneira alguma, à questão das emoções, mas simplesmente a evita.

Pense nisso da próxima vez que alguém alegar que os animais fazem sexo apenas para se reproduzir. Isso não pode ser tudo. Os membros do sexo oposto ainda precisam se unir, ser atraídos um pelo outro, confiar um no outro e ficarem excitados. Cada comportamento tem seu mecanismo, que é onde as emoções entram. A cópula requer as condições hormonais certas, desejo sexual, preferência de parceiro, compatibilidade, até amor. Isso é tão verdadeiro para os animais quanto para nós.

Curiosamente, o amor e o apego raramente são listados como emoções humanas básicas, mas me parecem essenciais para todos os animais sociais, e não somente no contexto do sexo. Encontramos vínculos de casal fortes e duradouros em muitas aves e em alguns mamíferos, laços que perduram independentemente da relação sexual (inclusive com longos períodos sem sexo algum). O vínculo mãe-prole é típico dos mamíferos e pode causar sofrimento profundo quando a mãe perde um bebê. É impossível olhar para uma fêmea de chimpanzé que brinca com seu filhote, erguendo-o no ar enquanto o gira suavemente (conhecido por nós como brincar de aviãozinho), nem para mães e tias de elefantes que demonstram extrema atenção a seus filhotes, e não ver amor nisso. A única razão pela qual o amor não é classificado como emoção básica é que ele não aparece na face. Não temos uma expressão facial amorosa do jeito que temos expressões de raiva e nojo. Para mim, isso mostra a limitação do foco tradicional nas faces, que é sentida de maneira ainda mais forte em relação aos muitos animais que não têm plasticidade facial.

O interminável debate sobre como classificar as emoções, ou mesmo o que é uma emoção, me faz lembrar de uma fase da biologia em que nossa principal preocupação era a classificação de plantas e animais. Esse campo, conhecido como *sistemática*, teve seu auge nos séculos XVIII e XIX. Há poucos debates mais acalorados (ou mais infrutíferos) do que aqueles sobre se uma espécie merece ser uma espécie isolada ou é melhor considerá-la subespécie. O DNA está resolvendo muitas dessas disputas, do mesmo modo como a neurociência provavelmente ajudará na classificação das emoções. Se duas emoções, como culpa e vergonha, compartilham ativações no cérebro e são expressas de maneira semelhante, elas obviamente andam de mãos dadas. São como duas subespécies da mesma emoção de autoavaliação, embora, como qualquer bom naturalista, gostemos de insistir em sua distinção. Por outro lado, emoções como alegria e raiva, que compartilham poucas ativações cerebrais e expressões corporais, pertencem a ramos divergentes da árvore da emoção. Embora nem todos estejam convencidos de que toda emoção tem sua própria assinatura neural, assinalar todas as áreas e circuitos cerebrais envolvidos é nossa melhor aposta para construir uma taxonomia objetiva de emoções, baseada na ciência, do mesmo modo como usamos comparações de DNA para mapear taxonomias de famílias de animais e plantas.

A neurociência também pode ajudar a determinar quais emoções são homólogas entre as espécies. Já sabemos de semelhanças cerebrais entre cães e homens de negócios que antecipam uma recompensa, e nosso próximo passo pode ser pôr um cão "culpado" no aparelho de imagem por ressonância magnética funcional para determinar se estão ativos os mesmos circuitos cerebrais de seres humanos solicitados a imaginar culpa.

Isso me traz de volta à ínsula e seu papel na aversão por comidas desagradáveis, pelo comportamento imoral e, como no caso dos chimpanzés de Gombe, por aqueles afetados por doenças. Em vez de ver todo tipo de repulsa como uma emoção separada, por que não poderiam todas elas ser a mesma? Os gatilhos do nojo variam com as espécies, as condições e até mesmo as culturas, mas a emoção em si — e talvez também seus sentimentos associados — envolve um substrato neural compartilhado. O primatólogo e neurocientista norte-americano Robert Sapolsky, num relato engraçado em primeira pessoa, descreve como a evolução pode ter produzido a repulsa moral ao amarrá-la numa emoção existente:

> Hummm, afeto negativo extremo provocado por violações de normas comportamentais compartilhadas. Vejamos... Quem tem alguma experiência pertinente? Eu sei, a ínsula! Ela produz estímulos sensoriais negativos extremados — isso é tipo tudo o que ela faz —, então, vamos expandir seu portfólio para incluir

esse negócio de repulsa moral. Isso vai funcionar. Me dê uma calçadeira e um pedaço de fita adesiva.[44]

Essa poderia ser a história de todas as emoções humanas: elas são variações de emoções antigas que compartilhamos com outros mamíferos. Darwin definiu evolução como descendência com modificação, que é outra maneira de dizer que a evolução raramente cria algo completamente novo. Tudo o que a evolução faz é recondicionar características antigas, transformando-as em características que atendam às necessidades atuais. É por isso que nenhuma de nossas emoções é inteiramente nova e todas desempenham um papel essencial em nossas vidas.

5. Vontade de poder

Política, assassinato, guerra

Em julho de 2017, quando Sean Spicer, então secretário de imprensa da Casa Branca, foi descoberto escondido nos arbustos para evitar perguntas de repórteres, tive certeza de que a política de Washington se tornara verdadeiramente primatológica. Algumas semanas antes, James Comey vestira propositalmente um terno azul e ficara de pé no fundo de uma sala com cortinas azuis para se camuflar. O imenso diretor do FBI esperava passar despercebido e evitar um abraço presidencial. A tática falhou.

Fazer uso criativo do ambiente é política primata em sua melhor forma, do mesmo modo que usar a linguagem corporal, como sentar num trono acima da massa servil, descer para o meio dela por uma escada rolante ou levantar o braço para que os subalternos possam beijar sua axila, ritual feromonal inventado por Saddam Hussein. A ligação entre boas avaliações de desempenho em debates e a altura dos candidatos já é bem conhecida. Os candidatos de maior estatura levam vantagem, o que explica por que os líderes baixos levam caixas nas quais sobem durante as fotos de grupo. Em visita a uma fábrica, o presidente francês Nicolas Sarkozy embarcou num ônibus lotado de pessoas mais baixas que ele, de modo que pudesse se destacar entre elas numa eventual fotografia. Não faltam exemplos, mas minha lista cresceu exponencialmente na eleição presidencial norte-americana de 2016, quando Donald Trump entrou em cena.

Como um macho alfa

A capacidade de intimidação de Trump contra seus rivais masculinos era lendária. Durante as primárias republicanas, Donald esmagou todos os seus pobres colegas candidatos inflando-se, abaixando a voz e insultando-os com apelidos humilhantes, como "Jeb Pouca Energia" e "Pequeno Marco". Ao pavonear-se como um chimpanzé macho entupido de esteroides, ele transformou a primária num concurso de linguagem corporal hipermasculina. As questões políticas do momento eram secundárias. Nós ouvimos até comparações anatômicas baseadas na suposição de que o tamanho da mão diz algo sobre outras partes do corpo. Em algum ponto inimaginável da história norte-americana, o favorito ergueu as mãos e perguntou ao público se elas pareciam pequenas. Ele garantiu que o resto de seu corpo tinha tamanho similar.

Um dos lances mais brilhantes de Trump ocorreu em resposta às críticas de Mitt Romney, outro candidato republicano em 2012. Trump detonou Romney ao lembrar à plateia que quatro anos antes este o cortejara: "A gente pode ver como ele era leal, estava implorando pelo meu apoio. Eu poderia ter dito 'se ajoelhe', e ele se ajoelharia".[1] De uma tacada só ele descreveu Romney como indigno de confiança e o pôs numa posição prostrada similar à de um chimpanzé de baixa hierarquia que rasteja na poeira para o alfa.

Mas, mesmo que Trump fosse o rei da intimidação, isso não necessariamente o ajudava contra sua oponente feminina na eleição geral. Entre os sexos, tudo é imprevisível. O comportamento de luta é limitado por regras. Animais capazes de matar uns aos outros — predadores, cobras venenosas, ungulados com chifres — seguem padrões de combate. Em vez de ir com tudo, eles passam por movimentos rituais que testam força e agilidade sem necessariamente liquidarem uns aos outros. Em tudo isso, as regras para o combate entre machos e machos e entre machos e fêmeas são drasticamente diferentes, porque, para um macho, matar outro macho é uma coisa, mas matar uma fêmea é simplesmente estúpido. Do ponto de vista da evolução, o motivo pelo qual um macho tentaria chegar ao topo é ter fêmeas para produzir descendentes. Embora em nosso sistema político as mulheres votem e sejam capazes de ocupar o mais alto cargo, permitindo assim uma ordem social bastante diferente da de muitas outras espécies, as regras de combate praticamente não mudaram. Elas evoluíram ao longo de milhões de anos e estão arraigadas demais para serem descartadas. Em geral, um macho restringe seu poder físico quando enfrenta uma fêmea. Isso é tão verdadeiro para cavalos e leões quanto para símios e humanos. Essas inibições moram nas profundezas de nossa psicologia, e reagimos fortemente às violações. No cinema, por exemplo, não é muito perturbador ver uma mulher bater no rosto de um homem, mas ficamos constrangidos quando ocorre o contrário.

Esse era o dilema de Trump: ele estava diante de uma oponente que não poderia derrotar da mesma maneira como derrotaria outro macho. Tendo assistido a todos os debates presidenciais desde Ronald Reagan, nunca vi um espetáculo tão estranho quanto o segundo debate televisionado entre Trump e Hillary Clinton, em 9 de outubro de 2016. Sua fisicalidade e hostilidade flagrantes tornaram o debate infernal. A linguagem corporal de Trump era a de uma alma atormentada pronta para socar seu oponente, mas cônscio de que, se encostasse um dedo nela, sua candidatura estaria liquidada. Como um balão gigante, ele se afastou para trás de Hillary, andando impaciente de um lado para o outro ou agarrando firmemente a cadeira. Telespectadores preocupados enviaram mensagens de alerta para Hillary, como "Olhe para trás!". Hillary Clinton comentou mais tarde que sua "pele se arrepiou" enquanto Trump literalmente respirava no seu pescoço.

O comportamento de Trump era de mal contida raiva, inclusive com uma ameaça real: ele afirmou que em seu mandato um promotor especial jogaria Hillary Clinton na cadeia. Se ele fosse um chimpanzé macho, teria arremessado a cadeira pelo ar ou atacado um inocente espectador para demonstrar sua superioridade. Trump fez o que mais se aproximava disso, usando seu próprio companheiro de chapa como bode expiatório (ao abandoná-lo numa questão de política externa) e criticando o presidente Obama, bem como o marido de Hillary. Ele se sentia obviamente mais à vontade com alvos masculinos. De fato, antes do início do debate dera uma entrevista coletiva em que havia apresentado várias mulheres com acusações contra Bill Clinton. No entanto, nada disso resolveu seu dilema de como lidar com um rival político do sexo oposto.

Imediatamente após o debate, que Trump perdeu, de acordo com a maioria dos comentaristas, o político britânico Nigel Farage imitou a versão fraca de uma batida no peito enquanto dizia que Trump havia agido como "um gorila-de-costas-prateadas". Logo depois, tivemos paralelos com primatas também refletidos nas observações de especialistas em linguagem corporal. A suposição era de que, para ser um alfa, é preciso ser grande e forte, pronto para aniquilar os rivais. Eu nunca ouvi referências a alfa usadas com tanta liberdade como durante esse período; por exemplo, o filho de Trump, Eric, desculpou as brincadeiras indecentes de seu pai sobre as mulheres como conversa típica de "personalidades alfa". Diante da popularidade que a expressão "macho alfa" rapidamente adquiriu depois que o presidente da Câmara, Newt Gingrich, recomendou

A expressão "macho alfa" vem da pesquisa sobre lobos, em que significa simplesmente o macho que ocupa o topo da hierarquia. De acordo com o princípio da antítese de Darwin, o lobo dominante (*à dir.*) e o lobo subordinado (*à esq.*) adotam posturas opostas. O dominante tem o pelo eriçado e as orelhas para frente; ele caminha com as patas erguidas e rosna para o subordinado, que está prestes a rolar no chão, com as orelhas para trás, enquanto emite ganidos agudos.

aos congressistas novatos meu livro *Chimpanzee Politics: Power and Sex Among the Apes* [A política dos chimpanzés: Poder e sexo entre os símios], sinto necessidade de explicar o que exatamente significa ser um alfa.

Na pesquisa sobre animais, o macho alfa é simplesmente o macho de mais alta posição na hierarquia de um grupo. O termo remonta aos estudos sobre lobos realizados pelo etólogo suíço Rudolf Schenkel na década de 1940 e continua em uso. Na linguagem política, no entanto, passou a denotar um certo tipo de personalidade. Cada vez mais guias de negócios nos instruem sobre como se tornar um alfa, enfatizando a autoconfiança, a postura arrogante e a determinação. Afirma-se que os alfas não são apenas vencedores: eles enchem de porrada todo mundo ao seu redor e todo dia lembram aos outros quem ganhou. Eles não afrouxam. Um verdadeiro alfa anda sozinho e esmaga a competição, como um leão entre ovelhas. Porém esses guias promovem uma versão superficial de todo o conceito, não apenas em relação à sociedade humana, mas também em relação aos lobos e chimpanzés. Os machos alfa não nascem assim nem alcançam sua posição baseados puramente no tamanho e no temperamento. O macho alfa primata é um ser muito mais complexo e responsável do que um valentão.

Tiranos impiedosos às vezes chegam ao topo numa comunidade de chimpanzés, mas os alfas mais típicos que conheci eram exatamente o oposto. Os machos nesta posição não são necessariamente os maiores, os mais fortes e os mais maldosos de um grupo, pois com frequência alcançam o topo com a ajuda de outros. Na verdade, o menor macho pode se tornar alfa se tiver os apoiadores certos. A maioria dos machos alfas protege o oprimido, mantém a paz e tranquiliza aqueles que estão aflitos. Ao analisar todas as instâncias em que um indivíduo abraça outro que perdeu uma briga, descobrimos que, embora as fêmeas costumem consolar as outras com mais frequência que os machos, há uma exceção notável: o macho alfa. Esse macho age como o curandeiro-chefe, consolando os outros no sofrimento mais do que qualquer outro da comunidade. Assim que uma briga irrompe entre seus membros, todos se voltam para ele a fim de ver como vai lidar com a situação. Ele é o árbitro final, decidido a restaurar a harmonia. Ele se colocará entre as partes que gritam, com os braços erguidos, até que as coisas se acalmem.

É nisso que Trump se diferencia enormemente de um verdadeiro macho alfa. Ele lutou contra a empatia. Em vez de unir e estabilizar a nação ou expressar compaixão pelos injustiçados ou sofredores, ele atiçou as chamas da discórdia. Começou zombando de um jornalista deficiente e acabou dando seu apoio implícito aos supremacistas brancos. Portanto, para um primatólogo, as comparações do comportamento de Trump com o dos primatas alfas são limitadas e se aplicam mais à sua subida ao topo do que ao exercício da liderança.

Trump continuou com suas intimidações físicas por meio de apertos de mão assustadores dados a vários líderes mundiais, inclusive os mais jovens (como Emmanuel Macron, da França), que naturalmente têm uma pegada mais firme do que um homem mais velho como Trump. Em meio a essas escaramuças desajeitadas, desejei às vezes que Arnold Schwarzenegger, o fisiculturista que virou político, tivesse tido permissão de concorrer como candidato. Ele é o único que poderia ter zombado de Trump com o mesmo vigor físico, talvez usando seu insulto favorito de "maricas", e transformando a política num espetáculo ainda mais primitivo do que já é.

Chiliques políticos

Quando Aristóteles definiu nossa espécie como *zoon politikon*, "animal político", ele ligou essa ideia às nossas capacidades mentais. O fato de sermos animais sociais não é tão especial, disse ele (referindo-se a abelhas e grous), mas nossa vida comunitária é diferente graças à racionalidade humana e à nossa capacidade de distinguir o certo do errado. Embora estivesse parcialmente certo, o filósofo grego talvez tenha negligenciado o lado intensamente emocional da política humana. Com frequência é difícil encontrar racionalidade, e os fatos importam muito menos do que pensamos. A política tem tudo a ver com medos e esperanças, o caráter dos líderes e os sentimentos que eles evocam. Pregar o medo é uma excelente maneira de se desviar dos problemas em pauta. Mesmo as decisões democráticas mais importantes muitas vezes seguem um viés emocional em vez de uma ponderação cuidadosa dos dados, como em 2016, quando o povo britânico votou a favor de sair da União Europeia. Apesar das advertências dos economistas, que explicaram que essa decisão poderia arruinar a economia, o sentimento anti-imigrante e o orgulho nacional venceram. No dia seguinte, a libra esterlina britânica teve a pior queda registrada até hoje.

O mais espantoso são os eufemismos com os quais cercamos as forças motrizes gêmeas que estão por trás da política humana: o desejo de poder dos líderes e o anseio por liderança dos seguidores. Como a maioria dos primatas, somos uma espécie hierárquica, então por que tentamos esconder isso de nós mesmos? As evidências estão ao nosso redor, como o surgimento precoce de hierarquia entre as crianças (um primeiro dia de aula pode parecer um campo de batalha), nossa obsessão com renda e status, os títulos extravagantes que concedemos uns aos outros em pequenas organizações e o estado infantil de devastação de homens adultos que caem do topo. Contudo, o tema continua tabu. Em virtude de minha profissão, vejo muitos manuais de psicologia social, e toda vez que chega um novo procuro no índice os termos "poder" e "dominância". Raramente os encontro. Parece que não têm importância. Certa vez, quando destaquei as pulsões de poder humanas numa conferência de psicologia, os comentários desaprovadores me surpreenderam. Parecia que eu tinha exibido pornografia! Tentativas de esconder o motivo do poder também surgiram num estudo holandês que perguntou aos gerentes de empresas sobre a necessidade de estar no controle. Enquanto todos reconheciam o anseio por poder, nenhum deles aplicava essa percepção a si mesmo. Eles descreveram seu papel na empresa em termos de responsabilidade, prestígio e autoridade. Invariavelmente, os sedentos de poder eram os *outros* homens.[2]

Candidatos políticos também relutam. Eles se vendem como servidores públicos que participam da democracia moderna apenas para consertar a economia ou melhorar a educação. A palavra "servidor" é obviamente evasiva e ambígua. Alguém realmente acredita que eles se juntam naquele lamaçal por nossa causa? É por isso que é tão revigorante trabalhar com os chimpanzés: eles são os políticos honestos pelos quais todos nós ansiamos. Observando-os competir por posição, procuramos em vão as segundas intenções ou falsas promessas. Está bem claro o que eles procuram.

Os únicos que abordaram com franqueza a ânsia de poder da nossa espécie foram os filósofos. Nicolau Maquiavel é o primeiro

Os chimpanzés machos são imensamente motivados a alcançar o topo da hierarquia. Um macho alfa (*à esq.*) parece ter o dobro do tamanho de seu rival (*à dir.*), embora tenha na verdade a mesma altura. Seus pelos estão eriçados e ele caminha de pé com "arrogância bípede" para impressionar o outro.

que vem à mente; Thomas Hobbes postulou uma pulsão de poder irreprimível; e Friedrich Nietzsche falou de "vontade de poder" da humanidade. Quando eu era estudante, ao perceber que meus livros de biologia eram de pouca ajuda para explicar o comportamento dos chimpanzés, peguei um exemplar de *O príncipe*, de Maquiavel. Ele oferecia um relato perspicaz e sem enfeites do comportamento humano baseado em observações da vida real dos Borgia, dos Medici e dos papas. O livro me colocou no estado de espírito certo para escrever sobre a política dos símios no zoológico. Até hoje, no entanto, as pessoas torcem o nariz quando discutem o filósofo florentino, a quem associam a política desonesta e inescrupulosa. Somos melhores que isso, eles parecem dizer, ignorando todas as provas em contrário.

A profundidade do desejo humano de poder nunca é mais óbvia do que nas reações individuais à sua perda. Homens crescidos podem recair em exibições de raiva descontrolada, mais frequentemente associadas a pequenos cujas expectativas não são satisfeitas. Quando um filhote primata ou uma criança percebe pela primeira vez que todos os seus desejos não serão satisfeitos, há uma birra barulhenta: não é assim que a vida deveria ser. O ar é expelido com força total pela laringe para despertar toda a vizinhança para essa grave injustiça. Rola gritando, bate na própria cabeça, incapaz de se levantar, às vezes vomita, pondo em perigo todo o investimento nutricional recente. Esses chiliques são comuns em torno da idade de desmame, que nos grandes primatas ocorre por volta dos quatro anos, e nos seres humanos, por volta dos dois anos. A reação dos líderes políticos à perda de poder é muito semelhante, e é por isso que em inglês dizemos que eles estão sendo "desmamados do poder". Quando Richard Nixon percebeu que teria de renunciar no dia seguinte, ficou de joelhos, soluçou, bateu no tapete com os punhos e gritou: "O que eu fiz? O que aconteceu?". Como Bob Woodward e Carl Bernstein descrevem em *Os últimos dias*, Henry Kissinger, secretário de Estado de Nixon, consolou o líder destronado como a uma criança, segurando-o literalmente nos braços e recitando todas as suas inúmeras realizações, até que ele se acalmou.

Dizem que Steve Ballmer, o presidente-executivo da Microsoft, quando soube que um engenheiro sênior de sua empresa estava saindo para ir trabalhar para o concorrente pegou uma cadeira e jogou-a vigorosamente do outro lado da sala. Depois dessa explosão, ele começou uma arenga sobre como iria matar aqueles garotos f... da p... do Google.[3] Quanto mais altas as emoções, mais onerosas elas são para o corpo. Kim Jong-il, o "Amado Líder" anterior da Coreia do Norte, teria morrido de um ataque que teve durante uma visita de inspeção a uma

Os jovens primatas são especialistas em fazer birra quando não conseguem o que querem, fenômeno conhecido por todos os pais e mães humanos. Os primatas adultos raramente agem assim, exceto quando um chimpanzé macho ou um líder político humano está sendo desmamado do poder.

usina hidrelétrica; uma vez que havia ordenado consertos, ficou transtornado com um vazamento e sucumbiu a uma combinação letal de mau humor e coração fraco.

Para os homens, como Kissinger disse certa vez, o poder é o afrodisíaco definitivo. Eles o guardam ciosamente, e se alguém os desafia, perdem todas as inibições. O mesmo ocorre com os chimpanzés. Na primeira vez que vi um líder estabelecido ser humilhado, o barulho e a paixão de sua reação me espantaram. Esse macho alfa, normalmente um sujeito digno, tornou-se irreconhecível quando confrontado por um desafiante que bateu em suas costas de passagem e atirou pedras enormes em sua direção. O desafiante mal saiu do caminho quando o alfa contra-atacou. O que fazer agora? No meio do confronto, o alfa caiu de uma árvore como uma maçã podre, contorceu-se no chão, gritou de maneira lamentável e esperou ser consolado pelo resto do grupo. Ele agiu como um filhote puxado para longe do peito da mãe. E, como uma criança que durante um ataque de pirraça fica de olho na mãe em busca de sinais de amolecimento, o alfa prestou atenção em quem se aproximou dele. Quando o grupo ao seu redor estava grande o suficiente, ele instantaneamente recuperou a coragem. Com os apoiadores a reboque, reacendeu o confronto com o rival.

Depois que perdeu sua posição de líder, esse macho alfa sentava-se e olhava para longe depois de cada briga, desacostumado a perdê-las. Tinha uma expressão vazia no rosto, sem se interessar pela atividade social ao seu redor. Recusou comida durante semanas. Tornou-se um mero fantasma do figurão que havia sido. Para esse macho alfa derrotado e abatido, era como se as luzes tivessem se apagado.

As organizações humanas mais cooperativas, como as grandes empresas e as Forças Armadas, são aquelas com as hierarquias mais bem definidas. Uma cadeia de comando supera a democracia sempre que uma ação decisiva é necessária. Mudamos espontaneamente para um modo mais hierárquico quando as circunstâncias o exigem. Em um estudo antigo, meninos de onze anos que estavam num acampamento de verão foram divididos em dois grupos para competir entre si. A coesão interna do grupo aumentou, assim como o reforço das normas sociais e o comportamento de seguir o líder. A experiência demonstrou que as hierarquias de status têm um aspecto unificador que é reforçado assim que uma ação conjunta é solicitada. Esse é o paradoxo das estruturas de poder: elas unem as pessoas.[4]

Uma vez estabelecida, a estrutura hierárquica elimina a necessidade de conflito. Obviamente, aqueles situados mais abaixo na escala podem preferir subir, mas se contentam com a melhor alternativa, que é ser deixado em paz. Eles também procuram ao redor por gente que esteja em posição ainda mais baixa que a deles para descarregar suas frustrações. A troca frequente de sinais de status reafirma aos chefes que eles não precisam enfatizar sua posição pela força, o que dá alívio a todos. Mesmo aqueles que acreditam que os seres humanos são mais igualitários que os chimpanzés terão de admitir que nossas sociedades não poderiam funcionar sem uma ordem reconhecida. Nós ansiamos por transparência hierárquica. Imagine os mal-entendidos que surgiriam se ninguém desse a menor pista sobre sua posição em relação à nossa. Seria como convidar clérigos para uma reunião na qual uma decisão importante deve ser tomada enquanto se pede que eles se vistam com trajes idênticos. Incapazes de diferenciar padres do papa, o resultado seria uma comoção indecorosa, à medida que os "primatas" mais elevados seriam forçados a fazer exibições espetaculares de intimidação — talvez se balançando nos lustres — para compensar a falta do código de cores.

Assassinato

Certo dia de 1980, recebi um telefonema dizendo que Luit, meu chimpanzé macho preferido no Zoológico Burgers, fora severamente atacado e mutilado por outros de sua espécie. No dia anterior eu deixara o zoológico preocupado com ele, mas agora, correndo de volta para lá, estava totalmente despreparado para o que encontrei. Em geral orgulhoso e não particularmente afetuoso com as pessoas, Luit queria ser tocado. Ele estava sentado numa poça de sangue, a cabeça apoiada nas barras da jaula noturna. Quando eu acariciei gentilmente sua cabeça, ele soltou o suspiro mais profundo. Estávamos enfim criando um vínculo, mas nas circunstâncias mais tristes. Ficou imediatamente óbvio que ele corria risco de vida. Ele ainda se movia, mas havia perdido uma enorme quantidade de sangue, devido a furos profundos em todo o corpo. Havia perdido também alguns dedos das mãos e dos pés. Logo descobrimos que lhe faltavam partes ainda mais vitais.

Assim que o veterinário chegou, demos um tranquilizante a Luit e o levamos para a cirurgia, onde costuramos literalmente centenas de pontos. Durante essa operação desesperada, descobrimos que seus testículos haviam sumido. Tinham desaparecido do saco escrotal, embora as feridas na pele parecessem menores que os próprios testículos, que os cuidadores encontraram na palha do chão da jaula.

"Espremidos", concluiu o veterinário secamente.

Luit nunca voltou da anestesia. Ele pagou caro por ter enfrentado dois outros machos que estavam frustrados com sua súbita ascensão. Alguns meses antes ele havia roubado seus lugares no topo da hierarquia, o que pudera fazer porque a aliança entre os outros dois desmoronara. A luta na jaula noturna marcou a repentina ressurreição dessa aliança, com resultado fatal.

Na noite anterior, os cuidadores e eu ficamos acordados até tarde para tentar separar três machos adultos. Todos queriam ficar na mesma jaula noturna, e toda vez que tentávamos baixar uma grade para separá-los, eles bloqueavam a porta com as mãos ou se agarravam uns aos outros para que não conseguíssemos. No fim desistimos e abrimos todas as portas para que tivessem várias jaulas interconectadas para dormir.

Desse modo, a luta que levou à morte de Luit ocorreu isolada do resto da colônia. Nunca saberemos exatamente o que aconteceu. Não é incomum que as fêmeas interrompam coletivamente as altercações de machos fora de controle, mas na noite do ataque elas estavam em jaulas noturnas separadas, ainda que no mesmo bloco. Elas devem ter ouvido a comoção, mas não tiveram como intervir.

A cena sangrenta que os cuidadores descobriram na manhã seguinte nos disse que os outros dois machos haviam agido juntos de maneira altamente coordenada. Eles estavam quase sem ferimentos. O mais novo dos dois, que posteriormente se tornou o alfa, tinha alguns arranhões e mordidas superficiais, porém o mais velho não tinha nada, o que sugere que ele segurou Luit enquanto deixava o macho mais jovem infligir todo o mal.

Além da minha tristeza por perder um macho de cuja personalidade eu realmente gostava, e que tinha sido um alfa tão maravilhoso para a colônia, o episódio suscitou evidentemente a questão sobre o quanto as condições artificiais tinham culpa naquilo. Algumas pessoas disseram: "O que vocês querem, se os animais não estão livres? É claro que eles vão se matar!". Como se liberdade fosse o mesmo que estar livre de estresse e conflitos, o que obviamente não é. Sabemos agora que as mesmas cenas horríveis ocorrem na natureza, mas em 1980 não tínhamos motivo para presumir que um assassinato como aquele poderia acontecer. Os relatos esparsos de agressão letal em chimpanzés diziam respeito a machos de diferentes comunidades e eram descritos como agressão territorial. É por isso que não nos preocupamos demais na noite anterior, pensando que esses machos se conheciam bem. Se não quisessem ficar juntos, tinham tido todas as oportunidades para se separarem.

Vendo o episódio em retrospecto, os machos se uniram desesperadamente não apesar mas justo em razão das tensões entre eles. Isso parece pouco óbvio, mas, se o poder deriva de alianças, qualquer macho que durma sozinho corre um risco. Os outros dois se catarão, brincarão e se aproximarão, o que é exatamente o que deve ser evitado. Os chimpanzés estão muito conscientes das alianças, tanto entre eles como entre outros. Eles farão qualquer coisa para impedir a formação de alianças hostis. Portanto, nenhum dos três machos tinha interesse em ver os outros dois passarem a noite sem ele. E, apesar de Luit ter destituído os outros dois machos das altas posições que haviam ocupado antes, ele poderia estar ciente de que, no final, precisaria do apoio deles, e não de sua oposição, o que significava que precisara cultivar a relação entre eles.

Para mim, esse evento chocante teve consequências de longo alcance. Durante muitas noites sonhei com a visão horrível daquela manhã. Eu estava então planejando minha mudança para os Estados Unidos; de alguma forma, essas duas coisas se combinaram em meus pensamentos, como se Luit tivesse me enviado uma mensagem sobre o meu futuro. Eu estava ocupado desenvolvendo uma agenda de pesquisa para os próximos anos, sopesando todos os tipos de temas. Eu estudaria o comportamento agressivo, como quase todo mundo, ou a escolha de parceiro, o cuidado materno, a inteligência, a comunicação e assim por diante?

Eu começara a me interessar pela reconciliação e, em vez de olhar para esse comportamento como um luxo de que os animais podem prescindir, ou como um "golpe de sorte", como alguns colegas o chamavam, percebia agora que ele era absolutamente essencial. A morte de Luit me ensinou que, se os métodos usuais de resolução de conflitos falharem, as coisas ficam feias. Decidi fazer disso o tema de minha pesquisa futura. De um jeito ou de outro, dediquei toda a minha carreira a isso, de início através da observação comportamental, depois com experimentos sobre comportamento pró-social, cooperação e justiça. Essa decisão é um testemunho da influência de longo alcance das emoções. A morte de Luit levou-me a um tema que pensei que poderia me dar respostas, mas na época foi considerado fraco e periférico por muita gente.

Somente anos mais tarde fiquei sabendo que o incidente no zoológico não tinha sido tão anormal quanto pensávamos. Mesmo que as condições de cativeiro contribuíssem para a maneira como o ataque foi realizado, elas dificilmente eram sua causa. O primeiro relato de comportamento semelhante na natureza envolveu Goblin, no Parque Nacional de Gombe, na Tanzânia. Goblin era um excepcional macho alfa que agia como um completo babaca. Em *Uma janela para a vida*, publicado em 1990, Jane Goodall descreveu-o como criador de caso desde tenra idade, quando expulsava outros chimpanzés de seus ninhos no início da manhã sem nenhuma razão. Em vez de fazer amigos, aterrorizava a todos. Um dia, teve seu castigo quando uma massa de macacos irritados o atacou depois que ele perdeu uma luta contra um desafiante. O ataque foi difícil de ser enxergado por causa da densa vegetação rasteira, mas

Goblin surgiu gritando em pânico, com ferimentos no pulso, nos pés, nas mãos e, o mais importante, no escroto. Suas feridas eram incrivelmente semelhantes às de Luit.

Goblin provavelmente teria morrido quando seu escroto se infectou e inchou, e ele teve febre. Dias depois, ele estava se movendo devagar, descansando com frequência e comendo pouco. Mas um veterinário anestesiou-o e deu-lhe antibióticos. Enquanto convalescia, ele ficou fora da vista de sua própria comunidade. Depois, tentou encenar um retorno, fingindo ataques ao novo macho alfa. Foi um grave erro de julgamento, porque provocou outros machos do grupo a persegui-lo. Seriamente ferido de novo, Goblin foi mais uma vez salvo pelo veterinário de campo.[5]

Outros relatos de violência desse tipo chegaram dos montes Mahale, onde uma equipe japonesa de primatólogos seguiu os chimpanzés que viviam lá durante décadas. Certa vez visitei Mahale, junto ao lago Tanganica, na Tanzânia, com meu amigo Toshisada Nishida, o fundador do centro de pesquisas, para observar em primeira mão a política dos chimpanzés na natureza. Nishida era um grande admirador do macho superalfa Ntologi, que ficou no poder por doze anos, duração sem precedentes. Ntologi era um mestre da estratégia de dividir para governar e, em especial, de suborno. Por exemplo: mesmo que não tivesse caçado macacos, ele se apropriava da carne de outros para distribuí-la aos seus apoiadores e negava-a a seus rivais. Ao controlar o fluxo de carne, manipulava um poderoso instrumento político. Mas no final esse lendário macho foi agressivamente expulso e forçado a passar um tempo sozinho na periferia do território comunitário, mancando, mal conseguindo caminhar, lambendo suas feridas.

Tendo em vista a hostilidade dos vizinhos e o desamparo de um macho isolado, sua situação era perigosa. Ntologi não deu as caras na comunidade até que pudesse andar razoavelmente bem de novo. Ele aparecia e fazia uma demonstração espetacular de força e vigor. Depois, assim que estivesse fora de visão, voltava a mancar e lamber as feridas. Era como se usasse breves momentos de desempenho público para dissipar qualquer ideia que seus rivais pudessem ter sobre seu estado enfraquecido, um pouco como, na União Soviética, o Kremlin fazia seus líderes enfermos desfilarem na televisão para deixar claro que eles não estavam tão mal quanto se dizia.

Depois de várias tentativas de volta e novos exílios, Ntologi um dia regressou como macho enfraquecido, forçado a aceitar as posições mais baixas na hierarquia. O antigo ídolo de Nishida era agora um saco de pancadas que corria gritando sempre que um macho muito mais jovem o atacava. Ele perdera toda a dignidade. Então Ntologi foi morto no meio do território de sua comunidade, provavelmente por uma aliança de seus próprios companheiros de grupo. Foi encontrado em coma, cheio de profundas lacerações, cercado por chimpanzés que ocasionalmente o atacavam. Morreu no dia seguinte.[6]

Vários outros casos foram relatados, e eu normalmente pararia nesse ponto (odeio falar muito sobre esse tipo de comportamento), mas não posso omitir o incidente mais perturbador, relatado há alguns anos pela primatóloga norte-americana Jill Pruetz. Ela estuda chimpanzés em uma rara área de estudos no Senegal. O macho alfa do grupo, Foudouko, enfrentou uma rebelião depois que seu aliado sofreu uma fratura no quadril. Outros membros do grupo aproveitaram a oportunidade para atacar Foudouko, que foi banido para a periferia de seu território. Ele passou cinco anos praticamente sozinho. Toda vez que tentava voltar, os machos mais jovens, talvez lembrando-se da dureza de seu mando, o expulsavam de novo. Então, um dia, Jill ouviu ruídos a cerca de oitocentos metros de distância de seu acampamento. Ao aproximar-se dos sons, ela se deparou com o espetáculo perturbador de Foudouko morto e esparramado no chão, coberto de ferimentos. Os outros chimpanzés mal exibiam ferimentos, mostrando que o ataque devia ter sido altamente coordenado. Eles continuavam abusando do cadáver de Foudouko e o canibalizavam parcialmente, mordendo sua garganta e genitais, e consumindo pequenas quantidades de carne. Depois que Jill e seus colegas de trabalho enterraram Foudouko, os outros chimpanzés consolaram-se uns aos outros, e durante toda a noite continuaram a dar guinchos nervosos na direção do túmulo, como se tivessem medo do corpo.[7]

Desde o incidente no Zoológico Burgers, passei a ver o velho macho Yeroen como um assassino. Ele era o chimpanzé mais calculista que conheci, um verdadeiro maquiavélico. Era um grande líder, desde que estivesse firme na sela, mas tornava-se implacável se alguém atravessasse seu caminho. Tenho certeza de que ele estava por trás do ataque a Luit, tendo usado o macho mais jovem como peão. Chamar um animal de "assassino", no entanto, não é algo que normalmente fazemos, porque o termo implica premeditação.

Muitos animais se matam no calor da briga, como dois veados cujos chifres se emaranham ou um babuíno macho cujos longos caninos podem causar cortes tão profundos no rival que a perda de sangue e as infecções cobram seu preço. Na maioria dos casos, não está claro se a morte do outro foi intencional. Mas, quando se trata de chimpanzés, o que ouço com mais frequência daqueles que testemunharam ataques é como o comportamento parecia *intencional*. Eles falam em tom chocado da brutalidade extrema, como agressores que bebem o sangue de suas vítimas ou tentam deliberadamente lhe torcer uma perna. Os chimpanzés parecem decididos a acabar com a vida do outro, e continuam até que esse objetivo seja alcançado. Dizem os relatos que muitas vezes eles voltam dias depois à cena sangrenta do "crime", talvez para verificar a eficácia de sua obra e ter certeza da morte do rival. Ao encontrar o corpo da vítima onde o deixaram, não mostram surpresa nem alarme, o que só pode significar que esperavam vê-lo.

Não deveríamos nos surpreender tanto com os assassinatos intencionais, já que os predadores fazem isso o tempo todo com espécies diferentes das suas, razão pela qual não chamamos de assassinato. Um predador costuma não ceder até o último suspiro da presa. Quando um tigre sufoca um grande gauro, também conhecido como bisão indiano, cravando as mandíbulas ao redor de sua garganta; quando uma águia arrasta um cabrito montanhês de um penhasco para que ele caia e morra; ou quando um crocodilo afoga uma zebra no rio com um poderoso "giro mortal", eles matam suas presas deliberadamente. Se a presa mostrar algum sinal de vida, o predador retomará o ataque. Os chimpanzés têm o mesmo tipo de intencionalidade ao matar sua própria espécie, e é por isso que não acho que o termo "assassinato" esteja fora do lugar.

Na minha experiência, quanto melhor o líder, mais duradouro será seu reinado e menos provável que ele termine de forma brutal. Não temos boas estatísticas sobre isso e estou ciente das exceções, mas em geral um macho que fica no topo aterrorizando os demais reinará por poucos anos e acabará tão mal quanto Benito Mussolini. Com um valentão de líder, o grupo parece esperar por um desafiante e o apoia com entusiasmo se ele tiver alguma chance. Na natureza, os machos valentões são expulsos ou mortos, como Goblin e Foudouko, mas em cativeiro talvez tenham de ser retirados da colônia para sua própria segurança. Por outro lado, os líderes populares costumam permanecer no poder por um tempo extraordinariamente longo. Se um macho mais jovem desafia esse tipo de alfa, o grupo fica do lado do mais velho. Para as fêmeas, não há nada melhor do que a liderança estável de um macho alfa que as proteja e garanta uma vida em grupo harmoniosa. É o ambiente certo para criar os filhotes, então as fêmeas geralmente querem manter um macho desse tipo no comando.

Se um líder bom perde sua posição, raramente é expulso. Ele pode cair apenas alguns degraus na escada e envelhecer com dignidade dentro do grupo. Também pode ainda ter um pouco de influência nos bastidores. Conheci um desses machos, Phineas, há muitos anos. Depois que sua posição de alfa foi usurpada, ele se estabeleceu em terceiro lugar e tornou-se o queridinho dos filhotes, brincando com eles como um avô, e um parceiro de catação popular para todas as fêmeas. O novo alfa permitia que Phineas resolvesse as disputas na colônia, sem se preocupar em fazê-lo, porque o velho era excepcionalmente habilidoso nisso. Durante esses anos, Phineas estava mais descontraído do que eu já o vira, o que talvez seja compreensível porque, apesar de todo mundo achar que deve ser ótimo ser alfa, na verdade a posição é estressante.

A prova fisiológica de que ser o macho alfa não é um mar de rosas veio de excrementos de babuínos coletados nas planícies do Quênia. A extração de hormônios do estresse das fezes mostrou que os machos de baixa posição hierárquica são muito mais estressados que os de alta posição. Isso parece lógico, porque os subordinados são perseguidos e excluídos do contato com as fêmeas. A grande surpresa, no entanto, é que o macho da posição mais alta é tão estressado quanto os machos perto da base da hierarquia. Isso se aplica apenas ao macho do topo da hierarquia, pois ele está constantemente à procura de sinais de insubordinação e conluio que poderiam derrubá-lo.[8] "Inquieta está a cabeça que carrega uma coroa", escreveu Shakespeare sobre o rei Henrique IV — frase que pode ser aplicada igualmente a babuínos e chimpanzés machos.

Tambores de guerra

Embora compartilhemos muitas emoções com outras espécies, nós invariavelmente discutimos apenas um subconjunto delas, as "simpáticas", em especial se estamos propondo essas emoções como um motivo para valorizar mais os animais. Ninguém nos pede para nos preocuparmos com os animais porque eles atacam ferozmente os inimigos ou devoram as presas. Os argumentos de conscientização ligam-se sempre a apego, assistência mútua, sacrifício, cuidado dos filhotes, luto e afins. Nos tempos modernos, um dos primeiros livros a enfatizar essas capacidades foi *Quando os elefantes choram: A vida emocional dos animais*, de Jeffrey Moussaieff Masson, publicado em 1994. Também estão nas belas obras de Elizabeth Marshall Thomas, Temple Grandin e Barbara King, Marc Bekoff, Carl Safina e outros. Meus próprios livros sobre pacificação e empatia entre os primatas se encaixam no mesmo molde. Mas entre as emoções animais estão inegavelmente aquelas que os levam a atacar os rivais por ciúme sexual, lutar pela hierarquia, expandir territórios à custa dos outros, cometer infanticídio e assim por diante. A vida emocional dos animais nem sempre é bonita.

Nossas discussões seriam mais realistas se considerássemos todo o espectro comportamental. A primeira emoção animal estudada — a única que importava para os biólogos nos anos 1960 e 1970 — foi a agressão. Naquela época, todo debate sobre a evolução humana se resumia ao instinto agressivo. Sem mencionar as emoções em si, os biólogos definiam "comportamento agressivo" como aquele que causa danos físicos ou pretende causá-los em membros da mesma espécie. Como sempre, o foco estava no resultado. Mas por trás da agressão havia uma emoção óbvia, conhecida como raiva ou fúria nos humanos, a qual também impulsiona o antagonismo animal. As manifestações corporais dessa emoção são as mesmas em todas as espécies, como sons ameaçadores de baixa frequência (grunhidos, rugidos, rosnados). Esses sons estão associados ao tamanho do corpo: quanto maior a laringe do animal, mais grave será o som. Não precisamos ver um cachorro latindo para saber se ele é do tamanho de um rottweiler ou de um chihuahua. Da mesma forma, a batida do peito de um gorila macho nos diz algo sobre a circunferência de seu torso. Durante as ameaças, os animais inflam seus corpos levantando os ombros, arqueando as costas, abrindo as asas e eriçando pelos ou penas. Eles exibem armas como garras, chifres e dentes.

Os machos de nossa própria espécie erguem os punhos enquanto inflam o tórax para exibir o peitoral. O crescimento da cartilagem da laringe na puberdade é bem maior nos meninos do que nas meninas, tornando a voz mais grave e fazendo os homens parecerem grandes e fortes. O objetivo dessas características é intimidar e produzir medo, para que o agressor consiga o que quer. Na maioria das vezes é eficaz, mas se a meta não for alcançada as coisas podem subir de tom. A raiva é tipicamente despertada por objetivos frustrados ou por desafios ao status ou território de alguém. Mostrar raiva é uma forma comum de conseguir o que se quer e defender o que já se tem.

A raiva e a agressão são às vezes descritas como emoções antissociais, mas, na verdade, são intensamente sociais. Se marcássemos num mapa da cidade todos os casos de gritos, berros, insultos, batidas de portas e arremessos de porcelana, eles se concentrariam esmagadoramente em residências familiares: não nas ruas, nos estádios esportivos, nos pátios de escola ou nos shoppings, mas dentro de nossas casas. Sempre que a polícia tenta resolver um homicídio, os primeiros suspeitos são os parentes, amantes e colegas próximos. Uma vez que a agressão serve para negociar os termos das relações sociais, é nos lares que ela costuma ocorrer.

Ao mesmo tempo, relacionamentos sociais próximos também são os mais resilientes. A razão pela qual as famílias humanas conseguem se manter unidas é que a reconciliação também é mais comum nesses relacionamentos. Esposas, irmãos e amigos passam constantemente por ciclos de conflito e reconciliação, muitas vezes repetidos, para negociar seus relacionamentos. Você mostra raiva para defender seu ponto de vista, depois encerra as hostilidades com a ajuda de um beijo e alguns abraços. Outros primatas fazem o mesmo para proteger seus laços contra os efeitos corrosivos do conflito: eles se beijam e se catam após as lutas. Também para eles a reconciliação é mais fácil com aqueles de quem são mais próximos.

Há um domínio, no entanto, em que a agressão é comum e a reconciliação é rara, gerando resultados decididamente diferentes. Esse domínio recebeu enorme atenção em 1966, quando Konrad Lorenz argumentou, em *A agressão: Uma história natural do mal*, que temos um impulso agressivo que pode levar à guerra, portanto a guerra faz parte da biologia humana. Muitos acharam difícil engolir essa ideia vinda de um austríaco que servira no Exército Alemão durante a Segunda Guerra Mundial. O debate acalorado e muitas vezes ideológico que se seguiu continua até hoje. Segundo alguns, é nosso destino travar guerras para sempre, enquanto outros veem a guerra como um fenômeno cultural ligado às condições atuais.

Mas a guerra moderna está inegavelmente vários passos distante dos instintos agressivos de nossa espécie. De fato, não é a mesma coisa. A decisão de ir à guerra é tipicamente tomada por homens mais velhos sentados numa capital, com base na política, na economia e nos egos, enquanto homens mais jovens são mandados para fazer o trabalho sujo. Assim, quando olho para um exército em marcha não vejo necessariamente o instinto agressivo em ação. Vejo antes o instinto de rebanho: milhares de homens e mulheres em fila indiana, dispostos a obedecer às ordens. Não consigo imaginar que os soldados de Napoleão congelaram até a morte na Sibéria sentindo raiva. Também nunca ouvi veteranos norte-americanos do Vietnã dizerem que foram para lá com fúria em seus corações. Mas, infelizmente, a guerra humana, esse assunto tão complexo, com frequência ainda é reduzido a uma questão de instinto agressivo.

Na história recente, vimos tanta carnificina ligada à guerra que é natural achar que ela está inscrita em nosso DNA. O primeiro-ministro britânico Winston Churchill certamente pensava assim ao escrever que "a história da raça humana é guerra. Exceto por breves e precários interlúdios, nunca houve paz no mundo; e, antes que a história começasse, o conflito assassino era universal e interminável".[9] Infelizmente, ou talvez felizmente, há poucas provas do estado de natureza belicista descrito por Churchill. Enquanto os sinais arqueológicos de assassinatos individuais remontam a várias centenas de milhares de anos, provas semelhantes de guerra (como cemitérios com armas incrustadas numa massa de esqueletos) estão totalmente ausentes antes de 12 mil anos atrás. Não temos nenhum indício de guerras antes da revolução agrícola, quando a sobrevivência começou a depender de assentamentos e criação de animais. Até as muralhas de Jericó — consideradas um dos primeiros sinais de guerra e famosas por terem desmoronado, no Antigo Testamento — podem ter servido principalmente como proteção contra torrentes de lama.

Muito antes desses tempos bíblicos, nossos ancestrais viviam num planeta pouco povoado, com apenas uns 2 milhões de habitantes. Estudos do DNA mitocondrial sugerem que há cerca de 70 mil anos nossa linhagem estava à beira da extinção, vivendo em pequenos bandos dispersos. São condições que dificilmente promovem a guerra contínua. Os caçadores-coletores nômades — propostos como modelos de como nossos ancestrais deviam viver — envolviam-se frequentemente em comércio amigável, casamentos exogâmicos, escambos de caça e banquetes comunitários. Em uma das análises mais notáveis dos últimos anos, mapearam-se as amizades dos Hadza na Tanzânia, mostrando que eles desfrutam de uma vasta rede de contatos, muito além de seu próprio grupo e parentes.[10] Mesmo que a guerra fosse sempre uma opção para nossos ancestrais, eles provavelmente seguiam o padrão dos Hadza, que é o oposto do que Churchill supôs. Com muita probabilidade, longos períodos de paz e harmonia eram rompidos por breves interlúdios de confronto violento.

Desde o começo, os chimpanzés figuraram com destaque nesse debate. De início eram vistos como os garotos-propaganda de nossa ancestralidade pacífica, porque tudo o que se achava que eles faziam era transitar de árvore em árvore em busca de comida, como uma versão frugívora do Bom Selvagem de Rousseau. Na década de 1970, no entanto, surgiram os primeiros relatos chocantes de chimpanzés que se matavam uns aos outros, caçavam macacos, comiam carne e assim por diante. E, embora matar outras espécies nunca tenha sido o problema, as observações dos chimpanzés foram usadas para mostrar que nossos ancestrais devem ter sido monstros assassinos. Incidentes de chimpanzés matando seus líderes, como os descritos aqui, são excepcionais em comparação com o que eles fazem com membros de outros grupos para os quais reservam a violência mais brutal. Em consequência, o comportamento dos símios passou de argumento contra a posição de Lorenz à primeira prova em favor dele. O especialista em primatas britânico Richard Wrangham concluiu em *Demonic Males: Apes and the Origins of Human Violence* [Machos demoníacos: Os símios e as origens da violência humana], que "a violência semelhante à dos chimpanzés precedeu e abriu caminho para a guerra humana, fazendo dos seres humanos modernos os sobreviventes confusos de um hábito contínuo de 5 milhões de anos de agressões letais".[11] Wrangham fez com que voltássemos diretamente para a ideia de que a guerra é inata, embora ele tenha se esforçado para retratá-la como um traço flexível, uma opção sujeita à nossa escolha. Mas quão flexível pode ser uma característica que nos proporcionou uma guerra "contínua" ao longo da história e da pré-história humanas?

Embora essa afirmação pareça factual, falta-lhe sustentação arqueológica. Nós realmente não sabemos se a guerra remonta aos nossos primeiros antepassados. Também não está claro se esses ancestrais se pareciam com os chimpanzés. Com a fraca fossilização na floresta tropical, a forma e o tamanho dos nossos antepassados são desconhecidos. Que eles eram símios é um palpite excelente, mas não foi somente nossa linhagem que mudou desde então, a de todos os outros símios também. Nenhuma das espécies hoje existentes nos diz de onde viemos. Pelo que sabemos, o último ancestral comum entre humanos e grandes primatas, popularmente conhecido como "elo perdido", podia se parecer com um chimpanzé, um bonobo, um gorila, um orangotango ou outra coisa. Alguns especialistas apostam no gibão, que também é um símio, mas não é dos "grandes", que se apoiam nos nós dos dedos anteriores para se locomover. Os gibões usam a braquiação, ou seja, balançam entre as árvores pendurados pelos braços.

Dessas possibilidades, o bonobo talvez seja a mais intrigante, tendo em vista sua predisposição pacífica. Embora existam muitos relatos confirmados de um chimpanzé matando outro, até agora não há nenhum de bonobos fazendo a mesma coisa, seja em cativeiro ou em estado selvagem.[12] Ao contrário, os pesquisadores de campo descrevem interações não violentas entre comunidades de bonobos. Eles gritam uns para os outros quando se encontram e podem exibir uma agressividade inicial, mas logo se aproximam uns dos outros, fazem sexo e catam-se. As mães deixam seus filhotes saírem para brincar com os filhotes do outro grupo ou até com os machos adultos. Os bonobos provavelmente têm redes sociais que se estendem para muito além de suas comunidades de residência. Membros de diferentes grupos parecem felizes em se ver e agem com total descontração. Um relatório de campo recente até documentou o compartilhamento de carne através de fronteiras territoriais.[13] Isso seria inimaginável para os chimpanzés, que só conhecem graus variados de hostilidade. Eles nunca mostram a cordialidade e a confiança que os grupos de bonobos exibem, e num encontro entre grupos toda mãe chimpanzé

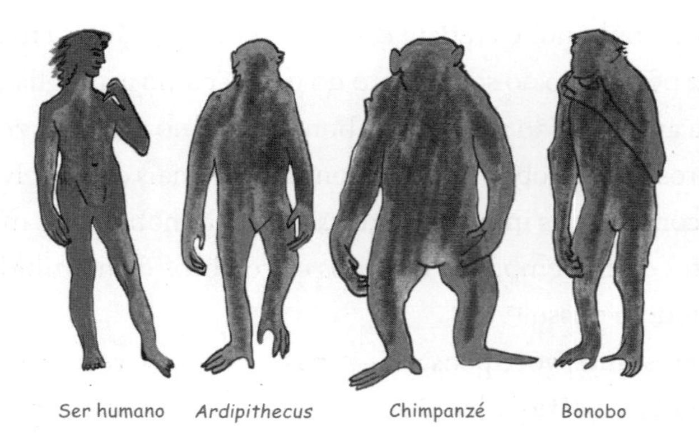

Dentre todos os grandes primatas, a proporção dos braços para as pernas dos bonobos é a mais parecida com a dos seres humanos. Ela é incrivelmente similar à de nosso ancestral *Ardipithecus*, como se pode ver nessas quatro silhuetas de hominídeos (sem escala). Se de fato descendemos de um símio semelhante ao bonobo, a pré-história humana terá de ser reescrita com menos ênfase na agressão e mais no poder do sexo e das fêmeas.

tentará se afastar o máximo que puder, porque sua prole mais nova corre sério risco. Eis o contraste gritante entre nossos dois parentes primatas mais próximos: as comunidades de chimpanzés na floresta travam batalhas sangrentas, enquanto os bonobos desfrutam de piqueniques felizes.

No Santuário Lola ya Bonobo, próximo a Kinshasa, na República Democrática do Congo, decidiu-se recentemente fundir dois grupos de bonobos que viviam separadamente, apenas para estimular alguma atividade social. Ninguém se atreveria a fazer tal coisa com os chimpanzés, pois o único resultado possível seria um banho de sangue. Em vez disso, os bonobos promoveram uma orgia. Uma vez que eles ajudam os estranhos a alcançar um objetivo, os pesquisadores os chamam de *xenofílicos* (atraídos por estranhos), enquanto consideram os chimpanzés *xenófobos* (com medo ou aversão a estranhos).[14] O cérebro dos bonobos reflete essas diferenças. As áreas envolvidas na percepção do sofrimento do outro, como a amígdala e a ínsula anterior, são maiores no bonobo que no chimpanzé. Os cérebros dos bonobos também contêm vias mais desenvolvidas para controlar os impulsos agressivos. O bonobo pode muito bem ter o mais empático de todos os cérebros de hominídeos, incluindo o nosso.[15]

Interessante, você pensaria — mas a ciência se recusa a levar os bonobos a sério. Eles são pacíficos, matriarcais e gentis demais para se adequar ao enredo popular da evolução humana, que gira em torno da conquista, da dominância masculina, da caça e da guerra. Temos uma teoria do "homem caçador" e uma teoria do "símio assassino"; temos a ideia de que a competição entre grupos nos tornou cooperativos, e a proposta de que nosso cérebro cresceu tanto porque as mulheres gostavam de homens inteligentes. Não há escapatória: nossas teorias sobre a evolução humana sempre giram em torno dos homens e do que os torna bem-sucedidos. Os chimpanzés se encaixam na maioria desses cenários, mas ninguém sabe o que fazer com os bonobos. Nossos primos hippies são invariavelmente saudados como encantadores e logo depois marginalizados. "Espécie encantadora, mas fiquemos com o chimpanzé", é o tom geral.

Em 2009, quando se descreveu o *Ardipithecus ramidus*, o fóssil hominídeo de uma fêmea de 4,4 milhões de anos, sua dentição não se ajustou à narrativa-padrão. Os caninos pequenos de Ardi sugeriam uma espécie relativamente pacífica. Você pensaria que aquele seria o momento perfeito para se voltar ao bonobo, que também é pacífico e tem dentes rombudos. De todos os símios, o bonobo se parece mais com Ardi nas proporções gerais do corpo, nas pernas longas, nos pés preênseis e até no tamanho do cérebro. Mas, em vez de oferecer uma nova perspectiva enfatizando o potencial gentil e empático da humanidade, parecido com o de um de seus parentes mais próximos, os antropólogos mostraram somente impaciência quanto ao fato de Ardi ser atípica — como poderíamos ter tido um ancestral tão gentil? Ao apresentar Ardi como uma anomalia e um mistério, manteve-se intacta a narrativa machista predominante.

Assim, os seres humanos em "estado de natureza" (se essa condição alguma vez existiu) travam uma guerra contínua. Nossa única esperança é a civilização, como Steven Pinker escreve em *Os anjos bons da nossa natureza: Por que a violência diminuiu*, um livro de 2011 que escolhe os chimpanzés como o melhor modelo para entender de onde viemos. Pinker aponta o progresso cultural como a solução para todos os nossos problemas. Precisamos controlar nossos instintos, do contrário agiríamos como chimpanzés. Essa mensagem claramente freudiana (Sigmund Freud via a civilização como a domadora de nossos instintos básicos) está profundamente arraigada no Ocidente e continua imensamente popular. Mas os antropólogos culturais e as organizações de direitos humanos abominam a implicação inevitável de que os povos pré-letrados vivem em violência crônica. Esse mito pode ser (e tem sido) usado como argumento contra os direitos desses povos. Um punhado de tribos talvez se comporte dessa maneira, mas alguns críticos argumentaram que somente uma seleção tendenciosa de registros antropológicos pode apoiar a concepção sangrenta de Pinker acerca das origens humanas. Os "selvagens" não são tão selvagens quanto se supõe.[16]

A parte mais intrigante de toda a proposta de resgate da civilização é que, sempre que os exploradores modernos encontraram povos pré-letrados, os violentos foram invariavelmente os primeiros. Isso valeu quando os britânicos descobriram a Austrália, quando os peregrinos desembarcaram na Nova Inglaterra e quando Cristóvão Colombo chegou ao Novo Mundo. Mesmo que os indígenas saudassem os visitantes estrangeiros com presentes e amizade, tudo o que estes últimos fizeram foi massacrar seus anfitriões. Colombo encontrou povos que nem sabiam o que era uma espada, mas se maravilhou com o fato de que só com cinquenta soldados tenha sido capaz de esmagá-los. Nada mais a acrescentar sobre a influência edificante da civilização.[17]

Meu foco não se concentra na história humana, mas nas habilidades naturais dos primatas para abafar o conflito. Na maioria das vezes eles são excelentes em manter a paz. Não consigo acreditar que ainda nos curvamos perante Freud e

Lorenz, para não mencionar Hobbes, quando debatemos nossa história evolutiva. A ideia de que só podemos alcançar a sociabilidade ideal subjugando a biologia humana é antiquada. Ela não combina com o que sabemos sobre caçadores-coletores, outros primatas ou a neurociência moderna. Ela também promove uma visão sequencial — primeiro tivemos biologia humana, depois a civilização —, enquanto na realidade as duas sempre andaram de mãos dadas.

A civilização não é uma força externa: a civilização somos nós. Jamais existiu um ser humano não biológico, nem qualquer ser acultural. E por que sempre consideramos nossa biologia sob a luz mais sombria possível? Transformamos a natureza no vilão para que possamos nos ver como o cara legal? A vida social faz parte do nosso passado de primatas, assim como a cooperação, o vínculo e a empatia. Isso é assim porque a vida em grupo é nossa principal estratégia de sobrevivência. Os primatas são feitos para serem sociais, feitos para se preocuparem uns com os outros, feitos para se darem bem, e a mesma coisa se aplica a nós. A civilização pode fazer todo tipo de grandes coisas para nós, mas faz isso cooptando habilidades naturais, e não inventando alguma coisa de novo. Ela trabalha com o que temos a oferecer, inclusive uma antiga capacidade de coexistência pacífica.

Ardi nos diz alguma coisa, e mesmo que não concordemos sobre o que ela está dizendo é hora de começarmos a discutir a evolução humana sem que os tambores de guerra sempre rufem ao fundo. É verdade que em nossos dias ruins somos tão dominadores e violentos quanto os chimpanzés, mas em nossos bons dias somos tão simpáticos e sensíveis quanto os bonobos podem ser.

Poder feminino

Mama ocupava o mais alto posto na hierarquia das fêmeas da colônia de chimpanzés de Arnhem. Embora não dominasse fisicamente nenhum macho adulto, era mais poderosa e influente que a maioria. Conheci outras fêmeas de chimpanzé impressionantes que sabiam como manter sua posição, empurravam os machos (tiravam a comida de suas mãos, os cutucavam para fora de um assento confortável) e eram tão cruciais para a vida em grupo que todos cortejavam seu apoio político.

Sob esse aspecto, contudo, os verdadeiros campeões não são os chimpanzés, mas os bonobos. Na natureza, uma fêmea alfa de bonobo entra a passos largos numa clareira arrastando um enorme galho atrás de si, fazendo uma exibição que todos os outros assistem, mas evitam. Não é incomum que as fêmeas dos bonobos afugentem os machos e reivindiquem grandes frutos, que eles dividem entre elas. Os frutos de *Anonidium* pesam até dez quilos e os de *Treculia* até trinta quilos, quase o peso de um bonobo adulto. Depois que essas frutas enormes caem no chão, as fêmeas sempre as reivindicam e raramente acham adequado compartilhá-las com os machos que vêm mendigar. Indivíduos machos podem suplantar indivíduos fêmeas, especialmente os mais jovens, mas coletivamente as fêmeas dominam os machos.[18]

Isso vale não somente na vida selvagem, mas também em todos os zoológicos que visitei. Invariavelmente uma fêmea é responsável pela colônia de bonobos. A única exceção ocorre quando o zoológico tem apenas um macho e uma fêmea. Os bonobos machos são maiores e mais fortes e possuem dentes caninos maiores que as fêmeas. Nesses casos, o macho é o chefe. Mas assim que a colônia cresce e o zoológico acrescenta uma segunda fêmea, a supremacia masculina acaba. As fêmeas sempre se unem se ele tentar intimidar uma delas. Acrescentar mais machos não mudará muito, porque, ao contrário dos chimpanzés machos, que formam alianças com facilidade, os bonobos machos não são muito cooperativos.

Naturalmente, os bonobos se tornaram populares entre as feministas, que os homenagearam em dedicatórias de livros, como Alice Walker, que agradeceu à Vida por eles existirem. Enquanto os chimpanzés resolvem questões sexuais com poder, os bonobos resolvem problemas de poder com sexo. Além disso, eles copulam em todas as combinações possíveis, inclusive com membros do mesmo sexo. Contudo, cientistas e jornalistas recuaram, achando que o bonobo é bom demais para ser verdade. Essa espécie do tipo "Faça amor/Não faça guerra" não seria uma invenção "politicamente correta", um símio forjado para satisfazer a esquerda liberal? Um jornalista viajou até a República Democrática do Congo na tentativa de provar que os bonobos não são tão pacíficos quanto foram retratados. Tudo o que ele trouxe de volta, no entanto, foi a história de um bonobo que perseguiu um *duiker*. O pequeno antílope escapou do ataque, mas o jornalista sentiu a necessidade de oferecer a seus leitores um relato medonho da maneira como o bonobo *poderia* tê-lo matado e devorado. Porém nada disso tinha muito a ver com o problema em questão, pois predação não é agressão. A predação é instigada pela fome, não pela competição.

Cientistas não familiarizados com a espécie criticaram aqueles que ousam chamar os bonobos macho de subordinados. É melhor vê-los como "cavalheirescos", disseram eles, porque a influência do sexo fraco depende, obviamente, da boa vontade do sexo mais forte. Ademais, a dominância feminina não pode ser tão importante, uma vez que se limita à comida. Trata-se de uma reviravolta desconcertante, porque se há um critério que tem sido aplicado a todos os animais do planeta é que, se o indivíduo A pode afastar B de sua comida, A é chamado de dominante. Takayoshi Kano, pesquisador de campo japonês pioneiro dos estudos sobre bonobos, que os acompanhou durante 25 anos na floresta pantanosa, observou que a comida é exatamente o objeto da dominação feminina. Se isso é o que importa para eles, então deveria ser importante também para o observador humano. Kano indicou que, mesmo que não haja comida por perto, os machos adultos reagem de modo submisso à mera aproximação de uma fêmea de alta hierarquia.[19]

O domínio feminino coletivo é especialmente surpreendente, uma vez que as fêmeas dos bonobos não têm relação e parentesco umas com as outras. Elas são amigas, não são parentes. Na puberdade, a fêmea deixa a comunidade em que nasceu para se juntar aos vizinhos, onde se liga a uma fêmea mais velha, que a coloca sob sua proteção. Em geral, ela não tem parentes no território em que se instala. Eu chamei a ginarquia* resultante de *irmandade secundária*. As fêmeas agem com solidariedade fraterna, baseada no interesse comum, e não no parentesco. Nos últimos anos, soubemos mais sobre essas redes graças a uma revitalização das pesquisas sobre os bonobos selvagens, durante longo período interrompidas pela guerra. As observações de campo são extremamente difíceis

* Ginarquia: forma de organização animal em que as fêmeas exercem o papel preponderante na colônia. (N. T.)

de realizar numa das florestas mais remotas do mundo, mas o cientista japonês Nahoko Tokuyama conseguiu coletar informações cruciais sobre como as fêmeas trabalham juntas. Na maioria das vezes, elas o fazem em resposta ao assédio masculino. Enquanto as fêmeas dos chimpanzés suportam abusos e a matança ocasional de seus bebês, as fêmeas dos bonobos não enfrentam nenhum desses problemas. As fêmeas idosas de alto escalão apoiam as mais jovens sempre que estas se vêm em apuros com os machos. As fêmeas dos bonobos têm uma existência relativamente despreocupada graças a essa camaradagem, que mantém a violência masculina sob controle.[20]

Sabemos muito menos sobre as relações de dominância entre as próprias fêmeas. Eles geralmente têm uma alfa, que no caso dos bonobos também é o indivíduo alfa geral, dominante sobre todos. Mas a competição por essa posição é menos intensa do que a dos machos na sociedade dos chimpanzés. Isso porque, para as fêmeas, há sempre menos em jogo do que para os machos. Em termos evolutivos, tudo o que importa é quem transmite seus genes. Os machos podem se sair melhor a esse respeito que qualquer fêmea, porque uma posição superior na hierarquia lhes permite engravidar uma multidão de fêmeas. Para as fêmeas, o jogo da evolução é radicalmente diferente. Independentemente da posição hierárquica e do número de parceiros, a fêmea continua a ter apenas um bebê de cada vez. Pelo modo como a reprodução funciona, o status masculino carrega um prêmio maior.

No entanto, as fêmeas dos bonobos fazem a segunda melhor coisa. Elas são ferozes defensoras de seus filhotes na hierarquia masculina. As piores brigas da sociedade dos bonobos ocorrem quando as fêmeas se envolvem nas lutas pelo status de seus filhos. Os bonobos machos competem por posições na proteção das mães, o que permite que aquelas de alta posição aumentem o número de netos. Tomemos o exemplo da fêmea alfa selvagem Kame, com não menos que três filhos adultos, o mais velho dos quais era o macho alfa. Quando a velhice começou a enfraquecer Kame, ela passou a hesitar em defender seus filhos. O filho da fêmea beta deve ter percebido isso porque começou a desafiar os filhos de Kame. Sua própria mãe o apoiou e não teve medo de atacar o macho superior em nome da cria. Os atritos aumentaram a ponto de as duas mães trocarem golpes e rolarem pelo chão. A fêmea beta segurou Kame no chão. Kame nunca se recuperou dessa humilhação, e logo seus filhos caíram para posições intermediárias na hierarquia. Após a morte de Kame, eles se tornaram periféricos e o filho da nova fêmea alfa assumiu a posição mais alta.[21]

O paralelo humano mais próximo é a competição acirrada e as intrigas entre as concubinas escravas no harém imperial otomano, algumas das quais ganhavam status igual ao das esposas do sultão. Essas mulheres preparavam seus filhos para se tornarem o próximo sultão. Após a ascensão ao trono, o vencedor ordenava inevitavelmente a morte de todos os seus irmãos, para ser o único a gerar descendentes. Nós, humanos, simplesmente fazemos as coisas de modo mais radical que os bonobos.

Embora o poder seja sempre uma obsessão maior para os machos do que para as fêmeas, a vontade de poder não se restringe a eles. No entanto, não se pode negar que em nossas sociedades as mulheres com ambições políticas enfrentam desafios especiais. Um deles é que, embora ser atraente e bonito seja ótimo para os homens (pensemos em John F. Kennedy ou

Justin Trudeau), isso não funciona tão bem para as mulheres. Essa diferença se relaciona ao modo como a competição sexual interage com um eleitorado que é metade masculino e metade feminino. Mulheres atraentes, especialmente aquelas em idade fértil, são percebidas como rivais por outras mulheres, o que dificulta para elas a obtenção do voto feminino. Quando concorreu contra Barack Obama em 2008, John McCain selecionou uma mulher relativamente jovem, Sarah Palin, para sua companheira de chapa. Os homens da mídia consideraram isso uma jogada brilhante, chamando Palin de "gostosa" e *milf*,* mas ninguém parecia perceber como o entusiasmo masculino poderia prejudicar a posição de Palin entre as mulheres. Obama mal ganhou no voto masculino (49% a 48%), mas abocanhou o voto feminino (56% a 43%).

As mulheres começam a ser líderes atraentes somente depois de se tornarem invisíveis ao olhar masculino, deixando seus anos reprodutivos para trás. As chefes de Estado femininas modernas estavam todas no período pós-menopausa, como Golda Meir, Indira Gandhi e Margaret Thatcher. A mulher mais poderosa da nossa época, Angela Merkel, chanceler da Alemanha, nem gosta de chamar a atenção para seu gênero, vestindo-se da forma mais neutra possível. Merkel é uma política hábil e perspicaz que não se impressiona com os homens. Em 2007, quando a recebeu em sua dacha russa, Vladimir Putin apresentou seu labrador de estimação para ela, sabendo muito bem que Merkel tem medo de cachorro. Afinal, a tática fracassou, porque ela fez uma distinção entre Putin e seu cachorro,

---

* *Milf*: acrônimo de "Mother I'd Like to Fuck" (mãe que eu gostaria de foder). (N. T.)

observando para os jornalistas: "Eu entendo por que ele tem de fazer isso: para provar que é um homem. Ele tem medo de sua própria fraqueza".[22] A tática de Putin mostrou como os homens sempre buscam vantagem através da intimidação.

O fato de a derrubada de um macho do poder desencadear a mesma reação que arrancar o cobertor de segurança de um bebê prova como essas tendências estão profundamente enraizadas. Tendemos a subestimar as emoções que organizam nossas vidas e instituições, mas elas estão no centro de tudo que fazemos e somos. O desejo de controlar os outros é uma força motriz por trás de muitos processos sociais e impõe estrutura às sociedades primatas. Da busca de Trump e Clinton pelo governo de uma nação a mães bonobos que trocam sopapos por seus filhos, a motivação do poder é ubíqua e fácil de se constatar. Ela levou a algumas das nossas maiores conquistas sob líderes inspiradores, mas também tem um histórico perturbador de violência, incluindo os assassinatos políticos aos quais nossa própria espécie não é estranha.

Emoções podem ser boas, más e feias, o que é tão verdadeiro para os animais quanto para nós.

6. Inteligência emocional

Sobre equidade e livre-arbítrio

NUMA FOTOGRAFIA DE UMA SAVANA SERENA, uma zebra está com o traseiro voltado para o observador. Ela levanta a cabeça para ver melhor os dois leões fora de foco, à distância, que estão no meio de uma cópula. Meus amigos do Facebook sugeriram legendas, e na melhor delas a leoa exclama: "Depressa, Arthur! Acabei de ver o nosso jantar!".

Mas leões em cópula não estão em clima de jantar. A zebra sabe disso, motivo pelo qual não tem pressa em cair fora. Ela não tem medo, pelo menos não naquele momento. O medo é uma emoção autoprotetora, o que o coloca no topo da lista dos valores de sobrevivência. Mas até o medo desperta somente depois de um julgamento cuidadoso da situação. Apenas ver os leões não é suficiente. Antílopes, zebras e gnus andam bem relaxados em torno dos grandes felinos que estão por ali brincando ou fazendo sexo. Eles estão familiarizados com o comportamento felino e sabem perfeitamente quando seus inimigos estão em clima de caça. Aí ficam com medo, se perceberem a tempo.

A celebração do cerebral

As reações baseadas nas emoções têm essa vantagem gigantesca sobre o comportamento reflexo: passam por um filtro de experiência e aprendizado conhecido como *avaliação*. Eu gostaria que os primeiros etólogos tivessem pensado nisso, em vez de se apegarem ao conceito de instinto, agora muito fora de moda. Os instintos são reações automáticas, bastante inúteis num mundo em constante mudança. As emoções são muito mais adaptáveis, porque funcionam como instintos inteligentes. Elas ainda produzem a mudança comportamental desejada, mas somente após uma avaliação cuidadosa da situação. Essa avaliação pode levar apenas uma fração de segundo, mas depende da comparação das condições atuais com a experiência passada, como faz a zebra da savana. Se estou planejando fazer um piquenique, por exemplo, ver que está chovendo vai me chatear, mas se pretendo ficar em casa, meu histórico de holandês molhado entra em ação: adoro ver a chuva do lado de fora da minha janela. O barulho das batidas de um silenciador de carro assusta aqueles que estiveram num combate militar, enquanto outros mal o percebem. O som de um cachorro latindo nos assusta até vermos que ele está na coleira. As emoções sempre passam por um filtro de avaliação, o que explica por que pessoas diferentes reagem de maneira diferente à mesma situação.

Podemos não estar no controle total de nossas emoções, mas também não somos seus escravos. É por isso que nunca devemos dizer "Me deixei levar pelas minhas emoções" como desculpa para algo estúpido que fizemos, porque somos *nós que deixamos* as emoções tomarem conta de nós. Ficar emotivo tem um lado voluntário. Você se deixa apaixonar pela pessoa errada, se permite odiar certos indivíduos, deixa que a cobiça ofusque seu julgamento ou que a imaginação alimente sua inveja. As emoções nunca são "apenas" emoções, e elas nunca são totalmente automáticas. O maior mal-entendido a respeito das emoções talvez seja o de que elas são o oposto da cognição. Traduzimos o dualismo entre corpo e mente como se fosse entre emoção e inteligência, mas as duas realmente andam juntas e não conseguem funcionar uma sem a outra.

O neurocientista luso-americano António Damásio contou a história de um paciente chamado Elliott que tinha uma lesão no lobo frontal ventromedial. Embora fosse articulado e intelectualmente sadio, até espirituoso, Elliott se tornara emocionalmente insensível, não demonstrando qualquer indício de afetividade durante muitas horas de conversa. Nunca estava triste, impaciente, zangado ou frustrado. Essa falta de emoção parecia paralisá-lo na hora de tomar uma decisão. Podia demorar a tarde toda para decidir sobre onde e o que comer, ou meia hora para decidir sobre um compromisso ou a cor de sua caneta. Damásio e sua equipe testaram Elliott de todas as maneiras. Embora sua capacidade de raciocínio parecesse perfeita, ele tinha dificuldades para cumprir uma tarefa e especialmente para chegar a uma conclusão. Como resumiu Damásio: "O defeito parecia se instalar nos estágios finais do raciocínio, próximo de ou no ponto em que a escolha ou a seleção da resposta deve ocorrer". O próprio Elliott, após uma sessão na qual havia revisado cuidadosamente todas as opções, disse: "E, depois de tudo isso, eu ainda não sei o que fazer!".[1]

Graças aos insights de Damásio e de muitos outros estudos desde então, a neurociência moderna descartou a ideia de emoções e racionalidade como forças opostas, como óleo e água, que não se misturam. As emoções são uma parte essencial do nosso intelecto. No entanto, a noção de que são separados continua tão arraigada que sobrevive com força total em muitos círculos. As pessoas ainda desprezam as emoções e acham que uma boa tomada de decisão exige que sejamos lúcidos e desapaixonados, como no processo de decisão fingido de Darwin, ao listar os prós e contras do casamento. Essa ilusão remonta aos antigos filósofos gregos, que admiravam muito o raciocínio lógico de homens como eles mesmos, mas reconheciam menos essa capacidade nas mulheres e menos ainda nos animais. As mulheres eram consideradas sentimentais e intuitivas, mais sintonizadas com seus corpos e, portanto, não tão intelectuais quanto os homens. Os homens eram imunes a mudanças de humor mensais e, além disso, eram os únicos capazes de controlar suas paixões.

Só uma coisa incomodava os filósofos, e parece ainda incomodar muitos deles: que a mente humana requer um recipiente material. Ela não pode existir sem um corpo. O estado material da mente é muito infeliz, porque não apenas o corpo nos incomoda com desejos e sentimentos incontroláveis, forçando-nos a pensar em coisas sobre as quais não queremos pensar, como também é mortal. O Evangelho de Tomé se queixa do espírito humano: "Espanta como tanta riqueza foi habitar em tanta pobreza".[2]

O desdém pelo corpo explica por que os eremitas medievais — em sua imensa maioria do sexo masculino — tentaram negá-lo. Eles se retiravam para o deserto ou para uma caverna próxima a fim de se privar de todas as tentações da carne — e eram atormentados por visões de refeições fartas e mulheres voluptuosas. Isso também explica por que pessoas ricas — de novo, em sua imensa maioria do sexo masculino — fazem fila para ter suas cabeças congeladas criogenicamente após a morte. Seus cérebros estarão prontos para o dia em que a tecnologia chegar ao ponto de poder "recarregá-los". Acreditando que a mente não precisa de um corpo, eles pagam uma fortuna por um futuro digitalmente imortal em que tudo o que está hoje na cabeça deles possa ser transferido para uma máquina. Afinal, a mente é apenas um software que funciona numa plataforma de carne. Pode funcionar igualmente bem num computador. Não importa que a ciência mal saiba como seria a mente sem corpo. A metáfora do computador para o cérebro é profundamente enganadora, uma vez que o cérebro está conectado de milhões de maneiras ao corpo e é parte integrante dele. A mente humana não faz distinção entre corpo e cérebro, e representa ambos. Portanto, não estou nada convencido de que acordar em formato digital será um momento feliz. A felicidade é visceral, e um cérebro separado das vísceras provavelmente não sente nada.[3]

É isso que enfrentamos em qualquer discussão sobre emoções animais. Temos essa ilusão de um espírito humano flutuante mal ligado à biologia, mais proeminente em um gênero e que está radicalmente afastado de tudo o que veio antes. Nós celebramos o cerebral, acreditamos em algo como a "razão pura", e temos uma opinião pouco elogiosa sobre as emoções, o corpo e qualquer espécie que não seja a nossa. Esses preconceitos culturais e religiosos estão conosco há milênios e, portanto, não são facilmente apagáveis. Contudo, precisaremos nos distanciar deles antes de considerar seriamente que as emoções animais são um sinal de inteligência, como defenderei aqui.

Assim como os seres humanos, os animais têm *inteligência emocional*, um conceito pop-psicológico que se refere à capacidade de ler as emoções do outro, usar informações emocionais e controlar as próprias emoções para atingir metas.[4] Emprego o termo de forma vaga para denotar a interação entre emoção e cognição. Em geral, estudamos a inteligência emocional humana como um traço individual. Alguns de nós são melhores que outros em administrar transtornos emocionais ou tirar vantagem de como nos sentimos. Isso tem a ver com criação, habilidades e personalidade. Mas, quando se trata de animais, consideramos que emoções e cognição andam de mãos dadas para produzir os resultados que vemos, das hierarquias sociais à vida familiar, e da defesa contra o predador à resolução de conflitos.

Um bom exemplo é o senso de equidade. Ele costuma ser visto como um produto da razão e da lógica, e um valor moral exclusivamente humano, mas nunca teria surgido sem uma emoção básica que compartilhamos com outros primatas, caninos e aves. Nosso senso de equidade é uma transformação intelectual dessa emoção compartilhada.

Pepinos, uvas e macacos

Por mais de vinte anos, mantive uma colônia de macacos-prego no Centro Nacional Yerkes de Pesquisas sobre Primatas. Cerca de trinta desses lindos macacos marrons viviam juntos em uma área externa ligada ao nosso laboratório, onde testávamos todos os dias sua inteligência social. Criávamos situações nas quais eles podiam trabalhar juntos, compartilhar alimentos, trocar sinais, reconhecer rostos e assim por diante. Os macacos faziam tudo isso com grande entusiasmo. Os macacos-prego ficam mais satisfeitos quando estão ocupados. Eles nunca desistem; na natureza, eles batem numa ostra até que o molusco relaxe o músculo para que consigam abri-lo, e no laboratório eles continuam selecionando o rosto de companheiros de grupo e estranhos numa tela sensível ao toque até que possam distingui-los. Eles usam a persistência para todas as tarefas. Nunca os forçamos a entrar, mas tentamos fazer as sessões curtas e doces (literalmente) para que eles ficassem entusiasmados.

Do que eu mais gostava nos macacos-prego talvez fosse o ruído de fundo que produziam. Enquanto trabalhavam, não paravam de "conversar" com o resto do grupo. Na natureza, os macacos-prego são moradores da floresta, o que significa que estão frequentemente fora da vista um do outro por causa das folhas e árvores. As vocalizações são a tábua de salvação para o grupo. No laboratório, testamos indivíduos longe do resto, mas sempre ao alcance da voz. Eles guinchavam continuamente para a família e amigos e recebiam guinchos de volta.

Eu acabei gostando tanto dessa espécie, e das personalidades que conhecia pelo nome, que fui ver macacos-prego no Brasil e na Costa Rica para ter uma noção de como eles se comportam na natureza. E, apesar de serem apenas macacos, quase todas as suas capacidades mentais são muito reconhecíveis para nós. Digo "apenas" macacos em tom de ironia, porque especialistas em comportamento de grandes símios às vezes falam nesse tom condescendente sobre outros primatas, um pouco como aqueles paleontólogos que não suportam a ideia de que um fóssil recém-descoberto possa ser "apenas" um macaco e tentam invariavelmente enfiá-lo no constructo artificial que é o gênero Homo.

No entanto estes são macacos notáveis, o que ficou claro quando se descobriu que eles usam pedras para abrir frutos duros da floresta. Os macacos-prego trazem nozes e castanhas de longe para afloramentos rochosos que servem de bigornas, e trazem também pedras que usam como martelo. A tecnologia das ferramentas de pedra foi saudada como uma extraordinária conquista hominídea que compartilhávamos somente com os chimpanzés. Mas o clube lítico teve de admitir como sócios esses pequenos macacos com caudas preênseis. Em relação aos seus corpos, os cérebros dos macacos-prego são tão grandes quanto os dos chimpanzés, e a expectativa de vida deles é extraordinariamente longa. Mango, a fêmea mais velha de minha colônia, está viva ainda hoje, com idade estimada de cinquenta anos.

Minha ex-aluna Sarah Brosnan e eu fizemos uma descoberta acidental sobre o comportamento dos macacos-prego que abalou as noções tradicionais sobre a equidade humana, amplamente considerada um fenômeno cultural, e não biológico. Temos dificuldade de imaginar a equidade como uma característica evolutiva, em parte pela forma como retratamos a natureza. Usando frases evocativas como "sobrevivência do mais apto" e "unhas e dentes vermelhos da natureza",* enfatizamos a crueldade da natureza, não deixando espaço para a equidade, apenas para o direito do mais forte. Nesse meio-tempo, esquecemos que com frequência os animais dependem uns dos outros e sobrevivem através da cooperação. Na verdade, eles lutam muito mais contra o meio ambiente ou contra a fome e a doença do que uns contra os outros. É por isso que o naturalista e anarquista Piotr Kropotkin perguntou, em 1902: "Quem são os mais aptos: aqueles que estão continuamente em guerra uns com os outros, ou aqueles que apoiam uns aos outros?"[5]. Tendo observado cavalos e bois almiscarados

* Verso de Alfred Tennyson no poema "In memoriam A. H. H.". (N. T.)

na Sibéria se amontoar contra nevascas congelantes ou formar um círculo protetor ao redor dos filhotes para manter os lobos à distância, o príncipe russo optou pela ajuda mútua como estratégia superior. Ele estava muito à frente de seu tempo.[6]

De volta ao laboratório, Sarah e eu ficamos perplexos porque nossos macacos-prego, em vez de apenas consumirem suas próprias recompensas, também ficavam de olho nas dos outros. Isso não fora notado antes por causa da maneira como os animais são normalmente testados. Um rato fica sozinho numa caixa pressionando uma alavanca para obter a recompensa. A única coisa que importa para o rato é a dificuldade da tarefa, a atratividade das recompensas e quando elas são entregues. Porém, graças ao meu interesse no comportamento social, meu laboratório era diferente. Os macacos raramente ficavam sozinhos durante os testes. Foi assim que percebemos que eles ficavam de olho em cada pedaço de comida que ia para os outros. Era como se valorizassem sua recompensa em relação ao que os outros recebiam. Isso pode parecer ridículo: por que não deveriam eles se concentrar somente em seu próprio desempenho e em sua própria recompensa?

Mas à luz do que sabemos sobre o comportamento humano, o interesse dos macacos-prego pelos outros fazia todo o sentido. O chamado paradoxo de Easterlin ganhou esse nome em homenagem ao economista norte-americano Richard Easterlin, que percebeu que, em todas as sociedades, os ricos tendem a ser mais felizes que os pobres. Até aí tudo bem, mas Easterlin também descobriu que, se uma sociedade inteira fica mais rica, seu bem-estar médio não sobe. Em outras palavras, as pessoas de uma nação rica não se sentem melhor que as de uma nação pobre. Como isso é possível se a riqueza nos torna felizes? A resposta é que não é a riqueza em si que aumenta o bem-estar, mas a riqueza *relativa*. Os sentimentos de felicidade dependem de como nossa renda se compara à dos outros.[7]

Naquela época, no entanto, Sarah e eu não conhecíamos o paradoxo de Easterlin. Observando que nossos macacos ficavam aborrecidos sempre que suas recompensas eram insuficientes, decidimos olhar essa questão mais de perto. Isso levou a um experimento relativamente simples, que explorava o talento dos macacos-prego para o escambo, o que eles fazem espontaneamente. Se você esquecer uma chave de fenda na gaiola, basta apontar para a ferramenta e mostrar um amendoim, e eles a entregarão através da grade. Eles gostam tanto de escambo que até lhe trazem uma casca de laranja seca em troca de uma pedrinha, ambas coisas inúteis. Mais notável ainda, depois que colocam o objeto na palma de sua mão eles conseguem agarrar os dedos com as mãozinhas e dobrá-los para dentro, fechando a mão ao redor do objeto, como se dissessem: *"Assim, segure firme!"*.

Usamos esse talento natural, que provavelmente se relaciona com o compartilhamento de comida, a fim de pôr nossos macacos para trabalhar. Havíamos notado que as reações à injustiça ocorriam somente se houvesse esforço envolvido. Se déssemos alimentos diferentes para dois macacos, eles mal notavam, mas se ambos trabalhassem para obter comida, de repente o que um ganhava em comparação com o outro passava a importar. A comida tinha de servir como um salário, por assim dizer, para que a injustiça se tornasse um problema.

Para o nosso experimento, colocamos dois macacos numa câmara de teste, sentados lado a lado, com uma grade entre eles.[8] Soltávamos uma pedra pequena na área de um deles e depois segurávamos a mão aberta para pedir a pedra de volta. Fizemos isso 25 vezes seguidas, alternadamente, com os dois macacos. Se ganhassem fatias de pepino em troca das pedras, os dois faziam a troca o tempo todo, comendo o pepino com satisfação. Mas se déssemos uvas a um dos macacos enquanto mantínhamos o pepino para outro, desencadeávamos um drama e tanto. As preferências alimentares correspondem geralmente aos preços no supermercado, então as uvas são muito superiores aos pepinos. Ao perceber que o parceiro recebera um aumento, os macacos que estavam perfeitamente felizes em trabalhar em troca de pepinos de repente entravam em

Para estudar o senso de equidade, realizamos um experimento com macacos-prego usando pepinos e uvas. Dois macacos foram colocados lado a lado numa câmara de testes com uma parede de acrílico com furos. Se ambos os macacos recebessem pepino, eles realizavam uma tarefa simples quase 100% das vezes. A desigualdade foi criada ao darmos para um deles uvas, que eles preferem, enquanto o outro continuava a ganhar pepino. Embora sua recompensa não mudasse, isso deixou o macaco que recebia o pepino muitíssimo contrariado. Ele se recusou a realizar a tarefa e rejeitou as fatias de pepino, que jogou para fora da câmara de testes.

greve. Não só executavam a tarefa com relutância como ficavam agitados, arremessando as pedras para fora da câmara de teste e, às vezes, até as fatias de pepino. Um alimento que normalmente nunca recusavam tornou-se menos que desejável: tornou-se repugnante![9]

A frustração deles foi tão intensa que decidimos dar aos dois macacos muitas guloseimas antes de devolvê-los ao grupo, para evitar que desenvolvessem associações negativas com o experimento. Obviamente, não usamos apenas dois macacos, mas testamos muitos deles em diferentes combinações antes de chegar a uma conclusão.

Jogar fora comida perfeitamente boa é o que os economistas chamam de comportamento "irracional". Todo ator racional supostamente aceita o que pode obter para maximizar o lucro. Se eu lhe der um dólar e der mil dólares ao seu amigo, você pode ficar danado, mesmo assim pega o dólar porque é melhor do que nada. Porém as pessoas não são maximizadoras racionais. Essa conclusão é hoje saudada com a declaração dramática do falecimento do *Homo economicus*, a imagem de nossa espécie oferecida pelos manuais de economia, segundo a qual tomamos decisões perfeitamente racionais para satisfazer nossa ganância. Vários estudos desautorizaram essa suposição popular, mostrando que os vieses emocionais muitas vezes nos fazem escolher de forma bem diferente. Não somos tão racionais e egoístas quanto pensam, e nem todos os nossos desejos são materiais.

A mesma coisa se aplica a outras espécies, mas isso nem sempre é reconhecido. De sua longa busca para encontrar o *Homo economicus*, o antropólogo norte-americano Joseph Henrich concluiu com humor: "Por fim o encontramos. Tratava-se de um chimpanzé".[10] Muito engraçado, mas sua observação estava baseada em estudos de cerca de quinze anos antes, nos quais os chimpanzés não demonstravam preocupação com o bem-estar dos outros. Embora existam boas razões para duvidar de provas negativas (segundo o mantra de que "Ausência de prova não é prova de ausência"), essas descobertas iniciais ganharam bastante adesão. Porém, os estudos de símios em que elas se baseavam foram superados por muitos outros que demonstram de forma convincente empatia e tendências pró-sociais. De fato, a inclinação básica da maioria dos primatas é cooperativa, não egoísta, e então podemos concluir com segurança que o *Homo economicus* nunca evoluiu, tanto em nossa linhagem direta como em qualquer outro lugar na ordem dos primatas. Ele está mortinho da silva.

No começo, Sarah e eu evitamos qualquer conversa sobre "equidade" entre macacos, e prudentemente falamos de "aversão à desigualdade". Mas, quando a notícia do nosso estudo saiu — o que aconteceu exatamente no mesmo dia de 2003 em que o presidente da Bolsa de Nova York, Richard Grasso, foi forçado a renunciar em consequência de um pacote de indenizações altíssimo que escandalizou a nação —, a mídia reconheceu as raízes evolutivas da equidade e disse que ela deve ser uma coisa boa, se até os macacos a tem.

A notícia incomodou muita gente e recebemos e-mails furiosos reclamando que devíamos ser marxistas por tentar demonstrar que a equidade é natural, ou que é impossível que os macacos tenham o mesmo senso que nós, porque a equidade foi inventada durante a Revolução Francesa. Para mim, eram reclamações malucas, porque considero nossos macacos minicapitalistas (eles trabalham por comida e comparam as rendas), e não acredito em princípios morais inventados por um bando de caras em Paris. A moral é muito mais profunda que isso.

O senso de equidade é um grande exemplo de como avançamos de "sentimentos morais", como o filósofo escocês David Hume os chamou, para princípios morais completamente desenvolvidos. O ponto de partida é sempre uma emoção. Nesse caso, a emoção é a inveja. Os macacos invejaram a vantagem do companheiro. Não foi simplesmente a visão de alimentos de alta qualidade que os aborreceu, porque também realizamos testes nos quais as uvas não foram para um parceiro, mas estavam visíveis numa tigela ou jogadas numa gaiola vazia ao lado deles. Eles reagiram muito menos a essas situações, o que significava que sua rejeição ao pepino envolvia uma comparação *social*. Ela era especificamente causada por ver alguém ganhar algo melhor.

Pode-se dizer que isso ainda não equivale a um senso de equidade, porque somente um macaco ficou chateado: o sortudo não parecia se importar. Isso é verdade, mas a reação invejosa do primeiro macaco está no centro do senso de equidade, como explicarei. Devo acrescentar que reações semelhantes ocorrem em outras espécies. Elas também são típicas de crianças pequenas quando uma delas recebe uma fatia de pizza menor que a do irmão (e grita: "Isso não é justo!"). Muitos donos de cães me abordaram para descrever como um de seus animais de estimação reage quando o outro recebe comida melhor. Quando os cães foram testados no Laboratório Cão Inteligente da Universidade de Viena, descobriu-se que eles estavam dispostos a levantar a pata muitas vezes seguidas para cumprimentar, mesmo que não recebessem recompensa por isso. Mas, assim que outro cão recebeu comida pela mesma façanha, o primeiro cachorro perdeu o interesse e recusou qualquer outro aperto de pata. Lobos criados em lares humanos se comportaram da mesma maneira.[11]

Ficar ressentido com o sucesso do outro pode parecer mesquinho, mas a longo prazo impede que alguém seja enganado. Chamar essa resposta de "irracional" é errar o alvo. Se você e eu costumamos sair juntos para caçar e você sempre reivindica os melhores pedaços de carne, eu preciso me opor ferozmente ao modo como você está me tratando ou então começar a procurar por um novo companheiro de caça. Tenho certeza de que posso fazer melhor que isso. A sensibilidade para a distribuição de recompensas ajuda a garantir retornos para ambas as partes, o que é essencial para a continuidade da cooperação. Não por acaso, os animais mais sensíveis à desigualdade —

Laboratório da Universidade de Viena testou a sensibilidade de cães à desigualdade ao pedir a dois deles que dessem a pata ao pesquisador. Sem receber recompensa, ambos os cães fizeram o gesto muitas vezes seguidas. Mas se um deles recebesse um pedaço de pão pelo gesto, enquanto o outro não ganhava nada, este último (*à esq.*) desistia e se recusava a dar a pata.

chimpanzés, macacos-prego e canídeos — caçam em grupos e compartilham a carne.

Contudo, a reação de ressentimento pode não estar limitada a esses animais. A psicóloga norte-americana Irene Pepperberg descreveu a conversa típica de seus jantares com dois papagaios africanos briguentos, o falecido gênio psitacídeo Alex e seu colega mais moço, Griffin:

> Eu jantava em companhia de Alex e Griffin. Em companhia mesmo, porque eles insistiam em compartilhar minha comida. Eles adoravam vagens e brócolis. Minha função era garantir que fossem partes iguais, caso contrário haveria altas reclamações. "Vagem", Alex gritava, se pensasse que Griffin ganhara uma a mais. E vice-versa.[12]

Mas ainda assim nada disso vai além da reação egocêntrica que apelidamos de *equidade de primeira ordem*, marcada pela irritação por ganhar menos em comparação a outra pessoa. Foi somente depois que começamos a trabalhar com símios que encontramos sinais de *equidade de segunda ordem*, que diz respeito à equidade em geral. Os humanos não se recusam somente a ganhar menos que os outros, mas, às vezes, também a ganhar mais. Podemos nos sentir desconfortáveis com nossa própria vantagem. Não que Grasso mostrasse muito dessa sensibilidade — ela é pouco desenvolvida na nossa espécie —, mas, em princípio, os resultados justos são buscados não só pelos pobres, mas também pelos ricos.

A equidade de segunda ordem pode ser vista no comportamento natural dos símios, como quando resolvem conflitos em torno de comida que não é deles. Certa vez, vi dois filhotes brigando por um galho frondoso. Uma chimpanzé adolescente interrompeu a briga, tirou o galho deles, partiu-o em dois e entregou uma parte a cada um. Ela só queria parar a luta, ou entendia alguma coisa sobre distribuição? Os machos de alta posição hierárquica também costumam acabar com brigas por comida sem reivindicar nada para si mesmos. Eles apenas resolvem a disputa, o que permite que todas as partes compartilhem. A fêmea de bonobo Panbanisha, que estava sendo testada num laboratório de cognição, ganhou grandes quantidades de leite e passas em troca de uma tarefa que realizou. Mas seus amigos e parentes seguiam tudo à distância, e ela sentiu os olhos invejosos em cima ela. Depois de algum tempo, Panbanisha começou a recusar recompensas, como se estivesse preocupada com o fato de ser privilegiada. Olhando para o pesquisador, ela não parou de apontar para os outros até que eles também conseguissem algumas das guloseimas. Só então ela comeu sua parte.[13]

Os símios são capazes de pensar no futuro. Se Panbanisha tivesse comido publicamente sua cota poderia haver consequências desagradáveis quando ela se reencontrasse com os outros mais tarde.

O Jogo do Ultimato

Sabe-se que pessoas abastadas removem discretamente as etiquetas de preços dos móveis, utensílios de cozinha e outros itens caros que trazem para casa, de modo a não se indispor com babás e empregadas. Elas são reticentes em se exibir. Quando entrevistou nova-iorquinos ricos, a socióloga Rachel

Sherman descobriu que eles se sentiam desconfortáveis com a disparidade de renda e tentavam amenizá-la. Evitavam se chamar de "ricos" ou "classe alta", preferiam ser considerados "afortunados". Pareciam perceber que a situação deles talvez despertasse ressentimento, algo que gostariam de evitar.[14]

Trata-se de um bom começo, mas a remoção de etiquetas de preço é só um expediente que não engana ninguém. A única maneira eficiente de evitar a inveja é aquela que Panbanisha escolheu: compartilhar sua riqueza. Isso é comum em sociedades humanas de pequena escala; caçadores-coletores têm uma ética de compartilhamento extremada que não permite nem que os caçadores bem-sucedidos se gabem de suas habilidades. A mesma coisa se aplica aos chimpanzés. Dei-me conta disso pela primeira vez durante um estudo em grande escala de Sarah Brosnan, no qual ela recompensava símios com uma cenoura por realizarem uma tarefa simples. Mas às vezes ela dava a um deles uma uva, a recompensa favorita, e então, tal como acontece com os macacos, os que ganhavam a cenoura recusavam-se a executar a tarefa ou jogavam fora a recompensa. Mas ninguém previra que os que recebiam uvas também ficassem contrariados. Se o parceiro recebia apenas uma cenoura, eles às vezes recusavam a uva, mas não faziam isso se o parceiro também recebesse uma uva. Uma vez que isso se aproxima muito do senso humano de equidade, desenvolvemos um plano arrojado para experimentar o Jogo do Ultimato com os chimpanzés. Considerado o padrão-ouro para avaliação da equidade humana, já foi jogado com pessoas de todo o mundo.

No início, uma pessoa recebe, digamos, cem dólares para dividir com outra e decide a proporção da divisão: pode ser metade-metade ou qualquer outra divisão, como noventa-dez. O parceiro pode aceitar a oferta e, nesse caso, ambos os jogadores recebem dinheiro. Mas o parceiro também pode recusar a oferta, deixando os dois de mãos vazias. A opção de veto do parceiro significa que a pessoa que divide a grana deve ficar atenta, porque o parceiro pode não gostar de uma oferta muito baixa.

Obviamente, se os humanos fossem maximizadores racionais, o parceiro nunca recusaria a oferta: aceitaria *qualquer* acordo. Mas mesmo pessoas que nunca ouviram falar da Revolução Francesa rejeitam ofertas excessivamente baixas. Quanto mais uma cultura se baseia na cooperação, maior a probabilidade de seus membros rejeitarem ofertas baixas. Os caçadores de baleias de Lamalera, na Indonésia, por exemplo, vagam pelo mar aberto em grandes canoas com uma dúzia de homens cada. Eles capturam baleias pulando nas costas do gigante e enfiando um arpão nela. Famílias inteiras dependem do sucesso dessa atividade extremamente perigosa, então, quando os caçadores voltam com uma baleia, têm forte em mente a distribuição dessa bonança. Não surpreende que esses caçadores sejam mais sensíveis à equidade que a maioria das outras culturas, como as hortícolas, nas quais cada família cuida de seu próprio terreno. O senso humano de equidade está intimamente ligado à cooperação.[15]

Os chimpanzés cooperam também, tanto na caça como na defesa territorial, sem falar das alianças políticas. Mas como pôr o Jogo do Ultimato em prática com outras espécies quando não podemos explicar como ele funciona? Nossa solução foi usar fichas pintadas em qualquer uma das duas cores que eles podiam trocar por comida em quantidades correspondentes. Nossa colega de trabalho Darby Proctor convidou dois indivíduos a se sentarem um ao lado do outro, separados por barras, e ofereceu a um deles a escolha entre duas fichas de cores diferentes. Se o escolhedor apontasse uma das cores, Darby lhe daria cinco fatias de banana, e para o parceiro, apenas uma. Se escolhesse a outra cor, Darby daria a cada um deles três fatias. Desse modo, o escolhedor tinha diante de si uma decisão simples entre um desfecho que era melhor para si e outro que era melhor para ambos. A parte importante era que, como no Jogo do Ultimato, o parceiro do escolhedor tinha de "concordar" com a escolha: o escolhedor não poderia devolver a ficha diretamente para Darby — ela tinha de vir do parceiro. Assim, o escolhedor tinha de passar a ficha através das barras para o parceiro, que a aceitava mediante o ato de passá-la para Darby.

Os chimpanzés aprenderam rapidamente o significado das duas cores, como ficou claro pelo modo como o parceiro reagia quando um escolhedor lhe ofereceu a ficha egoísta, aquela que dava ao escolhedor cinco vezes mais. O parceiro batia nas barras entre eles ou cuspia um bocado de água no outro para expressar descontentamento.

Quando Darby jogou o mesmo jogo com crianças pré-escolares, recompensando-as com adesivos em vez de fatias de banana, elas mostraram reações semelhantes, mas verbalizadas. Ao receber a ficha menos atraente, elas diziam: "Você tem mais do que eu", ou "Eu quero mais adesivos!". Exceto por essa diferença de expressão, símios e crianças se comportavam da mesma maneira. Na maioria das tentativas, os escolhedores preferiram a ficha que produzia recompensas iguais. À primeira vista, essa decisão parece custosa, mas não se levarmos em conta o valor das relações sociais. Ser egoísta demais pode custar uma amizade.[16]

Se você agora me perguntar se existe alguma diferença entre o senso humano de equidade e o dos chimpanzés, eu realmente não sei. É provável que haja algumas diferenças, mas de um modo geral ambas as espécies procuram ativamente equalizar os resultados. O grande avanço em comparação com a equidade de primeira ordem entre macacos, cães, corvos, papagaios e algumas outras espécies é que nós, hominídeos, somos melhores em prever o futuro. Seres humanos e símios percebem que ficar com tudo para si criará sentimentos ruins. Desse modo, a equidade de segunda ordem pode ser explicada de uma perspectiva puramente utilitária. Somos justos não porque amamos uns aos outros ou porque somos tão bons, mas sim porque precisamos manter o fluxo da cooperação. Essa é a nossa maneira de manter todos na equipe.

É isso que quero dizer com inteligência emocional. O senso de equidade humano e primata começa com uma emoção negativa, mas depois a combina com a percepção de seus efeitos nocivos e se transforma em algo positivo. "Não cobiçarás" é um grande conselho, mas melhor ainda é remover as razões da cobiça. Meu ponto de vista aqui é exatamente o oposto do defendido pelo filósofo moral norte-americano John Rawls em *Uma teoria da justiça*, seu célebre tratado de 1971 sobre o tema. Embora eu admire os sofisticados argumentos de Rawls sobre por que a justiça é melhor que a injustiça, sua filosofia negligencia o núcleo emocional de nossa espécie. Rawls considera apenas as emoções que ele aprova, declarando perto do final do livro que, "por razões de simplicidade e teoria moral, supus uma ausência de inveja".[17]

Fico pasmo. Desde quando podemos simplesmente deixar de fora da análise do comportamento humano uma emoção?

Quem em sã consciência faria tal coisa, especialmente uma emoção tão onipresente e conhecida em todos os idiomas? A inveja tem até uma cor: o "monstro de olhos verdes", assim Shakespeare a chamou em *Otelo*. Rawls acredita que os princípios de justiça devem ser deliberadamente escolhidos por pessoas livres de inveja. Mas onde encontraremos essas pessoas? E, mesmo que a inveja seja um "vício", como Rawls a chama, a ironia é que, se vivêssemos num mundo sem ela, não haveria absolutamente nenhuma razão para se preocupar com equidade e justiça. Jamais haveria uma reação significativa à sua ausência, então por que se preocupar? Os princípios de justiça de Rawls parecem eminentemente razoáveis e podem até ajudar a reduzir a inveja, mas não é exatamente essa a questão? Em 1987, o sociólogo alemão Helmut Schoeck escreveu um livro inteiro sobre a inveja, chamando nossa espécie de "homem, o invejoso". Sem a inveja e as tentativas de evitá-la, afirma ele, não poderíamos ter construído as sociedades em que vivemos. Em vez de negar essa emoção, ou considerá-la ameaça a uma sociedade bem ordenada, devemos admiti-la e canalizá-la. Schoeck nos incitou a "desmascarar" o papel da inveja em nossas vidas, da maneira como a psicanálise desmascarou o papel do sexo.[18]

Os argumentos racionais são insuficientes para se chegar a princípios morais, os quais tiram sua força das emoções. O enorme investimento que fazemos para corrigir iniquidades e injustiças — os protestos ruidosos, as passeatas, a violência, a persistência dos espancamentos e canhões de água da polícia, o bullying no Facebook — nos lembram que não estamos lidando com constructos mentais sem derramamento de sangue. A ausência de equidade e justiça nos abala até as entranhas, algo que nenhum raciocínio abstrato elegante jamais realizará.

Se não for tratado do jeito que ele espera, um chimpanzé terá um tremendo chilique, rolando no chão em desespero. É dramático demais, mas uma ótima maneira de lembrar aos outros para atender aos seus desejos. Em consequência, na floresta de Taï, na Costa do Marfim, os chimpanzés que compartilham carne reconhecem as contribuições uns dos outros na caça. Até o macho de mais alta posição na hierarquia é forçado a implorar e esperar pacientemente por esmolas se chegar atrasado para a festa. Agrupados em torno do dono da carne, os caçadores gozam de prioridade.[19] Isso é lógico: por que alguém ajudaria se não houvesse nenhum elo entre esforço e recompensa? Seria claramente injusto não compartilhar com os caçadores que ajudaram a capturar a presa. A intensidade emocional das reações à injustiça também é bem conhecida em nossa espécie e explica por que as sociedades humanas coesas desaprovam a mentalidade "O vencedor leva tudo". Os caçadores-coletores parecem bem conscientes dessa mentalidade e ativamente a desencorajam, mas a sociedade moderna oferece muitas oportunidades para que os indivíduos a exibam. A tendência a reivindicar um pedaço desproporcional da torta é tão prejudicial, no entanto, que afeta até a saúde física.

Dados epidemiológicos mostram que, quanto mais desigual a sociedade, menos expectativa de vida têm seus cidadãos. Grandes disparidades de rendimento destroem o tecido social ao reduzir a confiança mútua, provocar tensões sociais e criar ansiedades que comprometem o sistema imunológico dos ricos e dos pobres.[20] Os ricos podem se refugiar em condomínios fechados, mas isso não os torna imunes às tensões. Se a desigualdade atinge níveis extremos, a sociedade pode até enfrentar a situação explosiva para a qual a Revolução Francesa, para variar, traz uma importante lição. Os seres humanos procuram nivelar as regras do jogo, e se os esforços para conseguir isso forem bloqueados por muito tempo podemos pôr em campo a guilhotina.

Ainda me espanto que um simples experimento com macacos-prego tenha me levado a esse caminho de especulação sobre equidade, um dos princípios morais mais idolatrados da humanidade. Essa nunca foi minha intenção, mas mostra que devemos sempre manter os olhos atentos a comportamentos inesperados. O vídeo de um minuto do experimento com pepino e uva que Sarah e eu realizamos viralizou porque as pessoas se reconheceram no protesto ruidoso do macaco que ganhou o pepino. Alguns escreveram para me avisar que haviam encaminhado o vídeo ao patrão para que ele soubesse como se sentiam a respeito do salário. Outros escreveram sobre o reconhecimento da mesma reação em clientes de TV a cabo que ficaram sabendo que o vizinho conseguiu um preço melhor num contrato novo. De sua parte, os macacos não se incomodaram com a fama.

Há alguns anos, quando fechei meu laboratório, fiquei triste ao ver meus amigos macacos irem embora, mas extremamente feliz por termos encontrado bons lares para todos eles. Metade da colônia foi para o Zoológico de San Diego, onde se tornou atração popular numa área fantástica, similar a um viveiro de aves, com árvores altas para escalar. Em visita recente, meu coração se enterneceu ao ver como os macacos pareciam saudáveis e relaxados, mimados por cuidadores amorosos que conhecem cada um pelo nome e os mantêm ocupados com alimentos separados e tarefas que precisam de ferramentas. Eles me contaram que Lance, aquele que joga os pepinos para longe no vídeo, continua com o pavio curto.

A outra metade da minha colônia ficou na ciência e mudou-se para uma instalação florestal na área metropolitana de Atlanta, onde Sarah, agora professora da Universidade Estadual da Geórgia, continua estudando as limitações do modelo do *Homo economicus*, não apenas para nossa espécie, mas para os primatas em geral. Em minha última visita, enquanto eu caminhava até o recinto ao ar livre, todos os macacos ficaram no chão. Isso era notável, porque os macacos-prego se sentem mais seguros acima de nós. "Eles reconheceram você!", exclamou Sarah. E isso foi antes de Bias, minha fêmea preferida, começar a flertar comigo com um piscar de sobrancelhas amistoso e apontando com a cabeça para uma direção atrás dela, como para dizer que conhecia um lugar tranquilo.

Livre-arbítrio e falar merda

Em *Paraíso perdido*, o poeta inglês do século XVII John Milton achou que os anjos caídos tinham tempo livre demais, então procurou ocupá-los com um tópico de discussão. Ele escolheu o livre-arbítrio. Todos nós temos a impressão de que possuímos livre-arbítrio, embora ele careça de uma definição clara e possa até ser uma ilusão total. O romancista polonês Isaac Bashevis Singer disse certa vez: "Devemos acreditar no livre-arbítrio, não temos escolha". É o tema perfeito para um debate eterno.

Esse debate está relacionado com as emoções, porque o livre-arbítrio costuma ser concebido como o oposto delas.

Fazer uma escolha racional livre exige que neguemos ou reprimamos nossos primeiros impulsos. Na verdade, essa ideia remonta ao debate sobre o quanto nossa mente é moldada pelo nosso corpo. Aqueles que acreditam no livre-arbítrio argumentam que podemos simplesmente deixar de lado o corpo, seus desejos e emoções involuntários, e nos elevarmos acima deles; os seres humanos — e somente eles — podem controlar totalmente suas escolhas e seu destino. O oposto é uma pessoa sem autocontrole, que os filósofos chamaram de "*wanton*": segue qualquer impulso que lhe ocorra, qualquer ímpeto mais urgente e satisfatório, e nunca olha para trás. O arrependimento não é algo que se encontre aí. Diz-se que crianças pequenas e todos os animais se enquadram nessa categoria.

Podemos escrever com maiúscula, Livre-Arbítrio, para transmitir nossa reverência por um conceito tão central à responsabilidade e à moral humanas e à lei, mas, se não conseguirmos medi-lo, como concordaremos a respeito dele? Alguns dizem que o livre-arbítrio se resume a fazer escolhas, mas até as bactérias fazem escolhas, e certamente todos os animais com cérebros precisam decidir entre aproximação e fuga, ou qual presa escolher em um rebanho, ou se viajam para o norte ou para o sul e assim por diante. Os esquilos do meu bairro decidem quanto a atravessar a rua. Às vezes fazem isso bem na frente do meu carro, me deixando nervoso. Eles correm até a metade do caminho, depois voltam rapidamente, incapazes de decidir. No meu quintal, casais de azulões, preparando-se para construir seu ninho, visitam todas as casas de passarinho vazias, entram e saem várias vezes, o macho alternando com a fêmea. Após semanas de exploração, o macho coloca alguns ramos ou talos de grama em uma das casas, depois deixa a fêmea construir o ninho enquanto ele guarda o local. O longo processo de decisão chegou a uma conclusão. Os azulões têm livre-arbítrio?

Francis Crick, o cientista britânico que descobriu a estrutura molecular do DNA junto com o norte-americano James Watson, propôs em seu livro *The Astonishing Hypothesis* [A hipótese espantosa], de 1994, que o livre-arbítrio humano reside numa área muito específica do cérebro: o córtex cingulado anterior. Mas os seres humanos não são a única espécie dotada dessa área, e temos boas provas de que ela também ajuda os ratos a tomarem decisões. No entanto, apesar dos sinais de que os animais fazem escolhas todos os dias, nos recusamos a conceder que eles tenham livre-arbítrio. Argumentamos que suas escolhas são limitadas por experiências passadas e preferências inatas, e que eles não têm capacidade de analisar completamente todas as opções que se abrem diante de si.

Não importa que o mesmo argumento tenha sido aplicado com grande efeito contra o livre-arbítrio em nossa própria espécie, e é por isso que algumas das maiores mentes da história — Platão, Espinosa, Darwin — duvidaram de sua existência. O livre-arbítrio simplesmente não se encaixa na visão de mundo materialista predominante, como observou em 1884 o famoso evolucionista alemão Ernst Haeckel:

> A vontade do animal, assim como a do homem, nunca é livre. O dogma amplamente difundido da liberdade da vontade é, do ponto de vista científico, totalmente insustentável. Todo fisiologista que investigar cientificamente a atividade da vontade no homem e nos animais deve, necessariamente, chegar à convicção de que, na realidade, a vontade nunca é livre, mas é sempre determinada por influências externas ou internas.[21]

Dentre a infinidade de definições de livre-arbítrio, no entanto, uma me parece aberta a mais investigações. O filósofo norte-americano Harry Frankfurt definiu uma "pessoa" como alguém que não segue simplesmente seus desejos, mas está plenamente consciente deles e é capaz de desejar que eles sejam diferentes. Tão logo um indivíduo considere a "desejabilidade de seus desejos", pode-se dizer que ele ou ela possui livre-arbítrio, asseverou Frankfurt.[22] Ótimo, porque significa que, para testar isso, tudo o que precisamos fazer é submeter os animais a uma situação na qual eles gostariam de satisfazer um desejo, mas também tenham a chance de se abster de agir para satisfazer outro desejo. Eles abandonam o primeiro desejo?

Eles devem ser capazes de fazer isso, porque um animal que cedesse a cada impulso constantemente enfrentaria problemas. Ser um *wanton* não tem valor de sobrevivência. Os gnus migrantes do parque Masai Mara, no Quênia, hesitam por um longo tempo antes de pular no rio que procuram cruzar. Os filhotes de macacos esperam até que a mãe de seu companheiro de brincadeira saia da vista para então começarem uma briga. Seu gato pega carne do balcão da cozinha só depois que você vira as costas. Os animais estão bem cientes das consequências de seu comportamento, e é por isso que muitas vezes hesitam, como os esquilos na frente do meu carro.

Às vezes, eles abandonam completamente um objetivo, sobretudo em sistemas hierárquicos. Um jovem chimpanzé macho que ama se acasalar com uma fêmea se aproxima dela e fica esperando a oportunidade. Mas, quando o macho alfa olha em sua direção, ele cai fora, sabendo que não vai dar certo. Ainda mais notáveis são as ocasiões em que um macho de alta hierarquia chega de surpresa e pega o jovem macho abrindo as pernas para apresentar sua ereção à fêmea — seu não muito sutil sinal de galanteio. Ao ver o macho mais poderoso, o jovem esconde rapidamente o pênis com as mãos, ciente de que estará em apuros se o outro suspeitar do que estava acontecendo. Tudo isso requer o discernimento do que os outros sabem, bem como a capacidade de anular seus impulsos. Não estamos chegando perto da definição de livre-arbítrio de Frankfurt?

O próprio Frankfurt, no entanto, não deixa espaço para livre-arbítrio em qualquer organismo que não seja o ser humano adulto, dizendo literalmente: "Minha teoria sobre a liberdade da vontade explica facilmente a nossa falta de inclinação para admitir que essa liberdade seja desfrutada pelos membros de qualquer espécie inferior à nossa".[23] Isso é falar merda!

Por favor, não me entendam mal, não gosto desse tipo de linguagem tanto quanto o leitor, mas como Frankfurt é o célebre autor de um livro de 2005 intitulado *On Bullshit* [*Sobre falar merda*], sinto-me no direito de usar essa expressão. Seu livro é uma abordagem cuidadosa e erudita do tema, com referências a Wittgenstein e Santo Agostinho — em que ele explica detalhadamente que falar merda é algo que se compara a fraude, distorção e blefe. Trata-se de um exagero criativo que chega perto da mentira, o que, de acordo com Frankfurt, é "inevitável sempre que as circunstâncias exijam que alguém fale sem saber o que está falando".[24] Frankfurt afirmou que espécies "inferiores às nossas" não monitoram seus próprios desejos, sem qualquer indicação de que soubesse do que estava falando, por isso provavelmente cai na categoria de falar merda. Também poderia ser besteira. Sua afirmação sobre o livre-arbítrio talvez fosse razoável quando ele a fez pela primeira vez, cinquenta anos atrás, mas novas pesquisas o contradizem. Sabemos muito mais sobre orientação para o futuro e controle emocional em animais e crianças do que naquela época, e a situação não é tão simples quanto pensávamos.

Em primeiro lugar, a noção popular de que os animais são escravos do presente, que eles vivem inteiramente no aqui e agora, foi destruída por trabalhos recentes sobre "viagem no tempo". Símios, aves de cérebro grande e provavelmente outros animais lembram eventos específicos de suas vidas e fazem planos para o futuro. Suas mentes viajam no tempo. Os chimpanzés às vezes coletam punhados de longos caniços-de-água em um determinado lugar da floresta e percorrem quilômetros carregando-os na boca até outro lugar, onde os usam para pescar insetos em cupinzeiros. O mais provável é que tivessem esse objetivo em mente o tempo todo. Os orangotangos machos emitem gritos altos, audíveis em grandes trechos da floresta tropical de Sumatra, geralmente no topo de uma árvore. Estive sob a árvore em que um macho berrava e posso assegurar que os berros deixam você tremendo. Todos os outros orangotangos em volta ouvem atentamente, porque o macho dominante (o único macho adulto com almofadas das bochechas bem desenvolvidas) é uma figura a ser considerada. Enquanto constrói seu ninho para a noite, ele sempre grita numa direção específica, mas diferente a cada noite, que corresponde à direção que tomará na manhã seguinte. Isso significa que ele sabe com cerca de doze horas de antecedência aonde irá e faz questão de que todos os outros saibam também.[25]

Outra prova da orientação para o futuro entre os animais vem de uma série de experimentos controlados em que primatas ou aves foram presenteados com uma ferramenta ou comida que só poderiam usar ou consumir no dia seguinte. Com base nesses estudos, acredita-se agora que alguns animais possuem uma cognição voltada para o futuro. Os estudos de equidade também são indicativos. Se os chimpanzés escolhem deliberadamente resultados iguais no Jogo do Ultimato, apesar de estarem cientes de que uma escolha diferente traria mais comida para si próprios, precisamos de uma explicação. A minha preferida é que eles sacrificam benefícios imediatos para preservar as boas relações. Se isso for verdade, eles não apenas se voltam para o futuro como também são dotados de excelente comedimento.

O comedimento é testado de forma mais direta com a prova do marshmallow. A maioria de nós deve ter visto os vídeos hilariantes de crianças sentadas sozinhas atrás de uma mesa, tentando desesperadamente *não* comer um marshmallow, lambendo-o secretamente, tirando pedaços minúsculos ou olhando para o outro lado para evitar a tentação. O motivo disso é que lhes prometeram um segundo marshmallow se não tocarem no primeiro enquanto o pesquisador estiver ausente. A prova do marshmallow mede o peso que as crianças atribuem ao futuro em relação à gratificação imediata. O que fazem os símios quando submetidos a circunstâncias semelhantes? Em um estudo, um chimpanzé olha com paciência para um recipiente no qual uma bala cai a cada trinta segundos. Ele sabe que pode desconectar o recipiente a qualquer momento para engolir seu conteúdo, mas também sabe que isso interromperá o fluxo de balas. Quanto mais tempo ele esperar, mais balas serão coletadas na tigela. Os símios se saem tão bem quanto as crianças a esse respeito, retardando a gratificação por até dezoito minutos.[26]

Alguns animais controlam suas emoções da mesma forma que os seres humanos. Num teste clássico, promete-se a crianças que elas ganharão um segundo marshmallow se não comerem o primeiro. Elas lutam contra a tentação, evitam olhar para o petisco ou procuram se distrair. Em teste semelhante, símios e um papagaio chamado Griffin aguentaram tanto tempo quanto as crianças. Uma tigela de comida foi posta diante de Griffin, que poderia ganhar algo melhor se esperasse. A ave também fechou os olhos várias vezes e inventou distrações.

Mas o que dizer, por exemplo, das aves? Elas certamente não precisam de autocontrole. No entanto, muitas aves pegam alimentos que poderiam engolir e os levam para os filhotes famintos. Em algumas espécies, os machos alimentam suas parceiras durante a corte, enquanto passam fome. Mais uma vez, o autocontrole é fundamental. Quando Griffin, o papagaio cinzento africano de Irene Pepperberg, foi testado numa tarefa de gratificação retardada, ele aguentou longos tempos de espera. Punha-se um copo com uma comida nem tão preferida, como cereais, diante de Griffin, sentado em seu poleiro, e pedia-se que esperasse. Ele sabia que, se esperasse o tempo suficiente, poderia ganhar castanhas de caju ou até balas. Ele conseguiu se conter em 90% do tempo, suportando protelações de até quinze minutos.[27]

A questão crítica em relação à definição de livre-arbítrio de Frankfurt é se os animais compreendem que estão lutando contra a tentação. Eles estão conscientes de seu próprio desejo? Quando as crianças evitam olhar para o marshmallow ou cobrem os olhos com as mãos, presumimos que sentem a tentação. Elas falam consigo mesmas, cantam, inventam jogos usando as mãos e os pés, e até adormecem para não ter que suportar a espera terrivelmente longa. William James, o pai da psicologia norte-americana, propôs há muito tempo "vontade" e "força do ego" como a base do autocontrole. É desse modo que o comportamento das crianças costuma ser interpretado. Dizem que elas usam estratégias conscientes para se distrair.

O mesmo pode ser aplicado aos símios. No teste com as balas que caem, por exemplo, eles resistem significativamente mais se tiverem brinquedos para se distrair. Concentrar-se nos brinquedos ajuda-os a tirar a cabeça da máquina de balas. Que o façam de modo intencional é indicado pelo fato de manipularem os brinquedos muito mais durante os testes com balas que em outros momentos.[28] O papagaio Griffin tentou ativamente bloquear a comida de que não gostava tanto à sua frente. Cerca de um terço do tempo de uma das suas mais longas esperas, ele simplesmente jogou longe o copo com cereais. Em outras ocasiões, ele movia o copo para fora de seu alcance, falava consigo mesmo, catava-se, sacudia as penas, bocejava muito ou adormecia. Às vezes, também lambia o petisco sem consumi-lo, e gritava "*Wanna nut!*" ["Quero noz!"].

Dada a impressionante semelhança de comportamento entre crianças, símios e Griffin, é melhor supor processos mentais compartilhados, inclusive a consciência dos próprios desejos e tentativas deliberadas de sufocá-los. E assim a resposta à questão perene do livre-arbítrio é que, se o presumirmos para nós mesmos, é provável que precisemos atribuí-lo também a outras espécies. Caso contrário, não está claro o que deveríamos fazer de todas as inibições que os animais exibem tanto em ambientes experimentais quanto na natureza.

Tomemos o caso de uma mãe chimpanzé cujo filhote é agarrado por uma adolescente bem-intencionada. Trata-se de uma cena cotidiana, pois as jovens são irresistivelmente atraídas pelos bebês e sempre querem segurá-los e abraçá-los. Infelizmente, elas também são desajeitadas. A mãe sabe disso e seguirá a adolescente, choramingando e implorando, tentando recuperar seu filhote. Mas a adolescente continua a evitá-la. A mãe não parte para uma perseguição total por medo de que a sequestradora escape para uma árvore e ponha em risco o precioso bebê. Pela mesma razão, ela não pode simplesmente agarrar o bebê. Imagine duas fêmeas, cada uma puxando por um membro, esticando o filhote que grita entre elas! Eu já vi isso acontecer, e é uma visão muito perturbadora. Então mamãe precisa ficar calma e serena. Ela pode até agir como se estivesse pouco interessada, sentada nas proximidades com ar distraído, mastigando relva ou folhas, só para mostrar que não representa uma ameaça. Mas, depois que o filhote está de volta, em segurança sobre sua barriga, tudo muda. Vi uma mãe assim virar-se contra a adolescente e persegui-la por longas distâncias com guinchos e gritos furiosos, liberando toda a fúria reprimida. A sequência inteira dá a impressão de que a mãe conteve sua preocupação e irritação extrema em nome de um desfecho seguro.

Como já mencionei, os primatas subordinados precisam suprimir ou ocultar seus desejos na presença de dominantes, mas o oposto também é verdadeiro. Um experimento de campo na África do Sul pôs isso à prova ao treinar uma fêmea de baixa posição hierárquica em um grupo de macacos-verdes selvagens para se tornar uma especialista. Chamada de provedora, ela era a única que sabia abrir um recipiente de alimentos, mas era inteligente o bastante para fazê-lo somente se não houvesse indivíduos dominantes por perto para roubar sua comida. Desse modo, ela esperava para executar seu truque quando todos os superiores estivessem a uma distância segura. Os dominantes, por sua vez, descobriram a distância que deveriam manter do recipiente para que houvesse alguma chance de que a provedora o abrisse.

Depois de muitos testes repetidos em três diferentes grupos de macacos, os pesquisadores relataram que os dominantes demonstravam uma incrível paciência e discrição. Eles permaneciam do lado de fora de um "círculo proibido" imaginário de cerca de dez metros ao redor do recipiente, muitas vezes esperando em uma árvore distante da qual pudessem ficar de olho nele. Quando abria o recipiente, a provedora agarrava a comida com as duas mãos e a colocava rapidamente na bolsa de suas bochechas, um atributo útil dos macacos-verdes, que vivem no chão. Depois que as bochechas estavam cheias de pêssegos, damascos e figos secos, ela não se importava de ser deslocada quando os outros se apressavam para seguir seu exemplo. Ela simplesmente se retirava para um lugar tranquilo a fim de consumir quando quisesse tudo o que coletara. Sem o comedimento e a fila autoimposta dos superiores, toda essa operação nunca funcionaria em benefício de todos.[29]

Há muitos outros exemplos de autocontrole. Qualquer pessoa que tenha um cão grande e outro pequeno em casa pode vê-lo em ação sempre que eles brincam juntos. Uma das expressões mais notáveis do autocontrole é o treinamento para fazer as necessidades. Cães têm hábito natural de se aliviarem fora da toca, enquanto gatos depositam os dejetos na terra, onde podem ser cobertos. Nossos animais domésticos ainda precisam ser treinados, mas suas tendências naturais são uma tremenda ajuda. Para as crianças, o treinamento de uso do banheiro é o primeiro passo para o controle das funções corporais e do autocontrole em geral. Freud deu uma imensa importância para a coisa, descrevendo-a como uma batalha feroz entre o id, que busca o prazer do alívio, e o superego, que absorve as regras e desejos da sociedade.

Por outro lado, para os símios, pensaríamos que esse tipo de treinamento jamais iria funcionar, embora eles sejam tão semelhantes a nós. Os símios selvagens se deslocam através das árvores e constroem um ninho diferente a cada noite, pouco se preocupando com quando e onde fazer xixi ou cocô: eles simplesmente deixam cair no chão bem abaixo deles. Não obstante, o treinamento higiênico foi tentado em chimpanzés criados em casa.

Na década de 1930, Winthrop e Luella Kellogg criaram em casa a jovem chimpanzé Gua e fizeram um total de quase 6 mil anotações sobre seu treinamento para usar o penico. Os Kelloggs faziam as mesmas anotações a respeito de seu filho

Donald, para que pudessem comparar os dois "organismos", como os chamavam, tanto na micção quanto na defecação. No início, Gua aprendeu mais devagar, mas depois de cem dias os dois empatavam no número de erros de evacuação que cometiam, número que continuou a cair. Gua e Donald chegaram ao estágio final de serem capazes de anunciar sua iminente descarga, o que começaram a fazer em torno de um ano de idade. O sinal típico deles era pressionar as mãos firmemente contra os genitais. A única diferença era que Gua também fazia isso com o pé, mancando grotescamente com as duas mãos e o pé que restava. Aproximando-se dos pais adotivos dessa maneira, ela vocalizava e, mais tarde, anunciava suas necessidades apenas gritando por eles. Acho isso um ato de força de vontade muitíssimo impressionante numa espécie que normalmente não precisaria exercê-la em relação às funções corporais.[30]

Os animais não podem se permitir correr cegamente atrás de seus impulsos. Suas reações emocionais sempre passam por uma avaliação da situação e pelo julgamento das opções disponíveis. É por isso que todos eles têm autocontrole. Além disso, a fim de evitar punições e conflitos, os membros de um grupo precisam ajustar seus desejos, ou pelo menos seu comportamento, à vontade dos que os rodeiam. Acordo é o nome do jogo. Tendo em vista a longa história da vida social na Terra, esses ajustes estão profundamente arraigados e se aplicam igualmente aos seres humanos e outros animais sociais. Portanto, embora pessoalmente eu não acredite muito no livre-arbítrio, precisamos prestar muita atenção à forma como a cognição pode anular os impulsos internos. Lutar contra o impulso de tomar uma linha de ação e substituí-la por outra que promete resultado melhor é um sinal de ação racional. É também essencial para qualquer sociedade bem ordenada, e é por isso que o psicólogo norte-americano Roy Baumeister observou: "Ironicamente, o livre-arbítrio talvez seja necessário para permitir que as pessoas obedeçam às regras".[31]

Sugiro, portanto, que ampliemos o eterno debate sobre esse assunto, perguntando por que se costuma supor que o livre-arbítrio nos torna humanos. O que exatamente nos dá tanta certeza de que nós o temos e outras espécies não? Por que achamos que somos os únicos com liberdade para determinar nosso futuro? Diante das evidências apresentadas, a razão para a presumida diferença não pode ser o controle sobre nossas emoções e impulsos, ou mesmo a consciência de nossos desejos. Eu adoraria ter uma resposta que pudéssemos testar, porque nunca chegaremos lá com os preconceitos que informaram o debate até agora. Até então, minha conclusão preliminar é de que, se nós humanos desenvolvemos o livre-arbítrio, é improvável que tenhamos sido os primeiros.

Fique comigo

Agora que estamos finalmente autorizados a falar sobre emoções animais, em nosso alívio tendemos a esquecer quão pouco sabemos. Em comparação com os psicólogos que trabalham com seres humanos, estamos anos-luz atrasados. Caracterizamos algumas emoções, descrevemos sua expressão e documentamos as circunstâncias nas quais elas ocorrem, porém nos falta um arcabouço conceitual para defini-las e explorar para que servem. Ou talvez não estejamos tão atrasados, porque as emoções humanas também carecem desse arcabouço. Os biólogos sempre pensam em termos de sobrevivência e evolução, por isso é lógico que nos perguntemos como as emoções afetam o comportamento. Nós nos preocupamos mais com o lado da ação do que com o lado do sentimento, porque o valor das emoções está no comportamento que elas geram, desde o choro de um bebê faminto até a investida irritada de um elefante. As emoções evoluíram por uma razão, e embora a seleção natural não possa "ver" sentimentos, ela presta atenção a ações com consequências. No entanto, o modo como as emoções evoluíram continua sendo um mistério.

Um mistério ainda maior é como as emoções são reguladas para garantir os melhores resultados. Elas nem sempre sabem o que é melhor para o organismo. Na maior parte do tempo sabem, mas às vezes é melhor ignorá-las ou mudar nosso comportamento para uma direção diferente. Os seres humanos empregam uma terminologia sofisticada para descrever como lidamos com esse problema, por exemplo *função executiva*, *controle esforçado* e *regulação emocional*. Essas capacidades são cruciais para o modo como planejamos e organizamos nossas vidas. Mas quase nunca aplicamos essa terminologia aos animais, baseados no preconceito de que eles têm poucas emoções e são incapazes de desobedecê-las. No entanto, os animais não só demonstram autocontrole em testes de gratificação retardada como também enfrentam emoções conflitantes que os levam a direções opostas. Eles hesitam entre lutar e fugir, entre desmamar seus descendentes e ceder às suas birras, entre evitar um atacante e reconciliar-se, ou entre copular e repelir um rival.

Um de meus alunos teve a infelicidade de ser visto como competidor por um chimpanzé adolescente chamado Klaus. Toda vez que esse aluno passava, Klaus se exibia e jogava lama ou dejetos corporais nele, expressando profunda aversão. Klaus nunca fazia isso comigo ou com qualquer outra pessoa. Na verdade, nós o considerávamos doce e brincalhão. Um dia, Klaus estava cortejando uma fêmea na área externa, e exatamente no minuto em que ele teve sorte e a fêmea respondeu ao seu chamado, o inimigo humano mostrou a cara. Klaus abandonou a fêmea e entrou direto numa exibição furiosa. A atração sexual não era páreo para seu desejo de se exibir, com todo o pelo arrepiado. Talvez ele tivesse alcançado o estágio da vida em que precisava provar seu lugar na hierarquia, e quem melhor para atanazar que alguém da mesma idade e sexo, embora de uma espécie diferente? Klaus talvez tenha calculado que seu rendez-vous com a fêmea poderia esperar.

Precisamos começar a prestar atenção a esses cálculos, que os seres humanos fazem o tempo todo. Administramos habilmente nossas emoções e nossos desejos, seguindo alguns, resistindo a outros. Estabelecemos prioridades para chegar à melhor decisão, capacidade notável, frequentemente atribuída ao córtex cerebral. Foi-nos dito que os seres humanos têm testas altas pelo tamanho excepcional dessa parte do cérebro, que é a sede da cognição superior e do controle de impulsos. Consideramos nossas testas "nobres" e temos até uma história longa e sórdida de compará-las entre raças (por exemplo, a "testa ariana"). Mas as testas dizem muito pouco sobre o conteúdo do crânio, e, estruturalmente, o cérebro humano não difere muito do dos macacos e grandes primatas. Em relação ao resto do cérebro, nosso córtex cerebral não é excepcional. As mais recentes técnicas de contagem de neurônios confirmam isso. Nos seres humanos, o córtex cerebral compreende 19% de todos os neurônios do cérebro, o mesmo que em outros primatas. Os cérebros dos humanos e dos grandes primatas começam com tamanho semelhante no feto, mas o cérebro humano continua se expandindo ao longo da gestação, enquanto o crescimento do cérebro dos símios desacelera na metade do caminho.[32] O resultado é um cérebro humano adulto três vezes maior e que conta com mais neurônios (um total de 86 bilhões) que qualquer cérebro de símio. Podemos não ter um computador diferente, mas temos um computador mais potente. Ninguém está dizendo que a cognição humana não é especial, mas está na hora de reconhecer que a interação entre inteligência e emoções, tal como refletida nas dimensões do lobo frontal, provavelmente é a mesma em todos os primatas.[33]

Uma boa parte da regulação emocional ocorre inconscientemente e faz parte das relações sociais. É por isso que tenho um problema com a maneira como os psicólogos costumam testar as emoções humanas: colocam os indivíduos sozinhos numa cadeira atrás de um computador ou sozinhos num scanner cerebral, embora a maioria de nossas emoções tenha evoluído em ambientes sociais. As emoções não são individuais, mas interindividuais. O neurocientista norte-americano Jim Coan adotou uma abordagem diferente ao testar seres humanos num scanner para medir as reações neurais a um sinal que anunciava a chegada de um leve choque elétrico. As imagens do cérebro mostraram, como seria de esperar, que as pessoas se preocupavam com a dor que se aproximava. Mas então Coan acrescentou uma segunda pessoa — as participantes do sexo feminino tinham permissão para segurar a mão do marido — e descobriu que o medo se dissipou, e o choque que se aproximava parecia apenas uma coisinha irritante. Além disso, quanto melhor a relação da mulher com o marido, mais eficaz era o amortecimento. O contrário não foi testado, mas é provável que tivesse produzido o mesmo resultado. Outro estudo descobriu que ficar de mãos dadas sincronizava as ondas cerebrais entre os dois parceiros. Trata-se de uma demonstração poderosa de como o apego e o contato corporal modificam as reações emocionais.[34]

Depois de ter assistido a uma palestra de Coan, elogiei seu projeto experimental. Ele me disse que a maioria dos psicólogos acredita que as reações típicas da nossa espécie ocorrem quando estamos sozinhos. Eles consideram o ser humano solitário a condição-padrão. Coan, no entanto, acredita exatamente no oposto: a verdadeira norma é como nos sentimos quando estamos envolvidos com os outros. Poucos de nós lidam sozinhos com o estresse da vida: sempre contamos com os outros. Nos experimentos, as mulheres ficam menos estressadas se sentem o cheiro de uma camiseta usada pelo marido ou parceiro amoroso. O efeito tranquilizador desse cheiro familiar pode explicar por que as pessoas, quando sozinhas em casa, costumam usar a camisa do parceiro ou dormir do lado da cama que habitualmente é dele.[35] A cultura ocidental tem um caso de amor com a autonomia, mas em nossos corações e mentes nunca estamos verdadeiramente sozinhos. Como os biólogos sabem, os seres humanos são necessariamente sociais (não podemos sobreviver fora de um grupo e nossa mente sofre se somos mantidos em isolamento); por conseguinte, nossa norma é a maneira como funcionamos em um meio social, com todo o amortecimento emocional que isso acarreta. A coisa não é tão diferente da maneira como meus macacos-prego gritam sem cessar para manter o contato. Mesmo quando separados, esses macacos se consideram parte de um grupo e buscam constantemente se assegurar de que todos ainda estão lá para eles. Eles seguram vocalmente a mão uns dos outros.

A ruptura mais profunda da vida emocional ocorre quando os indivíduos são privados de um ambiente afetivo enquanto crescem. Não somos feitos para nos defendermos sozinhos, nem nenhum outro primata é. A primeira vez que examinei como a criação afeta as emoções foi durante um estudo de bonobos no Santuário Lola ya Bonobo, perto de Kinshasa, na República Democrática do Congo. Infelizmente, todos esses bonobos são órfãos traumatizados. Caçadores ilegais costumam matar bonobos selvagens (e muitos outros animais) para obter carne silvestre, e qualquer filhote de bonobo encontrado agarrado a uma vítima morta é "resgatado" e vendido vivo. Como isso é contra a lei, esses filhotes são confiscados do mercado e levados para o santuário, onde são criados por *mamans*, mulheres do lugar que os vigiam, carregam e lhes dão mamadeira. Depois de alguns anos, eles se juntam à colônia numa floresta cercada onde esperam o momento de, anos depois, serem soltos na natureza.

Minha colega de trabalho Zanna Clay começou a estudar os níveis de empatia entre os bonobos órfãos. Um índice de empatia é o modo como os observadores reagem à aflição causada por uma briga: eles podem pôr ambos os braços em volta do perdedor de um confronto que grita e consolá-lo gentilmente, segurando-o e acariciando-o; podem até andar com eles com um braço sobre os ombros. Esses atos acalmam os perdedores, que às vezes param de gritar de modo surpreendentemente abrupto.

Sempre que uma briga espontânea irrompia na grande colônia de bonobos, Zanna a gravava em vídeo para que pudéssemos analisá-la em detalhes. Observamos níveis moderados de empatia nos órfãos. Mas, para nosso espanto, os verdadeiros campeões da compaixão eram os seis bonobos que haviam nascido na colônia e foram criados por suas próprias mães. Os bonobos que tiveram essa criação mostraram-se muito mais inclinados a consolar os outros que estavam com dor ou aflição. Tomando o comportamento deles como norma, concluímos que ser órfão prejudica seriamente a capacidade de empatia de um indivíduo.[36]

Sabemos como a regulação emocional é importante para crianças humanas. Para mostrar empatia, elas precisam controlar sua própria aflição. Uma criança pequena que vê e ouve outra criança chorar pode ficar angustiada, resultando em duas crianças chorando. A segunda, no entanto, não está tão profundamente aflita quanto a primeira, e muitas vezes volta logo ao normal. Isso permite que ela preste atenção à primeira e lhe proporcione conforto. Porém, as crianças que não são capazes de regular suas próprias emoções ficam acabrunhadas e não são boas em demonstrar preocupação com os outros.[37]

A empatia pode funcionar da mesma maneira entre os bonobos. Os órfãos têm problemas de autorregulação, enquanto os bonobos criados pela mãe não os têm, pois aprenderam a modular os transtornos emocionais. Zanna testou essa ideia ao observar como os indivíduos lidam com sua própria aflição. Ela descobriu que os órfãos são mais lentos para mudar de um estado emocional para outro, e continuam perturbados por períodos mais longos que os bonobos criados pela mãe. Os que continuam gritando depois de terem sido rejeitados ou mordidos por outro bonobo são os mesmos que raramente confortam os outros. É quase como se um indivíduo precisasse primeiro ter sua casa emocional em ordem antes de estar pronto para visitar a casa emocional do outro. O déficit dos órfãos é totalmente compreensível, pois eles sofreram abusos inimagináveis nas mãos de seres humanos, perdendo, em idade tenra, suas mães para armadilhas ou balas. Os caçadores também podem tê-los mantido acorrentados a uma árvore durante meses. É notável que ainda mostrem alguma empatia por seus companheiros bonobos.

Esse trabalho me ensinou que, além de estudar as emoções dos animais, devemos também explorar como os animais as administram. Essa pode ser uma diferença fundamental entre as espécies, assim como entre os indivíduos, definindo suas personalidades. A autorregulação é um tópico rico que também tem sido aplicado a órfãos humanos, como aqueles descobertos na Romênia após a derrubada de Nicolae Ceauşescu em 1989. O mundo ficou chocado com as condições em que essas crianças viviam. A jornalista britânica Tessa Dunlop relatou:

> Quando entrei pela primeira vez no grande prédio cinza no coração de Siret, meu instinto imediato foi voltar logo para fora. Crianças seminuas saltaram de todas as direções, agarrando-se às minhas roupas, e havia um cheiro insuportável de urina e suor que me deu ânsia de vômito.[38]

Esses órfãos cresceram sem amor ou afeição, sob as ordens de supervisores que abusaram deles e incitaram a violência, por exemplo pedindo às crianças mais velhas que batessem nas mais novas. Sabemos, por meio de pesquisas sobre o cérebro, que as crianças criadas em instituições têm amígdalas — uma área do cérebro envolvida no processamento emocional —

demasiado ativas e aumentadas e prestam atenção excessiva a informações negativas. Elas assustam-se com facilidade. A regulação emocional e a saúde mental delas estão permanentemente danificadas, razão pela qual os orfanatos romenos eram conhecidos como "matadouros de almas".

Há muitos paralelos com animais criados em isolamento, como a terrível prática da indústria de laticínios de separar os bezerros de suas mães logo após o nascimento. Isso provoca distúrbios emocionais profundos tanto nas vacas quanto em seus descendentes. Esses bezerros são menos ativos e hábeis do ponto de vista social, e ficam estressados com mais facilidade do que aqueles que ficaram com as mães: suas avaliações emocionais são confusas e eles rapidamente ficam desequilibrados.[39] Sabemos muito pouco a respeito desses processos, em parte graças ao velho tabu sobre as emoções animais, mas também em virtude da noção popular de que os animais são meros *wantons* sem controle emocional. Para vacas, bonobos e muitas outras espécies, no entanto, a inteligência emocional é importantíssima. Seus barcos não se limitam a descer à deriva por um rio de sensações: eles são equipados com lemes e remos para ajudá-los a navegar. Ser criado sem amor e apego os priva dessas ferramentas, e é por isso que os órfãos têm tamanha dificuldade para alcançar o equilíbrio emocional.

7. Senciência

O que os animais sentem

> Naturalmente, o que então senti enquanto macaco só posso representar agora com palavras humanas, e portanto cometo distorções.
>
> Franz Kafka, 1917[1]

Quando alguém me pergunta se acho que um elefante é um ser consciente, às vezes respondo: "Diga-me o que é a consciência, e eu lhe direi se os elefantes a têm". Em geral, essa resposta cala meu interlocutor. Ninguém sabe exatamente do que estamos falando.

No entanto, minha resposta é injusta e um pouco maldosa, tanto para quem pergunta quanto para os elefantes, porque, na verdade, concedo consciência a esses gigantes pesadões. Quando minha equipe trabalhou com elefantes asiáticos, fomos os primeiros a mostrar que eles se reconhecem num espelho, o que costuma ser considerado um sinal de autoconsciência.[2] Testamos suas habilidades cooperativas, como a compreensão de que precisam da ajuda de outra tromba para uma tarefa conjunta. Os elefantes se saíram tão bem quanto os símios e melhor que a maioria dos animais. Tudo neles me parece deliberado e inteligente. Por exemplo: quando elefantes jovens em aldeias tailandesas ou indianas são equipados com sinos no pescoço para anunciar seu paradeiro (e não deixar que surpreendam as pessoas no jardim ou na cozinha), eles às vezes enchem os sinos de capim para abafar o som; dessa forma, podem andar sem serem detectados. Essa solução sugere imaginação, porque certamente ninguém lhes mostrou como fazer isso, e o capim não entra acidentalmente nos sinos para que eles descubram seu efeito. Para chegar a soluções inteligentes, os seres humanos põem conscientemente causa e efeito juntos na cabeça. Se é assim que fazemos, por que os elefantes teriam um atalho para a resolução de problemas *sem* a consciência?

Certa vez, num simpósio, ouvi um preeminente filósofo dizer que ia explicar a consciência humana, alegando que ela era o resultado lógico do nosso enorme número de neurônios. Quanto mais os neurônios se interconectam, disse ele, mais conscientes nos tornamos. Ele até mostrou um vídeo do crescimento de um dendrito, o que foi incrível de ver, mas não me ajudou em nada a entender como a consciência surge. A conclusão mais surpreendente do palestrante foi que a consciência humana está fora da escala comparada com a de qualquer outra espécie. Somos de longe as mais conscientes de todas as criaturas, disse ele, como se isso fosse natural. Mas não entendi como essa conclusão derivava de sua teoria sobre neurônios e sinapses, uma vez que não somos os únicos com muitos deles. E o que dizer dos animais que têm cérebros maiores que os nossos de 1,4 quilo, como o cérebro de oito quilos do cachalote?

Mas tudo bem, pensei, os seres humanos possuem mais neurônios, então talvez a teoria se sustente. Sempre se deu por certo que nosso cérebro tem mais neurônios… até que começamos a contá-los. Descobriu-se agora que o cérebro de quatro quilos dos elefantes tem três vezes mais neurônios que o nosso.[3] A descoberta causou muita coçação de cabeça. Será que precisamos reescrever a história da consciência humana? Qual é a prova de que somos mais conscientes que os elefantes? É só porque eles não falam? Ou porque a maioria de seus neurônios está em uma parte do cérebro não associada a funções superiores? Essa última explicação parece boa, exceto que não sabemos exatamente como cada parte do cérebro contribui para a consciência. Esse animal tem um corpo de três toneladas e 40 mil músculos somente na tromba (sem mencionar o pênis preênsil); ele deve controlar cuidadosamente cada passo (pense nos pequenos elefantinhos andando entre as pernas das

Uma elefanta consola sua companheira aflita enrolando a tromba no corpo dela enquanto brame. Os elefantes são seres muito empáticos e emotivos, mas o que sentem continua desconhecido para a ciência. Há quem diga que sentimentos e consciência dependem do número de neurônios no cérebro, e, nesse sentido, a descoberta recente de que os elefantes têm três vezes mais neurônios que os seres humanos abalou os julgamentos prévios.

mães e tias) e tem mais genes dedicados ao olfato que qualquer outra espécie na terra. Estamos certos de que ele é menos consciente de seu próprio físico e seu ambiente do que nós? A complexidade de um corpo, suas partes móveis e suas entradas sensoriais são, sem dúvida, o lugar onde a consciência começou. Quanto a isso, o elefante é inigualável.

Nem todos os filósofos concordam com aquele que postulou que a consciência requer um cérebro enorme. Com o desenvolvimento dos estudos sobre animais e da antrozoologia (o estudo das interações entre seres humanos e animais), muitos filósofos de mente aberta começaram a pensar sobre a senciência animal de um modo que pede novas pesquisas. Eles reconhecem que, mesmo que nunca saibamos *o que* um elefante sente, ainda assim somos capazes de estabelecer *que ele sente.*[4] Sem uma compreensão clara do que é a consciência, como excluir essa possibilidade? Quem quer que tente resolver essa questão dizendo que existem muitos tipos diferentes de consciência (autoconsciência, consciência existencial, consciência corporal, consciência reflexiva e assim por diante) está agravando o problema, adicionando distinções nebulosas a um conceito que já é suficientemente nebuloso.

É com certo receio, portanto, que entro no pântano da senciência e da consciência animal.

Carne e senciência

Por trás do debate sobre a consciência animal esconde-se uma questão que muitos cientistas prefeririam evitar: o que a humanidade faz aos animais. É óbvio que nós não os tratamos bem, pelo menos não a maioria deles. É mais fácil para nós conviver com esse fato supondo simplesmente que os animais são autômatos burros, desprovidos de sentimentos e consciência, como por muito tempo a ciência fez. Se os animais são como pedras, podemos jogá-los numa pilha e pisar neles. Porém, se não forem, temos um sério dilema moral em nossas mãos. Nesta era da criação industrial de animais, a senciência animal é o elefante na sala. Existem milhares de animais em zoológicos, milhões em laboratórios e outros milhões em lares humanos, mas literalmente bilhões e bilhões de animais em criação intensiva. De toda a biomassa de vertebrados terrestres no planeta, os animais silvestres constituem apenas cerca de 3%, os humanos, um quarto, e os animais em criação industrial intensiva quase três quartos!

Nas fazendas de antigamente, os animais tinham nomes, pastagens, lama em que chafurdar ou areia para se espojar. A vida estava longe de ser idílica, mas era sensivelmente melhor do que hoje, quando trancamos bezerros e porcos em caixas estreitas de aço inoxidável, amontoamos galinhas aos milhares em galpões sem sol e nem mais as vacas deixamos pastarem lá fora. Em vez disso, nós os mantemos de pé sobre seus próprios dejetos. Como esses animais costumam ser mantidos longe da nossa vista, raramente deparamos com suas condições de vida miseráveis. Tudo o que vemos são cortes de carne sem patas, cabeças ou rabos. Desse modo, não precisamos pensar sobre a existência da carne antes de ser embalada. E nem estou falando sobre o fato de que comemos animais, apenas sobre como os tratamos, que é a minha principal preocupação.

Eu sou biólogo demais para questionar o ciclo natural da vida. Cada animal desempenha seu papel comendo ou sendo comido, e estamos envolvidos nos dois termos da equação. Nossos ancestrais faziam parte de um vasto ecossistema de carnívoros, herbívoros e onívoros que ingeriam outros organismos e também serviam de refeição para predadores. Ainda que hoje raramente sejamos presas, ainda permitimos que hordas de bichos devorem nossos cadáveres em decomposição. Tudo vai do pó para o pó.

Nossos parentes primatas mais próximos se esforçam para pegar macacos e *duikers* na floresta, o que fazem com habilidades destemidas, ao mesmo tempo que utilizam colaboração de alto nível. Eles se banqueteiam com as presas com grande prazer e grunhidos felizes. Também passam horas "pescando" formigas e cupins com galhos. Algumas populações de chimpanzés consomem grandes quantidades de proteína animal (em certa floresta, eles quase exterminaram os macacos cólobos vermelhos), enquanto outras populações sobrevivem com menos.[5] Os chimpanzés machos podem dobrar o sucesso em se acasalar usando carne para comprar sexo.

Os seres humanos também valorizam imensamente a carne e a comem sempre que têm uma chance. Podemos não ter dentes e garras como os carnívoros especializados, mas temos uma longa história evolutiva de complementar uma dieta de frutas, verduras e sementes comestíveis com proteínas de vertebrados, insetos, moluscos, ovos etc. E não apenas complementar: de acordo com as últimas pesquisas antropológicas, 73% das culturas de caçadores-coletores de todo o mundo obtêm mais da metade de sua subsistência em alimentos de origem animal.[6] Esse passado onívoro se reflete em nossa dentição multifuncional, nos intestinos relativamente curtos e nos cérebros grandes.

A atração pela carne moldou nossa evolução social. A coleta de frutas, que são pequenas e dispersas, é principalmente um trabalho individual, mas a caça de animais grandes exige trabalho em equipe. Um homem sozinho não traz para casa uma girafa ou um mamute. Nossos ancestrais apartaram-se dos símios caçando animais maiores que eles, o que exigia o tipo de camaradagem e dependência mútua que está na raiz das sociedades complexas. Devemos nossa natureza cooperativa, nossa tendência a compartilhar alimentos, o senso de equidade e até nossa moral à caça de subsistência de nossos ancestrais. Além disso, como os carnívoros têm em média cérebros maiores do que os herbívoros, e como o cérebro requer muita energia para crescer e funcionar, o consumo de proteína animal e o processamento eficiente de alimentos (como fermentação e cozimento) são vistos como as forças motrizes por trás da expansão neural de nossos ancestrais.[7] A proteína animal forneceu a mistura ideal de calorias, lipídios, proteínas e vitamina B12 essencial para o cultivo de cérebros grandes. Sem carne, talvez não fôssemos as potências intelectuais que somos hoje.

Contudo, nada disso nos autoriza a dizer que devemos continuar a comer do jeito que fazemos, ou até mesmo a comer carne. A proteína animal às vezes é superestimada. Vivemos numa época diferente com diferentes possibilidades, e temos alternativas promissoras nas pesquisas em andamento, como carnes *in vitro* e de origem vegetal que podem ser recheadas com todas as vitaminas de que necessitamos.

Mesmo que eu não tenha nenhum problema com o consumo de carne em si mesmo, há muita coisa errada no modo como tratamos os animais, como os criamos, transportamos e abatemos. As condições costumam ser degradantes e, às vezes, claramente cruéis. Em reação, muitos jovens do mundo industrializado estão experimentando dietas sem carne, embora esse regime continue difícil. Um estudo de 2014 do Conselho de Pesquisas Humanas dos Estados Unidos descobriu que apenas um em cada sete vegetarianos autodeclarados mantém sua dieta por mais de um ano.[8] Porém, admiro o esforço e aderi à minha maneira imperfeita e pouco dogmática, banindo praticamente toda a carne de mamíferos da cozinha da minha família.

Tendências como o flexitarianismo (uma dieta semivegetariana com carne ocasional) e o reducitarianismo (redução do consumo de carne) gozam de grande ímpeto. Uma revolução alimentar baseada em plantas está em andamento, e esperamos que ela force os produtores de carne a mudar seus métodos. Seria ótimo se a humanidade reduzisse seu consumo de carne pela metade e ao mesmo tempo melhorasse drasticamente a vida dos animais que come. Talvez pudéssemos ir além e eliminar completamente os animais, produzindo carne separada do sistema nervoso central em uma placa de Petri. Vejo a busca desses objetivos como um imperativo moral, mas ela será mais bem-sucedida se enfrentarmos honestamente a questão de onde viemos, em vez de dar corda ao conto de fadas, muitas vezes ouvido hoje, de que fomos feitos para ser veganos. Não fomos.

Em consequência desses debates em andamento, *senciência* tornou-se um termo ao mesmo tempo popular e carregado de significados. É uma das três razões — além das ecológicas urgentes — pelas quais os seres humanos devem respeitar todas as formas de vida: a *dignidade* inerente a todas as coisas vivas; o *interesse* que toda forma de vida tem em sua própria existência e sobrevivência; e a *senciência* e capacidade de sofrimento. Examinarei essas razões uma a uma. Elas concernem a todos os organismos, independente de os classificarmos como animais, plantas ou outra coisa.

Nada exige que nós humanos atribuamos dignidade a organismos particulares, então é nossa responsabilidade fazê-lo. Talvez não devesse ser assim, mas é assim que funcionamos. Eu não posso atribuir qualquer dignidade a um mosquito no meu quarto ou a uma erva daninha no meu jardim, mas percebo que se trata de escolhas próprias. Tenho mais respeito por uma borboleta deslumbrante ou por uma rosa cultivada. É óbvio que o modo como atribuímos dignidade é subjetivo. O único critério objetivo é a inteligência de um organismo e sua idade. Em geral, temos mais consideração por animais com cérebros maiores do que pelos de menor porte, embora isso também possa ser um preconceito humano, uma vez que também temos cérebros grandes. Somos igualmente tendenciosos em relação aos nossos colegas mamíferos. Avaliamos melhor um golfinho que um crocodilo, um macaco que um tubarão. Contudo, sempre suspeito desses julgamentos, pois eles combinam muito bem com a velha *scala naturae*, que carece de validade científica. Quanto à idade, admiramos a longevidade. Tenho vários carvalhos brancos ao redor de minha casa na Geórgia, alguns dos quais podem ter mais de duzentos anos. Atribuo grande dignidade a essas árvores altas, como faço com todos os organismos individuais de certa idade, como um elefante, uma tartaruga ou uma lagosta. Algumas cidades da Europa têm uma tília de mil anos no centro da praça do mercado, muitas vezes chamada apropriadamente de *Lindenplatz* [praça da Tília]. Ninguém que tenha algum respeito pela natureza pensaria em retirar uma árvore tão bonita. Seria como derrubar uma catedral.

O interesse em permanecer vivo é a mais fácil das três razões para respeitar a vida neste planeta, porque marca todo e qualquer organismo. Todas as formas de vida fazem o melhor que podem para não serem comidas por inimigos famintos, e todas procuram adquirir energia suficiente para sobreviver e se reproduzir. Talvez não o façam conscientemente, mas o apego à vida faz parte de estar vivo — sem exceções. Até organismos unicelulares nadam rapidamente para longe de uma substância tóxica. As plantas liberam substâncias químicas tóxicas para repelir os inimigos e alertar umas às outras quimicamente pelo ar, ou através de seus sistemas radiculares, a respeito de ameaças externas, como vacas pastando ou insetos famintos. Os interesses de sobrevivência dos organismos com frequência colidem, de modo que um organismo não pode sobreviver sem violar os interesses de outro. Isso vale certamente para todos os animais, que carecem da capacidade de converter luz solar em energia. Em consequência, os animais devem ingerir matéria orgânica a fim de obter as calorias necessárias para a sobrevivência. Todos os animais mutilam ou matam outros organismos. Até o horticultor mais orgânico não pode deixar de violar os interesses de outras formas de vida roubando o habitat de animais selvagens, erradicando insetos com pesticidas naturais e sacrificando plantas para consumo humano. Sendo parte do tecido da natureza, nós sopesamos constantemente nossos interesses em face dos de outros organismos, e costumamos favorecer os nossos.

A questão da senciência é a mais complexa das três. Define-se senciência como a capacidade de experimentar, sentir ou perceber. Em seu sentido mais amplo, a senciência caracteriza cada organismo, como a célula eucariótica, que busca um equilíbrio químico constante dentro de suas paredes. A busca da homeostase exige que a célula sinta sua concentração interior de oxigênio, dióxido de carbono, nível de pH e assim por diante, e que ela "saiba" que ações, como a osmose, deve empreender para restaurar o equilíbrio. O microbiologista norte-americano James Shapiro chegou ao ponto de afirmar que "células e organismos vivos são entidades cognitivas (sencientes) que agem e interagem propositadamente para garantir a sobrevivência, o crescimento e a proliferação".[9] De modo semelhante, o neurocientista António Damásio escreve sobre a célula em *The Feeling of What Happens* [O sentimento do que acontece], livro de 1999 sobre experiências interiores:

> Ela precisa de algo não diferente da percepção para sentir o desequilíbrio; ela precisa de algo não diferente da memória implícita, na forma de disposição para uma ação, a fim de manter seu know-how técnico; ela precisa de algo não diferente de uma habilidade para executar uma ação preventiva ou corretiva. Se tudo isso lhe parece uma descrição de funções importantes do nosso cérebro, você está correto. O fato é que, no entanto, não estou falando de um cérebro, porque não há sistema nervoso dentro da pequena célula.[10]

Esse significado amplo de senciência se aplica igualmente às plantas. Embora elas se movam muito lentamente, o que dificulta detectar seu "comportamento", as plantas percebem mudanças em seu ambiente (luz, chuva, ruído) e tomam medidas para combater ameaças à sua existência. Por exemplo, a *Arabidopsis thaliana* (uma pequena planta daninha parente dos brócolis e da couve) se defende contra insetos ao produzir óleos de mostarda tóxicos em suas folhas, produção ainda mais intensa quando os cientistas tocam o som das vibrações de lagartas em vez do canto de pássaros.[11] O "comportamento" da planta pode ser bastante complexo, como o heliotropismo dos girassóis, que acompanham o movimento do sol que cruza o céu, mas se reorientam durante a noite para o leste, onde o sol nascerá. No entanto, grafei a palavra "comportamento" entre aspas porque ele se resume a liberação de substâncias químicas e ao crescimento direcional, mesmo que algumas plantas reajam com mais rapidez, como a carnívora dioneia ou vênus papa-moscas, que fecha as folhas em torno de insetos, ou plantas que reagem ao toque, como a dormideira. Num paralelo curioso com a perda de consciência de que os mamíferos são capazes, essas plantas perdem sua sensibilidade ao toque e mobilidade em reação aos mesmos anestésicos médicos aplicados a pacientes hospitalizados.[12]

A ciência ainda sabe pouco sobre as defesas, sinais de alarme e sistemas de apoio mútuo sofisticados das plantas, os quais certamente sugerem que elas "não gostam de ser comidas", como às vezes se diz. No entanto, é ir longe demais afirmar que, ao liberar gases após um ataque, as plantas "choram de dor". Tudo bem falar de resistência ativa a ameaças e luta pela sobrevivência, mas para sentir dor as plantas precisariam experimentar sua própria condição. Embora existam trilhas elétricas dentro das plantas que se assemelham ao sistema nervoso dos animais, ninguém sabe se estimular essas trilhas induz estados subjetivos, especialmente porque não há cérebro para registrá-los e ponderá-los. Para a maioria dos cientistas, a consciência na ausência de um cérebro é inviável. É aqui que deparamos com limitações à atribuição de senciência às plantas. Elas podem muito bem reagir ao ambiente e manter um equilíbrio interno de fluidos, nutrientes e substâncias químicas sem sentir absolutamente nada. Reagir às mudanças ambientais não é o mesmo que experimentá-las.

A senciência no sentido estrito implica estados de sensação subjetivos, como dor e prazer. Se duvidamos de que as plantas sintam algo e negamos a elas esse tipo de senciência, deveríamos fazer o mesmo com animais sem sistema nervoso central. Não sabemos se ostras e mexilhões, por exemplo, experimentam estados internos, uma vez que têm apenas alguns nervos e gânglios (grupos de nervos) e nenhum cérebro. Tal como as plantas, eles não têm (ostras) ou têm maneiras limitadas (mexilhões) de evitar situações dolorosas, esquivando-se delas. Afora fechar-se, eles não possuem o aparato comportamental para o qual as sensações de dor fariam sentido. Portanto, reluto em conceder aos bivalves senciência no sentido estrito.

Mas, qualquer que seja a nossa opinião, devemos ser coerentes e considerar plantas e bivalves sencientes ou negar senciência a ambos, bem como a todos os outros organismos sem cérebro, como os fungos (um grupo muito interessante que não é nem vegetal nem animal), micróbios, esponjas, águas-vivas etc. É irrelevante que esses organismos pertençam a diferentes reinos taxonômicos, uma vez que toda a vida orgânica baseia-se nos mesmos princípios. Ao mesmo tempo, será útil recordar a longa história de subestimação dos animais construída pela ciência. A essa altura, não há garantia de que não estamos fazendo o mesmo com as plantas.

Quando chegamos às espécies equipadas com cérebros, a senciência torna-se muito mais provável. Todos acreditam prontamente nela em elefantes, macacos, cães, gatos e aves, mas também devemos considerar espécies com cérebros menores. Dentro do laboratório de Barry Magee e Robert Elwood, na Queen's University, em Belfast, ofereceram-se locais escuros aos caranguejos-verdes para que se escondessem das luzes claras. Porém, assim que entravam em alguns desses esconderijos, eles recebiam choques elétricos. Os caranguejos logo aprenderam a evitar esses pontos específicos. Isso ia além de uma aversão reflexa, semelhante à maneira como as plantas detêm quimicamente os insetos predadores, porque exigia que os caranguejos se lembrassem do contexto preciso em que receberam os choques. Por que eles mudariam o comportamento se não tivessem uma experiência memorável? Eles deviam *sentir* realmente a dor. A questão é ainda mais complexa, porque experimentos com ermitões descobriram que, quando têm uma concha particularmente boa para proteger o abdome, eles precisam de um nível de choque maior para abandonar a concha do que se possuíssem uma concha de baixa qualidade. Aparentemente, os caranguejos-eremitas comparam as experiências aversivas com as vantagens de um abrigo adequado.[13]

Se os artrópodes sentem dor, como esses experimentos sugerem, devemos considerá-los sencientes, no sentido de ter estados de sensações subjetivos. Isso inclui as lagostas que fervemos vivas e os insetos que exterminamos aos trilhões. Não está em questão se esses estados se assemelham aos nossos ou àqueles dos mamíferos em geral. O que importa é que esses animais sentem e se lembram. Por extensão, eu sugeriria aplicar essa regra a todos os animais com sistema nervoso central, a menos que encontremos provas em contrário. Assim, fiquei perplexo ao saber que cientistas do Instituto Salk, na Califórnia, que criam quimeras suíno-humanas (uma mistura celular de ambas as espécies), estão desesperados para impedir que esses organismos criados pelo homem "se tornem sencientes". Eles querem impedir que células humanas se estabeleçam no cérebro do hospedeiro para evitar que a quimera tenha mente humana.[14] Esses cientistas não só superestimam o que algumas células humanas descontroladas podem realizar, mas também ignoram que os porcos já são bastante sencientes.

O cão de Crísipo

Diz-se que o filósofo grego Crísipo, no século III a.C., contou que um cão de caça chegou a um ponto onde três estradas se encontravam. O cachorro cheirou as duas estradas pelas quais a presa que perseguia não passara e depois, sem hesitar ou farejar mais, seguiu pelo terceiro caminho. De acordo com o filósofo, o cão havia tirado uma conclusão lógica, raciocinando que se a presa não havia tomado duas das estradas, deveria ter tomado a terceira. Grandes pensadores, e até o rei Jaime I da Inglaterra, usaram o cão de Crísipo para defender a possibilidade de raciocinar na ausência de linguagem.

Diante de uma bifurcação em um labirinto, os ratos muitas vezes hesitam por alguns segundos antes de continuar. Estudos recentes sugerem que, para decidir qual caminho seguir, o rato deve se projetar no futuro. Sabemos que os roedores repetem sequências de ação anteriores em seu hipocampo. Assim, é provável que o rato que hesita no labirinto compare a lembrança de rotas antigas com as futuras imaginadas. Para fazê-lo, ele terá de ser capaz de dizer a diferença entre ações experimentadas e projetadas, o que requer um senso primordial de identidade. Pelo menos é isso que os cientistas que fazem esses experimentos pressupõem. Acho a coisa fascinante, porque nesse experimento mental postulamos que os seres humanos precisariam de um senso de identidade para tomar a mesma decisão, a qual nós então tomamos como prova de um senso de identidade em outro organismo. Essa extrapolação é geralmente satisfatória, mas não está isenta de riscos, porque se baseia na suposição de que há apenas uma maneira de resolver um problema.[15]

O cão de Crísipo é ótimo exemplo de um óbvio *raciocínio inferencial*. Para mim, a questão principal não é o papel da linguagem, mas se esse tipo de raciocínio implica consciência. Felizmente, temos agora testes de raciocínio inferencial. Os psicólogos norte-americanos David e Ann Premack apresentaram à sua chimpanzé Sarah duas caixas, pondo uma maçã numa delas e uma banana na outra. Depois de alguns minutos, Sarah observou um dos pesquisadores mastigar uma maçã ou uma banana. O pesquisador saiu então da sala e Sarah teve a chance de inspecionar as caixas. Ela estava diante de um dilema interessante, já que não tinha visto como o pesquisador havia obtido a fruta. Ela não podia ter certeza de que tinha vindo das caixas. No entanto, ela ia invariavelmente para a caixa com a fruta que o pesquisador *não* havia comido. Ela deve ter concluído que ele retirara sua fruta da caixa correspondente, e que a segunda caixa ainda conteria a fruta original. A maioria dos animais não faz tais suposições, observa o casal Premack: eles apenas veem um pesquisador consumir frutas, e isso é tudo. Os chimpanzés, por outro lado, sempre tentam descobrir a ordem dos acontecimentos, procurando a lógica, preenchendo os espaços em branco.[16]

Em outro teste, os símios foram apresentados a dois copos cobertos depois de saber que apenas um teria uvas como iscas. Ambos os copos foram cobertos e sacudidos. Como esperado, os símios preferiram o copo em que podiam ouvir as uvas fazer barulho. Mas depois o pesquisador sacudiu apenas o copo vazio, que obviamente não fez nenhum som. Os símios pegaram o outro copo. Baseados na ausência de som, eles inferiram onde as uvas estavam,[17] de forma muito parecida com o cão que tomou a terceira estrada com base na falta de cheiro das outras duas.

Certa vez, observei outra inferência causal se desenrolar no Zoológico Burgers quando os chimpanzés da colônia interna nos observaram carregar um caixote cheio de toranjas, que consideravam deliciosas, através de uma porta que dava para a ilha. Eles pareciam razoavelmente interessados. Mas quando voltamos para o prédio com o caixote vazio, irrompeu um pandemônio. Assim que viram que a fruta havia sumido, 25 chimpanzés começaram a gritar e ulular de modo muito festivo. Como crianças esperando por uma caça aos ovos de Páscoa, eles devem ter inferido que as toranjas estavam na ilha onde logo eles passariam o dia.

A consciência animal é difícil de investigar, mas estamos chegando perto, explorando exemplos de raciocínio, como os apresentados acima, que nós humanos não podemos realizar inconscientemente. Não podemos planejar uma festa sem pensar de modo consciente sobre todas as coisas de que precisamos; o mesmo se aplica quando os animais planejam para o futuro. A mais recente neurociência sugere que a consciência é uma capacidade adaptativa que nos permite tanto imaginar o futuro como conectar os pontos entre os eventos passados. Diz-se que temos um "espaço de trabalho" no cérebro onde armazenamos conscientemente um evento até que venha outro.[18] Tomemos, por exemplo, a aversão a gostos entre ratos. Já se sabe que eles evitam certos alimentos tóxicos, mesmo que só fiquem nauseados horas depois. A associação simples não explica isso.[19] Será que os ratos conscientemente revisam o passado recente em suas mentes, pensando em cada encontro de alimento para determinar qual deles tem maior probabilidade de os deixar doentes? Nós certamente fazemos isso depois de envenenamento por comida e nos engasgamos com a simples evocação daquele alimento ou do restaurante específico que acreditamos ter causado um choque em nosso sistema digestivo.

A possibilidade de os ratos terem um espaço de trabalho mental onde revisam suas próprias memórias não é tão absurda, tendo em vista os crescentes indícios de que eles podem "reproduzir" memórias de eventos passados em seus cérebros.[20] Esse tipo de memória, conhecida como *memória episódica*, é diferente da aprendizagem associativa, como quando um cão aprende que, ao responder ao comando "senta", será recompensado com um biscoito. Para criar a associação, o treinador deve dar ao cão a recompensa imediatamente; um intervalo, mesmo que de apenas alguns minutos, não será eficaz. Em contraste com esse tipo de aprendizado, a memória episódica é a capacidade de pensar em um evento específico, às vezes ocorrido há muito tempo, da maneira como fazemos quando pensamos, digamos, no dia do nosso casamento. Nós nos lembramos das roupas, do clima, das lágrimas, de quem dançou com quem e qual tio acabou debaixo da mesa. Esse tipo de memória exata requer consciência, da mesma forma que Marcel Proust, na obra *Em busca do tempo perdido*, reviveu sua infância depois de provar um pouco de madeleine molhada no chá. Essas memórias vívidas são ativamente evocadas e revividas.

A memória episódica deve estar em ação quando chimpanzés selvagens forrageando visitam cerca de uma dúzia de árvores frutíferas por dia. A floresta tem árvores demais para que eles façam isso de forma aleatória. Ao trabalhar no Parque Nacional Taï, na Costa do Marfim, a primatóloga holandesa Karline Janmaat descobriu que os símios têm uma excelente lembrança de refeições anteriores. Eles verificavam principalmente as árvores das quais haviam comido em anos anteriores. Se deparassem com frutas maduras abundantes, empanturravam-se enquanto grunhiam alegremente, e voltavam alguns dias depois. Janmaat conta que os chimpanzés construíam seus ninhos noturnos a caminho dessas árvores e se levantavam antes do amanhecer, algo que normalmente odeiam fazer pelo perigo de encontrar um leopardo. Apesar desse medo arraigado, os símios partiam numa longa jornada até uma determinada figueira onde haviam comido recentemente. Seu objetivo era vencer outros animais, como esquilos e calaus, na corrida aos figos. O notável é que os chimpanzés acordavam mais cedo para ir às árvores longe de seus ninhos do que para ir às que estavam próximas, chegando aproximadamente ao mesmo tempo nos dois grupos de árvores. Isso sugere o cálculo do tempo de viagem com base na distância. E tudo isso faz com que Janmaat acredite que os chimpanzés de Taï se lembram ativamente de experiências anteriores para planejar um café da manhã farto.[21]

Num experimento clássico, Nicky Clayton, da Universidade de Cambridge, estudou um corvídeo conhecido como gaio--dos-matos-ocidental (*Western scrub jay*) para ver o que eles se lembravam dos alimentos que haviam escondido. As aves receberam alimentos diferentes para esconder, alguns perecíveis (traça da cera), outros duráveis (amendoins). Quatro horas depois, as aves procuraram os vermes — sua comida preferida — antes de procurar os amendoins, mas cinco dias depois sua resposta inverteu-se. Elas nem se preocuparam em procurar os vermes, que a essa altura teriam estragado e ficado nojentos. Mas lembravam-se dos lugares onde estavam os amendoins depois desse longo tempo. Esse estudo engenhoso incluiu vários controles, permitindo que Clayton concluísse que essas aves lembram quais alimentos põem onde e quando. Os pássaros tinham de manipular essa informação dentro de sua cabeça para fazer as escolhas certas.[22]

Também temos estudos de *metacognição*, que se refere ao conhecimento do conhecimento. Digamos que alguém me pergunte se prefiro responder a uma pergunta sobre astros pop da década de 1970 ou sobre filmes de ficção científica. Eu imediatamente escolho a primeira categoria, porque é nisso que sou melhor. Eu sei o que sei. Esses tipos de experimentos foram realizados com animais (macacos, grandes primatas, aves, golfinhos, ratos) e mostraram que eles também têm diferentes níveis de confiança sobre o que sabem. Eles realizam algumas tarefas sem hesitação, mas em outras ocasiões não conseguem se decidir, exibindo dúvidas. Em um dos primeiros estudos, pediu-se a um golfinho chamado Natua que discriminasse entre um tom alto e um tom baixo. Seu nível de confiança foi bastante claro. Ele nadou em velocidades diferentes em direção à resposta, dependendo da facilidade ou dificuldade em distinguir os tons. Quando eram bem distintos, Natua nadava a toda velocidade com uma onda de proa que ameaçava encharcar o aparelho eletrônico. Os cientistas tiveram de cobrir o aparelho com pedaços de plástico. Mas, se os tons eram semelhantes, Natua diminuía a velocidade, meneava a cabeça e hesitava. Em vez de tocar em um dos remos para fazer sua escolha, ele selecionava o remo de desistência (pedindo um novo teste), o que significava que sabia que seria provavelmente reprovado na tarefa. Isso é a metacognição em ação, o que pode envolver a consciência, pois requer que os animais julguem a exatidão de sua própria memória e percepção.[23]

Ainda que esse e outros estudos não nos digam diretamente — como Proust fez de modo tão eloquente a respeito de si mesmo — quão conscientes de suas próprias memórias os animais são, é difícil negar a possibilidade de que eles viajem conscientemente ao longo da dimensão do tempo e atormentem seus cérebros por conhecimento e experiências.[24] Agora temos o começo de uma ideia da utilidade da consciência e de por que ela evoluiu. A argumentação poderia ser estendida às emoções, permitindo que se afirme que a senciência não é uma qualificação suficiente para alguns animais. A senciência é uma referência geral para experienciar as coisas, o que pode ser feito de modo totalmente inconsciente. Porém, para espécies com cérebros substanciais, como todos os mamíferos e aves, precisamos acrescentar a consciência como opção, não só para memórias e pensamentos, mas também para suas vidas emocionais. Suspeito que animais capazes de sondar conscientemente suas experiências e memórias também têm a capacidade de reconhecer explicitamente os transtornos corporais que chamamos de emoções. É provável que isso ajude, no momento de tomar decisões, a perceber como eles se sentem em relação aos eventos em seu ambiente.

Em suma, nesta análise aqui distingo três níveis de senciência. O primeiro nível é a sensibilidade num sentido amplo ao meio ambiente e ao próprio estado interno, de modo a manter a homeostase e salvaguardar a existência; a senciência autopreservadora, que pode ser totalmente inconsciente e automatizada, caracteriza todas as plantas, todos os animais e outros organismos, e pode ser a base de todas as formas superiores. O segundo nível é a senciência no sentido restrito, relacionada a sentir prazer, dor e outros sentimentos a ponto de eles serem lembrados; presume-se que essa forma de senciência, que possibilita o aprendizado e a modificação do comportamento, exista em todos os animais com cérebro, independentemente do tamanho do cérebro. E o terceiro nível é a consciência, em que os estados internos e situações externas são não apenas lembrados, mas avaliados, julgados e conectados logicamente, como foi feito pelo herói do conto de Crísipo. A senciência consciente serve tanto aos sentimentos quanto à resolução de problemas. Não sabemos quando e onde ela começou, mas eu diria que foi relativamente cedo na evolução.

Evolução sem milagres

Em 2016, fui um dos organizadores de uma conferência internacional sobre emoções e sentimentos em seres humanos e animais, em Erice, antiga cidade-fortaleza siciliana, situada no topo de um monte de 750 metros de altura. Entre as sessões, caminhando pelas ruas sinuosas de paralelepípedos com uma vista esplêndida do Mediterrâneo, Jaak Panksepp e eu conversamos sobre os sentimentos dos animais. Expressei minha relutância em ser específico, dizendo: "Acho que sei o que sentem, mas continua sendo especulação". Jaak, com seu rosto amável e melancólico, sacudiu a cabeça. "Primeiro de tudo, Frans", respondeu ele, "há evidências sólidas de sentimentos nos animais. Segundo, o que há de errado com algumas suposições abalizadas?" Ele achava que eu deveria me expor e ser mais explícito a respeito de minhas impressões. Agora acredito que ele estava certo, e vou tentar expressar sua opinião e explicar por que ele teve de lutar por isso a vida toda.

Panksepp, que infelizmente faleceu cerca de um ano depois daquela conferência, foi de extraordinária importância para a neurociência afetiva, campo que ele fundou. Ele situou as emoções humanas e animais num continuum e foi o primeiro a desenvolver uma neurociência que abrangia tudo isso. Precisou resistir às forças do establishment, sendo a mais poderosa a escola behaviorista de B. F. Skinner, segundo a qual as emoções humanas são irrelevantes e as emoções animais são suspeitas. Ridicularizaram-no por querer estudar a neurociência do afeto, de modo que Panksepp nunca recebeu muito financiamento para seu trabalho. Todavia, apesar da falta de dinheiro, ele realizou mais do que quase todo mundo para fazer das emoções animais um tema respeitável e tornou-se conhecido por seus estudos de alegria, brincadeiras e risos entre ratos, com base em vocalizações ultrassônicas. Ele descobriu que os ratos procuram ativamente dedos que fazem cócegas, provavelmente recompensados por opiáceos no cérebro. Seu trabalho situou as emoções em antigas áreas subcorticais do cérebro compartilhadas por todos os vertebrados, e não no córtex cerebral recentemente expandido. Sua obra-prima de 1998, *Affective Neuroscience: The Foundations of Human and Animal Emotions*

[Neurociência afetiva: Os fundamentos das emoções humanas e animais], tornou-se um best-seller pelos padrões acadêmicos. Ele estava à frente do seu tempo e influenciou muitos estudiosos dos animais, entre eles Temple Grandin e eu.

Na conferência de Erice de 2016, Panksepp teve um longo confronto com Lisa Feldman Barrett, que considera que as emoções são constructos mentais que variam de acordo com a língua e a cultura. Na opinião dela, as emoções, em vez de serem inatas, são entretecidas a partir das experiências passadas e dos julgamentos de realidade feitos a cada momento. Em consequência, é impossível identificar claramente emoções específicas.[25] Sua posição era quase o oposto exato da ênfase subcortical de Panksepp. Nenhum dos dois estava disposto a ceder, e ambos repetiam seus argumentos do jeito que as pessoas fazem quando não estão ouvindo. Eu não achava que precisávamos de um confronto tão acalorado, porque, assim que se traça uma linha nítida entre emoções e sentimentos, ambas as posições fazem sentido. Panksepp estava falando principalmente de emoções, e Lisa de sentimentos. Para ela, sentimentos e emoções são uma coisa só, mas para Panksepp, para mim e muitos outros cientistas, eles devem se manter separados. As emoções são observáveis e mensuráveis, refletem-se em mudanças corporais e ações. Como os corpos humanos são os mesmos em todo o mundo, as emoções são em geral universais, inclusive o que acontece conosco quando nos apaixonamos, nos divertimos ou ficamos bravos. É por isso que nunca nos sentimos emocionalmente desconectados, mesmo num país cujo idioma não falamos. Os sentimentos, por outro lado, são experiências privadas, variando de lugar para lugar e de pessoa para pessoa. O que uma pessoa experimenta como dor, outra pode sentir como prazer. Não há uma associação unívoca entre emoções e sentimentos. Cada língua tem seus próprios conceitos para descrever estados subjetivos, e as pessoas trazem diferentes formações e experiências para o que sentem e por quê.

Contudo, o corpo está fortemente implicado nesse processo. Quando descrevemos como nos sentimos, usamos linguagem visceral, colocamos a mão sobre o coração ou o estômago, fechamos os punhos, seguramos a cabeça ou nos agarramos como se estivéssemos desmoronando. Chorar, por exemplo, é muito mais que um som. Temos dificuldade para respirar, o batimento cardíaco se torna irregular, o diafragma pesa, temos um nó na garganta, nosso rosto fica empapado. Quando choramos, todo o nosso corpo chora. William James foi ainda mais longe, dizendo que as mudanças corporais não são tanto a expressão de uma emoção, elas *são* a emoção. Enquanto a questão continua em debate, uma equipe finlandesa liderada por Lauri Nummenmaa mapeou as regiões do corpo envolvidas em certas emoções. Eles pediram aos sujeitos da experiência que marcassem em mapas corporais as regiões que associavam a elas. O sistema digestivo e a garganta estão implicados no nojo, os membros superiores na raiva e na felicidade, e o estômago no medo e na ansiedade. Como as áreas marcadas eram muito semelhantes em falantes de finlandês, sueco e taiwanês — três línguas quase sem relação entre si —, os pesquisadores concluíram que culturas diferentes devem experimentar as emoções da mesma maneira.[26]

No entanto, isso não exclui em absoluto variações no modo como discutimos nossos sentimentos. Tendo sogros franceses, eu sempre fico impressionado com a moderação com que os

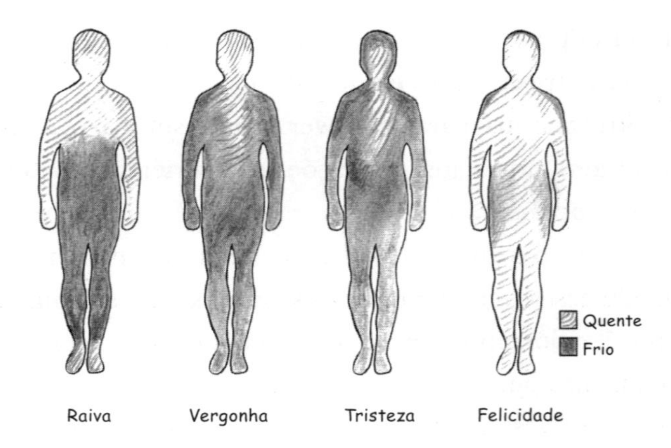

As emoções afetam o corpo tanto quanto a mente. Perguntadas sobre qual parte do corpo sentem mais durante certas emoções, pessoas de três culturas diferentes coloriram silhuetas. Elas concordaram que a raiva é sentida principalmente na cabeça e no torso, e a felicidade, em todo o corpo. Em contraste, a vergonha esquenta a cabeça e as bochechas, mas esfria o resto do corpo, enquanto na tristeza a maior parte do corpo fica dormente. (Baseado em um estudo de Nummenmaa et al., *"Bodily maps of emotions"*.)

holandeses transmitem seus sentimentos, tentando parecer calmos e razoáveis, enquanto os franceses entram de cabeça, líricos e apaixonados, especialmente quando se trata de amor e comida. Juntos por muitas décadas, minha esposa e eu não nos incomodamos com essas diferenças culturais, embora ocasionalmente elas ainda causem mal-entendidos e risos, ou ambas as coisas. No entanto, mesmo que os holandeses e franceses pareçam de planetas diferentes no modo como falam sobre seus sentimentos — apoiando assim a tese de Feldman Barrett de que sentimentos são constructos —, a barreira cultural desaparece quando se trata de nossos corpos, vozes e rostos. Na decepção de perder, torcedores de futebol holandeses e franceses parecem exatamente iguais.

Grande parte da confusão se resume aos filtros de linguagem através dos quais a ciência inspeciona as emoções humanas. Nós nos concentramos em experiências verbalizadas enquanto enfatizamos nuances linguísticas, prestando quase mais atenção aos rótulos que aos sentimentos que deveriam captar. Por outro lado, a neurociência *bottom-up* de Panksepp parte de uma região tão profunda do cérebro que os conceitos linguísticos e de rotulagem são pouco relevantes. Contudo, mesmo que os sentimentos nunca tenham sido seu foco, Panksepp estava convencido de que eles estão sempre presentes, não apenas nos seres humanos mas também nos ratos. Eles simplesmente fazem parte das emoções.

Uma das melhores provas disso é como os animais reagem a drogas que, em seres humanos, induzem estados agradáveis ou eufóricos. Sabemos muito bem como essas drogas alteram o cérebro humano. Os ratos são atraídos pelas mesmas drogas e sofrem as mesmas alterações cerebrais. A maneira como eles reagem a uma determinada nova droga (buscando ou evitando sua administração) é um indicador perfeito da possível reação de prazer ou de aversão dos humanos. Isso é difícil de explicar sem supor experiências subjetivas compartilhadas.

Mas nem todo mundo está feliz com essa implicação. Ainda é comum minimizar os sentimentos dos animais ou ocultar alusões a eles em nuvens de aspas e eufemismos. Em 1949, o fisiologista suíço Walter Hess recebeu o prêmio Nobel por sua descoberta de que reações agressivas poderiam ser induzidas em gatos estimulando-se eletricamente o hipotálamo. Uma gata sibilando e com os pelos eriçados arqueava as costas, sacudia o rabo e estendia as garras, pronta para atacar. Ela também mostrava pressão alta, dilatação das pupilas e outros sinais de estar enfurecida. Mas, assim que o estímulo era desligado, a gata se acalmava e agia normalmente de novo. Hess falou somente de "ira fingida", ocultando assim o conteúdo emocional do comportamento da gata. Depois de aposentado, ele se arrependeu de ter feito isso e admitiu ter usado esse termo evasivo apenas para evitar a ira dos pesquisadores norte-americanos, que tinham dificuldade em imaginar que uma emoção completa fosse acionada numa área subcortical do cérebro. Na verdade, disse Hess, ele sempre achara que seus gatos deviam sentir ira genuína.[27]

Quando se referem a "pesquisadores norte-americanos" e seus receios, europeus como Hess ou Panksepp querem dizer "behavioristas". Embora essa escola de pensamento tenha um alcance internacional, sua mentalidade e doutrinação radical são mais intensamente sentidas nas universidades norte-americanas. O behaviorismo começou bem, com o objetivo de desenvolver uma estrutura unificadora para explicar o comportamento humano e animal. Recebeu o nome graças a seu foco no comportamento observável e o desprezo pelos não observáveis, como consciência, pensamentos e sentimentos. Os behavioristas disseram que a psicologia precisava livrar-se do "jugo da consciência".[28] Devia falar menos, ou não falar, sobre o que acontece dentro da mente, e mais sobre o comportamento concreto.

No entanto, um grande desvio dessa louvável agenda ocorreu meio século depois, quando apareceu a revolução cognitiva. Na década de 1960, os psicólogos começaram a destacar os processos mentais em nossa espécie e explorar a consciência e o pensamento. Eles criticaram o behaviorismo por ser estreito demais e o deixaram de lado. Nesse momento, o behaviorismo poderia ter se renovado adotando alguns conceitos cognitivos cruciais e acompanhando o fluxo. Em vez disso, escolheu desalojar nossa espécie do resto do reino animal. Obviamente, era difícil para eles argumentar que os humanos não podem pensar ou não têm consciência de si mesmos, mas, em relação aos animais, essa continuou a ser uma posição defensável. O behaviorismo redobrou a aposta nos animais como máquinas de estímulo-resposta, enquanto aplicava sua abordagem de forma mais leve e seletiva aos humanos. Ao fazê-lo, abriu entre os homens e todas as outras espécies uma distância que só aumentou com o passar do tempo.

Em consequência, os departamentos de psicologia de todo o mundo começaram a abrigar dois tipos diferentes de professores. Aqueles que trabalhavam com o comportamento humano presumiam alegremente uma ampla gama de processos mentais complexos acompanhados por alto grau de consciência. As capacidades que propunham podiam ser verdadeiramente complicadas, como uma pessoa saber que outra pessoa sabe que a primeira sabe de alguma coisa que elas não sabem. Em contraste, os docentes ocupados com animais, conhecidos como psicólogos comparativos, adotaram a abordagem exatamente oposta, evitando cuidadosamente qualquer menção a processos mentais e preferindo a descrição mais simples possível. Eles explicavam o comportamento animal em termos de aprendizado com a experiência, independentemente de o animal ter um cérebro grande ou pequeno, ser predador ou presa, voar ou nadar, ter sangue frio ou quente e por aí vai. Os cientistas que ousassem especular sobre habilidades especiais relacionadas à história natural de uma espécie podiam contar com uma resistência feroz, já que exceções à "lei do efeito" não eram bem-vindas. Uma vez que biologia, ecologia e evolução eram mantidas fora do behaviorismo, é de admirar como ele sobreviveu por tanto tempo.

A dicotomia entre psicólogos trabalhando com seres humanos, que faziam suposições incrivelmente generosas, e psicólogos que trabalhavam com animais, que eram excessivamente sovinas, criou um problema que William James viu surgir há muito tempo. Ele enfatizou a continuidade entre seres humanos e outros animais:

> A demanda por continuidade mostrou possuir um verdadeiro poder profético. Devemos, portanto, tentar sinceramente todos os modos possíveis de conceber a aurora da consciência, de modo que ela não pareça equivalente à irrupção no universo de uma nova natureza, até então inexistente.[29]

Infelizmente, uma "irrupção" (uma entrada violenta e forçada) era a única maneira de reconciliar as percepções contrastantes sobre inteligência humana e animal. É por isso que ouvimos tantas vezes que um salto extraordinário deve ter ocorrido durante a evolução humana. Obviamente, nenhum estudioso moderno se atreveria a falar de Centelha Divina, muito menos de uma criação especial, mas a ideia é bastante familiar. O atual fluxo interminável de livros sobre o que torna os humanos diferentes revela, como diz a promoção de um deles,

> a humanidade em sua singularidade gloriosa — um pé firmemente plantado entre todas as criaturas ao lado das quais evoluí-

mos e o outro no lugar especial de autoconsciência e compreensão que somente nós ocupamos no universo.[30]

Cada livro sobre excepcionalismo humano conta uma história ligeiramente diferente sobre como tivemos tanta sorte: através ou de um processo cerebral especial (mas sempre misterioso), ou do impacto da cultura e da civilização, ou de um acúmulo de pequenas mudanças com enormes consequências. Friedrich Engels, o filósofo alemão amigo de Karl Marx, chegou a nos dar um ensaio sobre "O papel do trabalho na transformação do macaco em homem".

Independentemente da teoria, no entanto, somos solicitados a acreditar em uma torção parecida com um pretzel, em vez do habitual curso lento e suave da evolução. Mas essas torções são necessárias somente porque a ciência negligenciou o que os animais são capazes de fazer. Nutrimos suposições minimalistas sobre os animais durante tanto tempo que, em comparação, nossas próprias conquistas cognitivas parecem totalmente fora de alcance. Mas e se a inteligência animal estiver longe do fundo do poço?

Hoje estamos em meio a uma revolução cognitiva tardia em relação às outras espécies. Uma geração mais jovem de cientistas abandonou os tabus que nos retiveram por tanto tempo. O nível em que situamos outras espécies está avançando dia após dia. A internet apresenta periodicamente inovações científicas empolgantes na *cognição evolutiva* — o estudo da inteligência humana e animal da perspectiva da evolução — acompanhadas por vídeos impressionantes de símios, corvídeos, golfinhos, elefantes etc. que demonstram raciocínio causal, mentalização, planejamento, autoconhecimento e transmissão cultural. Essas pesquisas novas aumentaram a consideração que temos pela inteligência animal de forma tão extraordinária que não precisamos mais de milagres para explicar a mente humana. Suas características básicas existem há eras.

Enquanto isso, a neurociência está abrindo a caixa-preta para olhar dentro do cérebro e oferece relatos de como os animais resolvem problemas que dependem cada vez menos das teorias de aprendizagem do passado. O behaviorismo sofre uma morte lenta, levantando a cabeça apenas de vez em quando para tentar debilmente colocar um freio nesses desdobramentos. Foi esse freio que Panksepp experimentou durante a vida inteira, quando o behaviorismo ainda estava a todo vapor. Ele detestava a visão robótica que predominava sobre os animais, ao mesmo tempo que se queixava do "agnosticismo terminal" que impedia qualquer um de assumir uma posição sobre as origens da consciência.

No Ocidente, sempre nos apaixonamos por metáforas mecanicistas. Processos biológicos que temos dificuldade de entender são comparados com máquinas. Nós entendemos as máquinas porque as projetamos. Dizemos que o coração é como uma bomba, o corpo como um autômato e o cérebro como um computador. Como achamos a biologia demasiado nebulosa e confusa para ser adotada de todo o coração, tentamos transformá-la em algo parecido com a física newtoniana. É famosa a tentativa do filósofo francês René Descartes, no século XVII, de encerrar as paixões nessa visão mecânica:

> Eu gostaria que você considerasse que essas funções (como paixão, apetite, memória e imaginação) derivam tão naturalmente do mero arranjo dos órgãos da máquina quanto os movimentos de um relógio ou de outro autômato provêm do arranjo de seus contrapesos e rodas.[31]

A metáfora do relógio foi debatida por quase tanto tempo quanto o da sua existência; seu defeito óbvio é que na biologia tudo cresce e se desenvolve em conjunto e está totalmente conectado com tudo. O cérebro parece muito mais com uma sopa gelatinosa do que com uma máquina, e tem bilhões e bilhões de conexões incrivelmente integradas em todos os níveis. Além disso, ele faz parte do corpo e nunca deve ser considerado isoladamente. Por outro lado, os aparelhos feitos pelos homens são montados a partir de partes produzidas separadamente e que se encontram pela primeira vez na mesa do relojoeiro. Depois de montadas no conjunto, não conversam nem dependem umas das outras, exceto por algumas conexões predeterminadas. Não há comunicação distante, enquanto no interior do corpo humano descobrimos novos exemplos disso o tempo todo, como a conexão entre a microbiota intestinal e o cérebro, ou a sincronização cardíaca entre mãe e feto.[32] Em um relógio, cada parte permanece mais ou menos independente, então o relógio pode ser desmontado e remontado num todo funcional. Mas nenhum organismo permitiria tratamento tão violento. Se retiramos uma parte, digamos, o fígado, podemos esquecer o todo. A "máquina" agora está quebrada. Na verdade, não está quebrada, mas morta!

Panksepp tinha pouca paciência com a noção de que os animais são mais bem entendidos como sistemas de input-output com um conjunto limitado de respostas. Os organismos não têm nada em comum com as máquinas, e todas aquelas metáforas de relógio e computador são perfeitamente inúteis. Em vez disso, ele cultivava um interesse genuíno pela vida interior dos animais e, como qualquer biólogo, supunha sua continuidade com os seres humanos.

O fato de não podermos detectar diretamente o que os animais sentem não é um obstáculo. Afinal, a ciência tem uma longa tradição de trabalhar com inobserváveis. A evolução pela seleção natural não é diretamente visível, nem a deriva continental ou o Big Bang, mas todas essas teorias são tão bem respaldadas que as tratamos quase como fatos. Ou tomemos uma noção básica da psicologia, a mentalização. Ninguém nunca viu como ela funciona, mas é considerada um marco do desenvolvimento infantil. Em todos esses casos, reunimos indícios e vemos como se encaixam em nossas teorias. Até a noção de que a Terra é redonda carecia de confirmação direta até 1967, quando a primeira imagem colorida de nosso planeta foi tirada do espaço sideral. É por isso que nunca devemos aceitar o argumento comum de que os sentimentos e a consciência animais estão fora dos limites da ciência porque não podemos vê-los. Panksepp sabiamente pediu:

> Se quisermos considerar a existência de estados experienciais, como a consciência, em outros animais, devemos estar dispostos a trabalhar num nível teórico em que os argumentos são julgados pelo peso dos indícios, e não pela prova definitiva.[33]

Peixes

Por mais estranho que pareça vindo de um primatólogo, sou grande fã de peixes. Quando menino, eu saía de bicicleta aos sábados para pegar esgana-gatas, salamandras e todos os tipos de vida aquática. Eu mantinha esses animais numa quantidade crescente de vasos e baldes, até que ganhei meu primeiro aquário de presente de aniversário. Desde então, sempre tive um aquário, e agora tenho dois grandes tanques de água doce em casa.

Peixes em minhas mãos quase nunca morrem. Tenho um grande cascudo que deve ter mais de 25 anos, e um pequeno grupo de bótias-palhaços com pelo menos quinze anos. Embora estes se pareçam um pouco com Nemo, o famoso peixe-palhaço do desenho animado, eles têm em comum somente as estampas arrojadas: peixes-palhaço vivem no oceano, enquanto bótias-palhaços são peixes de água doce de uma família diferente. Eles são grandes e gordos, mas ágeis nadadores, divertidos de observar quando se movimentam em grupo. Sempre unidos, eles fazem muito contato corporal e se espremem juntos com frequência em pequenas fendas. O segredo de um bom tanque é ter muitos esconderijos, e assim que um bótia vê um de seus amigos num deles, junta-se a ele ou ela, e então os dois ficam olhando para fora; muitas vezes, os seis se empilham uns sobre os outros. Eu digo "amigos" porque eles se reconhecem. Aprendi isso da maneira mais difícil quando, em algumas ocasiões, tentei introduzir novos bótias-palhaços. Os recém-chegados nunca sofreram qualquer agressão, do modo como os peixes territoriais afugentam os outros, mas levaram um gelo, a ponto de nunca se integrarem à panelinha já estabelecida.

Aprecio a sociabilidade dos meus bótias-palhaços e todas as outras interações de peixes que são muito mais complexas do que a maioria das pessoas imagina. Alguns pares acasalados se dão bem e nadam suavemente lado a lado aonde quer que vão, enquanto outros pares estão sempre brigando, fazendo pose, e mal deixam o outro comer. Com essa ligação fraca, sei

Os peixes podem ser bastante sociáveis, não só em grandes cardumes, mas também em pequenos, nos quais reconhecem uns aos outros individualmente. Os bótias-palhaços são peixes de água doce tropical que costumam nadar, rolar e relaxar juntos.

que nunca se reproduzirão. Alguns peixes vigiam seus filhotes; muitos ciclídeos fazem isso, como as esgana-gatas que eu tinha quando criança: após a fertilização, o macho abana os ovos para fornecer oxigênio extra e mantém os filhotes juntos por alguns dias após a eclosão, sugando os bebês que se afastam para cuspi-los de volta no ninho. Observar de perto essas interações é privilégio do aquarista, e também o motivo pelo qual nunca entendi por que as pessoas têm os peixes em baixa conta. É como se eles fossem uma forma de vida menor, não digna das preocupações que temos com outros animais.

Naturalmente, as discussões sobre a senciência costumam voltar-se para a questão de saber se os peixes sentem dor, como tem sido há cinquenta anos. Ninguém vai chutar uma cadela prenhe e interpretar seus choramingos como ruído das engrenagens, como teria supostamente feito um conhecido cartesiano (ao passo que o próprio Descartes adorava seu cachorro), mas quando se trata de pescar as pessoas nutrem dúvidas. Parte da confusão é que os peixes não sentem necessariamente dor quando se debatem ou fogem do perigo. Tal como muitos animais, eles têm receptores nos axônios neuronais que reagem ao dano no tecido periférico. Isso é conhecido como *nocicepção*, que é automática, como quando recuamos o dedo ao tocar no fogão quente mesmo antes de termos consciência da dor. Os nociceptores enviam sinais ao cérebro, que instrui o corpo a se livrar ou se afastar da ameaça. Há muito tempo se argumenta que os peixes só têm esse sistema de dor reflexo.

Isso significa que o peixe se contorcendo no anzol não sente nada? A indústria pesqueira decerto gostaria que pensássemos assim. Muitos estudos afirmam que, como os peixes não têm córtex cerebral, certamente não estão ligados à sensação de dor. Uma confusão adicional é causada pelo fato de que eles não expressam pedidos de socorro. Uma vez que nós, seres humanos, tomamos um som agudo como o melhor indicador de dor, nos perguntamos como uma situação pode ser ruim para os peixes se eles nunca choram. Acontece que os peixes têm outros métodos de comunicação. Um bom exemplo ocorreu entre os peixes-dourados num dos tanques do meu quintal.

Embora eu ame toda a vida selvagem, devo dizer que meu limite são as garças. Estes belos pássaros são adaptados para espetar as presas, mas fazem seu trabalho um pouco bem demais. O peixe-dourado, ao contrário, é criado para se destacar, característica extremamente mal-adaptada. Em consequência, uma garça pode esvaziar todo o tanque de peixes-dourados em poucas horas. Um dia, depois que vi uma garça perto da borda de um de meus tanques, decidi instalar uma rede. Sem poder pescar ali, a garça não voltou.

Mas um dos peixinhos foi apanhado na rede, que ficava parcialmente suspensa na água. Eu o soltei, porém, antes disso, o peixe deve ter lutado por um bom tempo, e ficou marcado com uma faixa branca no lugar em que a rede retirara suas escamas douradas. Depois disso, todos os outros peixes ficaram excepcionalmente tímidos e, durante dias, não saíram do esconderijo, nem para comer. Eles podem ter notado a luta de seu companheiro, que provavelmente durou horas. Mas, curiosamente, os peixes do segundo tanque, que fica separado do primeiro, estavam igualmente aterrorizados. Eles também continuaram no fundo. Como não acredito em telepatia, isso não fazia sentido. Eles não podiam ter conhecimento direto da luta do peixe.

Há quase um século, um cientista austríaco descobriu a *Schreckstoff*. O verbo alemão *schrecken* se refere à nossa reação quando alguma coisa nos assusta de repente. Se um urso entrasse pela minha janela, por exemplo, eu seria capaz de morrer de susto (*schrecken*). *Stoff* significa "matéria". Portanto, *Schreckstoff*, ou substância de alarme, é um composto que transmite a mensagem química de um remetente assustado provavelmente ferido ou morto por um predador. Embora seja tarde demais para o remetente, a liberação de *Schreckstoff* avisa todos os outros peixes e lhes dá tempo para tomar providências a fim de que a mesma coisa não aconteça com eles. O fato de o sinal de alarme só beneficiar seus destinatários, e não o próprio remetente, já é intrigante o suficiente, mas para mim a questão era como a coisa poderia ter saltado entre dois corpos de água. Só quando percebi que um único filtro limpa meus dois tanques entendi o que se passara.

Meu peixe-dourado demorou dois meses para se recuperar (a faixa branca desapareceu), enquanto os outros peixes voltaram ao normal em uma semana. Sem ter qualquer conhecimento direto do evento traumático, eles haviam mostrado as reações corretas ao predador graças a esse sistema de alerta químico. Mas, embora a ciência agora conheça o ingrediente ativo (uma molécula semelhante ao açúcar) da *Schreckstoff*, isso não resolve a questão do que os peixes sentem.[34]

Fisiologicamente, os peixes são muito semelhantes aos mamíferos. Eles têm uma reação de adrenalina a eventos súbitos e níveis elevados de cortisol quando amontoados ou assediados. Um peixe que se esconde no canto mais distante do tanque durante todo o dia por causa de um alfa territorialista intolerante pode literalmente morrer de estresse. Os peixes também têm dopamina, serotonina e isotocina. Esta última é homóloga da oxitocina, que desempenha um papel no comportamento social.

Não devemos nos surpreender, portanto, com estudos sobre a depressão em peixes. Um deles produziu depressão fazendo com que peixes-zebras se viciassem em etanol. Após semanas de festa, os pesquisadores cortaram o suprimento de etanol, forçando os peixes à abstinência. Como pessoas deprimidas, eles perderam o interesse pela vida e tornaram-se passivos e retraídos. Em vez de nadar ao longo da superfície da água como costumam fazer, caíram no fundo do tanque, onde ficavam mais ou menos imóveis. Os peixes são normalmente curiosos e se saem melhor em ambientes enriquecidos, mas agora eles estavam entediados e nem exploravam o aquário. Note bem: falar de tédio ou depressão nos peixes não é apenas projeção humana, porque se esses coitados de péssima aparência recebem um antidepressivo, como a benzodiazepina, eles se animam e passam mais tempo perto do topo do tanque. O fato de o mesmo remédio ajudar peixes e seres humanos sugere profundas semelhanças neurológicas.[35]

A história da dor é semelhante. A cientista britânica Victoria Braithwaite, especializada em peixes, apresenta exemplos de inteligência de peixes em seu livro *Do Fish Feel Pain?* [Peixes sentem dor?], de 2010, e também mostra como os peixes reagem a estímulos negativos. Quando se injetam produtos químicos irritantes sob a pele, como o vinagre, eles se esfregam no cascalho do tanque para se livrar daquilo. Perdem o apetite e ficam distraídos demais para evitar novos objetos. Mas quando recebem um analgésico como a morfina, essas reações desaparecem. Os peixes também tentam evitar a dor, e não só da maneira reflexa que se esperaria de um sistema de nocicepção. Eles se lembram de onde encontraram estímulos dolorosos e evitam esses lugares. Usando o mesmo argumento que aplicamos aos caranguejos, a ideia aqui é que, para que os estímulos negativos sejam lembrados, eles devem ter sido sentidos. Em consequência desse e de outros estudos, a hipótese consensual agora é de que os peixes sentem dor.[36]

Os leitores podem perguntar por que se demorou tanto para chegar a essa conclusão, mas um caso paralelo é ainda mais desconcertante. Por muito tempo, a ciência achou a mesma coisa em relação aos bebês humanos. Eles eram considerados organismos sub-humanos que produziam "sons aleatórios", sorriam simplesmente porque tinham "gases" e não sentiam dor. Cientistas sérios realizaram experiências torturantes em bebês humanos com picadas de agulha, água quente e fria e restrição aos movimentos da cabeça para mostrar que não sentiam nada. As reações dos bebês eram consideradas reflexos sem emoção. Em consequência, os médicos costumavam machucar os bebês (como durante a circuncisão ou uma cirurgia invasiva) sem o benefício da anestesia. Davam-lhes apenas curare, um relaxante muscular, que convenientemente impedia os bebês de resistir ao que lhes era feito. Os procedimentos médicos mudaram somente na década de 1980, quando se revelou que os bebês têm uma reação dolorosa completa ao fazer caretas e chorar. Hoje nem acreditamos quando lemos esses experimentos. Será que antes não se podia notar a reação à dor?![37]

O ceticismo científico em relação à dor, portanto, não ocorre somente com animais, mas com qualquer organismo que não fala. É como se a ciência só prestasse atenção aos sentimentos se eles tiverem uma declaração verbal explícita do tipo "Eu senti uma dor aguda quando você fez isso!". A importância que atribuímos à linguagem é simplesmente ridícula. Ela nos deu mais de um século de agnosticismo em relação à dor e à consciência sem palavras.

Transparência

A pesquisa sobre inteligência e emoções animais teve o efeito paradoxal de produzir argumentos contra a própria pesquisa. Minhas descobertas são às vezes usadas contra mim. Devemos injetar vinagre em peixes, submeter macacos a tarefas cognitivas, manter golfinhos em cativeiro ou até ter animais de estimação em casa? Alguns argumentam que a pesquisa comportamental é desnecessária, porque *é óbvio* que os animais são inteligentes e têm emoções semelhantes às humanas. *Todo mundo* sabe disso! Peço licença para discordar: se isso fosse verdade, não teríamos de lutar tanto para que essas ideias fossem aceitas. Não nos esqueçamos de que durante milênios os animais foram descritos como autômatos idiotas, sem sensações e emoções significativas. O argumento de que "todo mundo sabe" não cabe.

Se os seres humanos tivessem mantido distância permanente dos animais e nunca se misturassem com eles nem explorassem suas habilidades, não saberíamos quase nada sobre eles e provavelmente nem nos importaríamos. Raras vezes nos preocupamos com alguma coisa que não nos toca. Portanto, acredito firmemente que o fato de muitas pessoas terem animais de companhia em casa e visitarem regularmente zoológicos e reservas naturais, onde veem animais de perto, tem um enorme impacto positivo em nossas relações com outras espécies. Muitos habitantes da cidade, cada vez mais afastados da natureza, têm uma visão "disneyficada" que não corresponde às duras realidades da sobrevivência. Estar com os animais molda profundamente nossas percepções e nos estimula a aprender mais sobre eles e a nos preocuparmos com sua preservação. Assistir a turmas escolares inteiras de crianças correndo pelo zoológico e preenchendo os questionários de seus professores me deixa otimista, porque vejo entusiasmo e uma sede de conhecimento. Tudo se resume ao que o biólogo evolucionista E. O. Wilson chamou de *biofilia*: nosso vínculo instintivo com a natureza e outros animais. Temos uma longa história de interação próxima com os animais, tanto por prazer quanto para subsistência, e seu abandono não seria necessariamente bom para eles ou para nós. Isso deixaria os animais ainda mais desamparados do que já estão.

As coisas poderiam ser diferentes se ainda tivéssemos habitats imaculados disponíveis onde os animais pudessem desaparecer, mas infelizmente esse não é mais o mundo em que vivemos. Toda a ideia de liberdade para os animais está em questão. Algumas espécies domesticadas que procuraram contato conosco há muito tempo agora dependem de nós. Os animais selvagens também não têm outra opção senão viver perto de nós ou pelo menos sob nossa proteção. Muitos foram forçados a criar um nicho de sobrevivência nas cidades em expansão. Uma grande parcela da evolução animal mudou para ambientes criados pelo homem, como os coiotes urbanos da América do Norte (eu os tenho em meu quintal) e os periquitos-de-colar — pássaros tropicais coloridos —, que agora guincham aos milhares nas cidades europeias. Os animais urbanos mudam seus fundos genéticos enquanto se adaptam aos novos ambientes.[38] Por outro lado, os animais que perderam o habitat original e não conseguem se adaptar ao nosso estão em sérios apuros. Eu poderia dar muitos exemplos, mas infelizmente nossos parentes mais próximos, os símios, são os primeiros.

Para dizer nos termos mais duros possíveis: se eu nascesse amanhã como orangotango e você me oferecesse a opção entre morar nas selvas de Bornéu ou em um dos melhores zoológicos do mundo, eu provavelmente não escolheria Bornéu. Imagens depressivas nos chegam, de orangotangos jovens agarrados à última pequena árvore que restou de sua floresta incendiada. Quando tentam comer frutos cultivados pelos agricultores, os orangotangos deslocados da floresta são tratados como pragas e abatidos. Outros acabam em um santuário indonésio lotado. Essa espécie de grande símio necessita de alimentos de alta qualidade e não pode simplesmente ser realocada para outros habitats, a maioria dos quais está degradada e em processo de encolhimento. Obviamente, os centros de reabilitação de orangotangos precisam de todo o apoio que pudermos oferecer, mas temos uma séria crise de símios "refugiados" em nossas mãos, com pouca esperança de solução. Estima-se que 100 mil orangotangos (cerca de metade da população total!) desapareceram de Bornéu nas duas últimas décadas. Problemas semelhantes afetam outras espécies drasticamente ameaçadas, como rinocerontes (que viajam pelas planícies do Quênia com guarda-costas armados), gorilas das montanhas (restam menos de mil em estado selvagem), condores da Califórnia (salvos da beira da extinção por um programa de reprodução em cativeiro), vaquitas (menos de trinta desses pequenos botos ainda vivem no mar de Cortez) — e a lista segue. Podemos continuar idealizando o habitat natural como o único lugar próprio para os animais selvagens e onde eles são livres, mas o que é liberdade sem sobrevivência?

No que tange à situação dos animais em pesquisas, o cenário está mudando. Quanto mais um animal é parecido conosco, mais fácil incluí-lo em nossa visão moral, e é por isso que os chimpanzés foram os primeiros a se beneficiar das mudanças de atitude atualmente em curso. Em 2000, a Nova Zelândia aprovou uma legislação que proíbe a pesquisa com grandes primatas, enquanto a Espanha adotou uma resolução para conceder a esses animais direitos legais. No entanto, nenhum dos dois países vinha fazendo pesquisas efetivas com símios. Em consequência, não pude evitar dizer a um jornalista espanhol que teria ficado mais impressionado se eles tivessem abolido as touradas. Somente quando a Holanda e o Japão aprovaram leis semelhantes foi que o movimento para melhorar a situação dos símios começou a fazer diferença, porque ambos os países proibiram o que vinham praticando. Ao excluir a eutanásia como meio de controle populacional, os dois governos enfrentaram a dura necessidade de encontrar um lar para ex-chimpanzés de laboratório, alguns dos quais precisavam de precauções e cuidados especiais, já que haviam sido infectados por doenças. Em 2013, os Estados Unidos aderiram ao clube, não por proibir o uso de símios na pesquisa biomédica, mas por cortar seu financiamento, o que é a mesma coisa.

Eu apoio totalmente essa decisão, embora ela também tenha restringido os estudos comportamentais não invasivos que eu mesmo realizo. Sou membro de longa data do conselho diretor da ChimpHaven, na Louisiana, a maior instalação de aposentadoria para chimpanzés do mundo. Os símios chegam de laboratórios e instalações em todo o país e são soltos em grandes ilhas cobertas de florestas, onde vivem suas vidas. A ChimpHaven oferece o melhor ambiente que se pode imaginar fora do habitat natural. Diante da demanda atual, estamos construindo novas ilhas.

Para os outros animais em pesquisa e na indústria agrícola, deposito minhas esperanças na transparência. Cabe à sociedade decidir que tipo de relação teremos com os animais e que tipos de uso permitiremos, mas é absolutamente essencial tirar os animais das sombras. Mal sabemos o que está acontecendo em muitos lugares, o que torna fácil agir como se nada estivesse acontecendo. Precisamos de instalações de pesquisa com políticas de portas abertas e de fazendas com a obrigação de mostrar como mantêm seus animais. Idealmente, os pacotes de carne no supermercado deveriam ter um código de barras que nos permitisse acessar fotos (tiradas por uma agência independente) em nossos smartphones para que nós mesmos pudéssemos julgar as condições de vida do animal. Se todos os locais com animais em cativeiro fossem tão públicos quanto os zoológicos, as coisas melhorariam rapidamente. A pressão pública e as preferências do consumidor dariam conta do recado.

Depois de trabalhar em instalações de primatas durante muitos anos, acho que o maior passo seria uma lei que dissesse que não é permitido criar primatas, a menos que eles sejam abrigados socialmente. Muitas instalações ainda têm baterias de macacos em gaiolas individuais. Qualquer que seja a pesquisa que consideremos essencial, o mínimo que devemos oferecer a esses animais é uma vida social. É verdade que uma vida assim não está isenta de estresse; na verdade, é cheia de dramas e lutas. Mas também oferece vínculo afetivo, catação e brincadeiras. Como sempre trabalhei com primatas que vivem em grupo, sei por experiência que eles prosperam num ambiente social. Briguem ou se acariciem, eles são feitos para viver juntos. Uma amostra de como isso é importante para eles: certa vez, na Estação de Campo de Yerkes, demos a nossos chimpanzés uma estrutura nova para eles escalarem na área externa; era uma imensa armação de madeira com cordas e ninhos bem acima do solo, de onde eles seriam capazes de ter uma visão de quilômetros. Confinamos toda a colônia dentro de casa por algumas semanas enquanto dávamos duro para erguê-la do lado de fora. Estávamos tão orgulhosos do nosso projeto e ansiosos para ver a reação dos símios que, quando liberamos a colônia, esperávamos que eles se apressassem a subir na estrutura e desfrutassem da vista. Mas, durante o tempo que passaram dentro de casa, haviam sido separados uns dos outros em várias áreas, e agora eles claramente tinham uma ideia diferente da nossa.

A primeira coisa que aconteceu foi um reencontro emocional gigantesco. Eles mal notaram a nova construção, tendo olhos apenas um para o outro, enquanto ululavam de agitação e alegria. Iam de um para o outro, tocando, beijando e abraçando seus amigos e parentes há muito perdidos. Para eles, o grande momento foi intensamente social. A inspeção da nova armação de escalada poderia esperar. Isso ensinou-me mais uma vez que, quando procuramos fornecer moradia ideal, a vida social sempre supera as condições físicas.

Um argumento comum dos pesquisadores contra a habitação coletiva é que certos procedimentos exigem que eles tenham acesso diário aos animais. Trata-se de um argumento fraco diante da facilidade com que se treinam primatas para sair do grupo. Tudo que se precisa fazer é chamá-los pelo nome e abrir uma porta. Muitos experimentos podem ser feitos voluntariamente desde que sejam agradáveis para os animais. No Instituto de Pesquisa de Primatas do Japão, o recinto ao ar livre tem cubículos onde os chimpanzés podem entrar a qualquer momento para trabalhar sozinhos na tela do computador. Eles também podem sair quando quiserem. Uma câmera de vídeo informa aos investigadores de quem são os dados digitais que estão olhando. Na verdade, não precisamos mais de acesso constante, pois os avanços da tecnologia sem fio e dos microchips permitem que os primatas estejam semilivres enquanto são estudados. Na Estação de Campo de Yerkes, por exemplo, os macacos rhesus vivem em grupos de cerca de cem em grandes currais ao ar livre. Com um pouco de criatividade e know-how técnico, essas condições podem acomodar praticamente qualquer tipo de pesquisa. Idealmente, as instalações de primatas abandonariam todas as suas pequenas gaiolas, restringiriam as cadeiras e monitorariam as funções vitais de seus animais enquanto eles desfrutam da companhia de outros de sua espécie. Isso seria melhor para os macacos e produziria uma ciência melhor. Em muitos lugares, cientistas e especialistas em TI estão unindo forças para atingir esse objetivo. Para forçar as instalações a seguir nessa direção, a transparência será fundamental. Os centros de primatas devem abrir suas portas para a imprensa e o público, permitindo que venham dar uma olhada, seja ao vivo ou através de webcams. Como primatas sociais, a maioria dos seres humanos entende intuitivamente quais são as condições de vida mais adequadas aos macacos.

E assim nos desviamos da discussão sobre senciência para debater como deveríamos tratar os animais sob nossos cuidados. Essa transição é natural e oportuna, agora que tanto a ciência quanto a sociedade estão prontas para abandonar a visão mecanicista dos animais. Enquanto aceitávamos essa concepção, ninguém precisava se preocupar com a ética, o que, infelizmente, pode ter sido parte de sua atração. Se, por outro lado, os animais são seres sencientes, temos a obrigação de levar em conta sua situação e seu sofrimento. Esse é o ponto em que estamos agora. Nós, cientistas do comportamento, precisamos urgentemente nos engajar, não só porque usamos animais, o que já seria motivo suficiente, mas também porque estamos na vanguarda da mudança de percepção acerca da inteligência e das emoções dos animais. Estamos defendendo uma nova avaliação dos animais, então é melhor que ajudemos a implementar as mudanças necessárias. Temos instrumentos para saber especificamente quais condições são benéficas ou prejudiciais para eles. Podemos oferecer aos animais uma escolha de diferentes ambientes para ver quais eles preferem: as galinhas vão procurar uma superfície dura ou de terra? Os porcos gostam mesmo de lama? O bem-estar animal é mensurável, e seu estudo está se tornando uma ciência em si mesma, o que naturalmente nunca teria acontecido se ainda estivéssemos convencidos de que os animais não sentem nada.

8. Conclusão

Os primeiros etólogos estudavam peixes, aves e roedores para descobrir como os padrões de comportamento se encaixavam. Se eles ocorriam em sequência, como imobilização e fuga, ou ameaça e ataque, raciocinávamos que eles provavelmente compartilhavam uma motivação. Eu era estudante na época, e conversávamos mais sobre grupos de comportamento, conhecidos como *sistemas de comportamento*, apresentados em diagramas minuciosos para ilustrar como os animais os priorizavam. Observávamos que os animais se moviam entre comportamentos dentro de cada sistema, da mesma forma que a esgana-gata macho executava sua dança em zigue-zague para atingir um objetivo, como fazer a fêmea deixar cair seus ovos no ninho dele. A abordagem sistêmica era elegante e objetiva, mas faltava algo: de onde vinham essas motivações subjacentes? O que eram elas? Quando discutíamos essa questão, sempre evitávamos cuidadosamente qualquer alusão a emoções. Mas, olhando em retrospecto, a fonte de muitos sistemas de comportamento se parecia de forma suspeita com estados interiores como medo e raiva.

O silêncio em torno das emoções era ainda mais intrigante se considerarmos as principais explicações alternativas para a motivação do comportamento animal. A visão predominante era de que os animais tinham instintos, uma série de ações inatas desencadeadas por uma situação particular, ou reações simples pré-programadas, como um tipo de ação adaptada a um tipo de contexto. Mas isso parece complicado, pois só poderia levar a um comportamento rígido, o que seria um desastre em circunstâncias cambiantes.

Imagine que um animal macho foi programado como máquina para reagir, à visão de uma fêmea, com excitação sexual automática, cortejo, aproximação e cópula. Às vezes isso pode funcionar, mas e se o objeto de atenção estiver ferozmente indisposto? E se um macho ciumento e dominante se sentar por perto? Ou imagine um predador dobrando a esquina no momento errado. É óbvio que uma reação totalmente automatizada poderia colocar nosso macho em apuros. A razão pela qual os cientistas hoje raramente falam em instintos é que estes são inflexíveis demais.

Em vez disso, ao pensar em termos de emoções consideramos que a visão de uma parceira atraente induz um forte desejo juntamente com uma avaliação cuidadosa das circunstâncias. O desejo incitará o indivíduo a lutar pelo melhor resultado possível. Outras emoções fazem o mesmo, como quando os animais lidam com predadores, procuram proteger seus filhotes, lutam por um lugar melhor na hierarquia, estão interessados na mesma comida que os outros etc. Todas essas situações despertam emoções, que geralmente têm no fundo o melhor interesse do organismo. Mas elas apenas preparam corpo e mente. Não ditam nenhum procedimento específico. Às vezes imobilizar-se é melhor que fugir, às vezes compartilhar alimentos rende mais que lutar, às vezes o parceiro sexual precisa ser levado a um local oculto antes que a copulação ocorra. As emoções permitem essa flexibilidade.

O campo da inteligência artificial reconhece essa vantagem; decorrem daí suas tentativas de equipar robôs com "emoções". Isso é feito em parte para facilitar as interações com os seres humanos, mas também para fornecer uma arquitetura lógica ao comportamento do robô. As emoções têm a vantagem de direcionar a atenção, tornar os eventos memoráveis e preparar para o envolvimento com o meio ambiente. Elas são uma forma melhor de estruturar o comportamento do que dar às máquinas instruções graduais para cada situação que encontrarem. Quando programam robôs baseados em emoção, os cientistas chegam a definições interessantes, como: "O robô fica *feliz* se não houver nada de errado com a situação atual. Ficará particularmente feliz se estiver usando muito seus motores ou no processo de obter energia nova".[1] O fato de as emoções do robô constituírem um campo em crescimento, conhecido como "computação afetiva", sugere que equipar entidades com estados internos orientados para a ação é a melhor maneira de organizar o comportamento, exatamente como a evolução fez conosco. É como funcionamos e como a maioria dos animais funciona. Somos seres emocionais da cabeça aos pés.[2]

Para mim, a questão nunca foi se os animais têm emoções, mas sim como a ciência pôde negligenciá-las por tanto tempo. Ela não o fez lá atrás — lembrem-se do livro pioneiro de Darwin —, mas certamente o fez em tempos recentes. Por que nos desviamos do nosso caminho para negar ou ridicularizar algo tão óbvio? A razão, claro, é que associamos emoções a sentimentos, tema sabidamente complicado, mesmo na nossa espécie. Os sentimentos acontecem quando as emoções borbulham e chegam à superfície, de modo que nos tornamos conscientes delas. Quando estamos conscientes de nossas emoções, somos capazes de expressá-las em palavras e fazer com que os outros fiquem cientes delas: eles veem as emoções em nosso rosto, mas captam os sentimentos de nossa boca. Dizemos que estamos "felizes", e as pessoas acreditam, a menos, claro, que possam ver por si mesmas que não estamos. Às vezes um casal humano age como se estivesse feliz, mas se divorcia um mês depois. É provável que as pessoas próximas ao casal soubessem. Senão, vão se perguntar como não perceberam os sinais. Somos muito bons em separar sentimentos relatados e emoções visíveis, e em geral confiamos mais nas últimas que nos primeiros.

A possibilidade de que, tal como nós, os animais experimentem emoções faz muitos cientistas intransigentes se sentirem desconfortáveis, em parte porque os animais nunca relatam sentimentos, e em parte porque a existência de sentimentos pressupõe um nível de consciência que esses cientistas não estão dispostos a conceder aos animais. Mas, considerando o quanto os animais agem como nós agimos, compartilham nossas reações fisiológicas, têm as mesmas expressões faciais e possuem o mesmo tipo de cérebro, não seria estranho se suas experiências internas fossem radicalmente diversas? A linguagem é irrelevante para essa questão, e o tamanho do nosso córtex cerebral dificilmente é uma razão para propor a diferença. A neurociência abandonou há muito tempo a ideia de que os sentimentos nascem nessa região do cérebro. Eles vêm de um lugar muito mais profundo do cérebro, as partes intimamente ligadas ao nosso corpo. É até possível que os sentimentos, em vez de um subproduto sofisticado, sejam uma parte essencial das emoções. Os dois talvez sejam inseparáveis. Afinal, os organismos precisam decidir quais emoções seguir e quais suprimir ou ignorar. Se tomar consciência das próprias emoções é a melhor maneira de administrá-las, então os sentimentos são parte integrante das emoções, não apenas para nós, mas para todos os organismos.

Mas tudo bem, no momento tudo isso continua a ser especulação. Os sentimentos são claramente menos acessíveis à ciência do que as emoções. Um dia poderemos medir as experiências privadas de outras espécies, mas no momento temos de nos contentar com o que é visível do lado de fora. A esse respeito, estamos começando a progredir, e prevejo que a ciência das emoções será a próxima vanguarda no estudo do comportamento animal. Enquanto estamos bem adiantados na descoberta de todo tipo de novas capacidades cognitivas, precisamos perguntar o que a cognição é sem as emoções? Elas infundem significado em tudo e são a principal inspiração da cognição, também em nossas vidas. Em vez de andar na ponta dos pés ao seu redor, é hora de encararmos até que ponto todos os animais são orientados por elas.

Agradecimentos

Tendo em vista a posição central que o domínio social ocupa em meus interesses de primatólogo, as emoções sempre estiveram presentes no fundo. Elas constituem uma parte inegável da política, da resolução de conflitos, do vínculo, do senso de equidade e da cooperação dos primatas. Comecei como observador do comportamento social espontâneo, mas acabei testando capacidades mentais, como reconhecimento facial e empatia pela situação dos outros. Chegou a hora, portanto, de mergulhar mais explicitamente nas emoções. Daí este livro. Considero *O último abraço da matriarca* uma dupla para meu livro anterior, *Are We Smart Enough to Know How Smart Animals Are?*, todo sobre inteligência animal. Ainda que esses dois livros tratem emoções e cognição em separado, na vida real elas estão totalmente integradas.

Por sorte, fui aluno do especialista em expressões faciais de primatas Jan van Hooff, na Universidade de Utrecht. Sendo o rosto a janela da alma, é impossível discutir expressões faciais sem falar sobre emoções. Nos seres humanos, a pesquisa sobre emoções também começou com o rosto. Em consequência, fiquei confortável com o tema das emoções dos animais desde o início, numa época em que a maioria dos cientistas ainda tentava evitá-lo.

Sou grato às muitas pessoas que me acompanharam nesta jornada, desde colegas e colaboradores até estudantes e pós-doutores. Apenas para agradecer aos dos últimos anos: Sarah Brosnan, Sarah Calcut, Matthew Campbell, Devyn Carter, Zanna Clay, Tim Eppley, Katie Hall, Victoria Horner, Lisa Parr, Joshua Plotnik, Stephanie Preston, Proctor Darby, Teresa Romero, Malini Suchak, Julia Watzek e Christine Webb. Pela ajuda em seções do livro, agradeço a

Victoria Braithwaite, Jan van Hooff, Harry Kunneman, Desmond Morris e Christine Webb. Agradeço ao Zoológico Burgers, ao Centro Nacional Yerkes de Pesquisas sobre Primatas e ao Santuário Lola ya Bonobo, próximo a Kinshasa, por oportunidades de pesquisa; à Universidade Emory e à Universidade de Utrecht pelo ambiente acadêmico e pela infraestrutura que tornam possível este tipo de trabalho. Penso com carinho nos muitos macacos e grandes primatas que participaram de minha vida e a enriqueceram, e acima de todos, claro, em Mama, a falecida matriarca fundamental para este livro, que causou uma impressão tão profunda em mim.

Obrigada à minha agente Michelle Tessler e ao meu editor na Norton, John Glusman, pelo entusiasmo e leitura crítica do manuscrito. Minha esposa Catherine está sempre presente para me apoiar e mimar, e para me ajudar estilisticamente na escrita diária. Nada faz com que eu me sinta melhor do que nosso amor e nossa amizade mútuos. Como bônus, desfrutei de muitas lições em primeira mão sobre emoções humanas.

Notas

Introdução (pp. 9-23)

1. B. F. Skinner, *Science and Human Behavior*, p. 160.

1. O último abraço de Mama (pp. 25-69)

1. Mama abraça Jan van Hooff. Disponível em: <www.youtube.com/watch?v=INa-oOAexno>.
2. D. O. Hebb, "Emotion in man and animal: An analysis of the intuitive processes of recognition", p. 88.
3. T. Matzuzawa, "What is uniquely human? A view from comparative cognitive development in humans and chimpanzees".
4. O. Adang, *De Machtigste Chimpansee van Nederland*, p. 116.
5. B. Springsteen, *Born to Run*, p. 78.
6. R. Yerkes, "Conjugal contrasts among chimpanzees".
7. S. Foerster et al., "Chimpanzee females' queue but males compete for social status".
8. B. King, *How Animals Grieve*.
9. J. Anderson, A. Gillies, L. C. Lock, "Pan thanatology"; Dora Biro et al., "Chimpanzee mothers at Bossou, Guinea, carry the mummified remains of their dead infants".
10. I. Schneiderman et al., "Oxytocin during the initial stages of romantic attachment: Relations to couples' interactive reciprocity"; Dirk Scheele et al., "Oxytocin modulates social distance between males and females".
11. L. Young e B. Alexander, *The Chemistry Between Us: Love, Sex, and the Science of Attraction*; O. Bosch et al., "The CRF System mediates increased passive stress-coping behavior following the loss of a bonded partner in a monogamous rodent".
12. P. McConnell, *For the Love of a Dog*, p. 253.
13. G. Teleki, "Group response to the accidental death of a chimpanzee in Gombe National Park, Tanzania".

2. Janela da alma (pp. 70-111)

1. G. S. Berns, A. Brooks, M. Spivak, "Replicability and heterogeneity of awake unrestrained canine fMRI responses".
2. P. Ekman, "Afterword: Universality of emotional expression? A personal history of the dispute", p. 373.
3. P. Ekman, W. Friesen, "Constants across cultures in the face and emotion".
4. I. Eibl-Eibesfeldt, *Der vorprogrammierte Mensch: Das Ererbte als bestimmender Faktor im menschlichen Verhalten*.
5. C. Darwin, *The Expression of the Emotions in Man and Animals*, p. 219.
6. Citado em J. Van Wyhe, P. Kjærgaard, "Going the whole orang: Darwin, Wallace and the natural history of orangutans", p. 56.
7. C. Darwin, *The Expression of the Emotions in Man and Animals*, p. 142.
8. K. Finlayson et al., "Facial indicators of positive emotions in rats"; D. Langford et al., "Coding of facial expressions of pain in the laboratory mouse".
9. M. Schilder et al., "A quantitative analysis of facial expression in the plains zebra"; J. Wathan et al., "EquiFACS: The Equine Facial Action Coding System".
10. J. Kaminski et al., "Human attention affects facial expressions in domestic dog".
11. J. Van Hooff, "A comparative approach to the phylogeny of laughter and smiling".
12. R. Andrew, "The origin and evolution of the calls and facial expressions of the primates".
13. M. Kraus, T.-W. Chen, "A winning smile? Smile intensity, physical dominance, and fighter performance".
14. D. McFarland, *The Oxford Companion to Animal Behaviour*, p. 151.
15. A. Burrows et al., "Muscles of facial expression in the chimpanzee (*Pan troglodytes*): Descriptive, comparative and phylogenetic contexts".
16. J. Lahr, *Dame Edna Everage and the Rise of Western Civilisation: Backstage with Barry Humphries*, p. 206.
17. R. Provine, *Laughter: A Scientific Investigation*.
18. M. Davila Ross, S. Menzler, E. Zimmermann, "Rapid facial mimicry in orangutan play".
19. R. Schwing et al., "Positive emotional contagion in a New Zealand parrot".

20. N. Ladygina-Kohts, *Infant Chimpanzee and Human Child: A Classic 1935 Comparative Study of Ape Emotions and Intelligence.*
21. M. Bekoff, "The development of social interaction, play, and meta-communication in mammals: An ethological perspective".
22. J. Flack, L. Jeannotte, F. de Waal, "Play signaling and the perception of social rules by juvenile chimpanzees".
23. R. Alexander, "Ostracism and indirect reciprocity: The reproductive significance of humor".
24. J. Panksepp, J. Burgdorf, "'Laughing' rats and the evolutionary antecedents of human joy?", p. 535.
25. Mãe chimpanzé engana seu filho. Disponível em: <www.youtube.com/watch?v=jealPoegJ9k>.
26. L. Parr, M. Cohen, F. de Waal. "Influence of social context on the use of blended and graded facial displays in chimpanzees".

3. De corpo para corpo (pp. 112-67)

1. M. B. Bailey, "Every animal is the smartest: Intelligence and the ecological niche", p. 107.
2. N. Troje, "Decomposing biological motion: A framework for analysis and synthesis of human gait patterns". Para um vídeo, ver: <www.biomotionlab.ca/Demos/BMLwalker.html>.
3. F. de Waal, J. Pokorny, "Faces and behinds: Chimpanzee sex perception".
4. C. Darwin, *The Correspondence of Charles Darwin*, v. 2, 1837-43.
5. B. Pascal, *Pensées*, 1669: "*Le cœur a ses raisons, que la raison ne connaît point*".
6. F. de Waal, "What is an animal emotion?", p. 194.
7. D. Vianna, P. Carrive, "Changes in cutaneous and body temperature during and after conditioned fear to context in the rat".
8. L. Parr, "Cognitive and physiological markers of emotional awareness in chimpanzees (*Pan troglodytes*)".
9. S. Calcutt et al., "Discrimination of emotional facial expressions by tufted capuchin monkeys (*Sapajus apella*)".
10. U. Dimberg, M. Thunberg, K. Elmehed, "Unconscious facial reactions to emotional facial expressions"; U. Dimberg, P. Andréasson, M. Thunberg, "Emotional empathy and facial reactions to facial expressions".

11. S. Baron-Cohen, "Autism 'autos': Literally, a total focus on the self?", p. 170.
12. D. Neal, T. Chartrand, "Amplifying and dampening facial feedback modulates emotion perception accuracy".
13. L. Tolstói, *The Lion and the Dog*, p. 1.
14. C. Hobaiter, R. Byrne, "Able-bodied wild chimpanzees imitate a motor procedure used by a disabled individual to overcome handicap".
15. K. Payne, *Silent Thunder: In the Presence of Elephants*, p. 63.
16. Y. Nagasaka et al., "Spontaneous synchronization of arm motion between Japanese macaques".
17. S. Perry et al., "Social conventions in wild white-faced capuchin monkeys: Evidence for traditions in a neotropical primate".
18. A. Paukner et al., "Capuchin monkeys display affiliation toward humans who imitate them".
19. M. Campbell, F. de Waal, "Ingroup-outgroup bias in contagious yawning by chimpanzees supports link to empathy".
20. I. Norscia, E. Palagi, "Yawn contagion and empathy in *Homo sapiens*".
21. J. Mogil, "Social modulation of and by pain in humans and rodents".
22. M. Ghiselin, *The Economy of Nature and the Evolution of Sex*, p. 247.
23. A. Sanfey et al., "The neural basis of economic decision-making in the ultimatum game".
24. N. Ladygina-Kohts, *Infant Chimpanzee and Human Child: A Classic 1935 Comparative Study of Ape Emotions and Intelligence*, p. 121.
25. C. Zahn-Waxler, M. Radke-Yarrow, "The origins of empathic concern".
26. D. Custance, J. Mayer, "Empathic-like responding by domestic dogs (*Canis familiaris*) to distress in humans: An exploratory study".
27. T. Romero, M. Castellanos, F. de Waal, "Consolation as possible expression of sympathetic concern among chimpanzees".
28. J. Plotnik, F. de Waal, "Asian elephants (*Elephas maximus*) reassure others in distress".
29. M. R. Lindegaard et al., "Consolation in the aftermath of robberies resembles post-aggression consolation in chimpanzees".
30. S. B. Hrdy, *Mothers and Others: The Evolutionary Origins of Mutual Understanding*.
31. P. Churchland, *Braintrust: What Neuroscience Tells Us about Morality*.
32. S. Baron-Cohen, "Autism 'autos': Literally, a total focus on the self?".
33. A. Smith, *A Theory of Moral Sentiments*, p. 9.

34. J. Burkett et al., "Oxytocin-dependent consolation behavior in rodents".
35. T. W. Buchanan et al., "The empathic, physiological resonance of stress".
36. L. Wispé, *The Psychology of Sympathy*.
37. K. Lorenz, "Tiere sind Gefühlsmenschen".
38. S. Brosnan, F. de Waal, "Regulation of vocal output by chimpanzees finding food in the presence or absence of an audience".
39. K. Zamma, "A chimpanzee trifling with a squirrel: Pleasure derived from teasing?", p. 11.
40. T. Singer et al., "Empathic neural responses are modulated by the perceived fairness of others".
41. B. Hare, S. Kwetuenda, "Bonobos voluntarily share their own food with others"; J. Tan, B. Hare, "Bonobos share with strangers".
42. V. Horner et al., "Spontaneous prosocial choice by chimpanzees".
43. E. Fehr, H. Bernhard, B. Rockenbach, "Egalitarianism in young children".
44. S. Yamamoto, T. Humle, M. Tanaka, "Chimpanzees' flexible targeted helping based on an understanding of conspecifics' goals".
45. R. Fouts, *Next of Kin*.
46. M. Hoffman, "Is altruism part of human nature?", p. 133.
47. I. B.-A. Bartal, J. Decety, P. Mason, "Empathy and pro-social behavior in rats".
48. N. Sato et al., "Rats demonstrate helping behavior toward a soaked conspecific".
49. I. B.-A. Bartal, J. Decety, P. Mason, "Empathy and pro-social behavior in rats".
50. F. Warneken, M. Tomasello, "Extrinsic rewards undermine altruistic tendencies in 20-month-olds".

4. Emoções que nos tornam humanos (pp. 168-234)

1. K. Lambrecht-Ecklundt et al., "The effect of forced choice on facial emotion recognition: A comparison to open verbal classification of emotion labels".
2. J. LeDoux, "Coming to terms with fear".
3. D. Sauter, O. Le Guen e D. Haun, "Categorical perception of emotional facial expressions does not require lexical categories".

4. M. Proust, *Remembrance of Things Past*, p. 425.
5. F. de Waal, "The chimpanzee's service economy: Food for grooming".
6. J. H. Leuba, "Morality among the animals", p. 102.
7. Disponível em: <http://news.janegoodall.org/2017/11/21/tchimpounga-chimpanzee-of-the-month-wounda/>.
8. E. Westermarck, *The Origin and Development of the Moral Ideas*, p. 38.
9. M. Suchak, F. de Waal, "Monkeys benefit from reciprocity without the cognitive burden".
10. F. de Waal, L. Luttrell, "The formal hierarchy of rhesus monkeys: An investigation of the bared-teeth display".
11. D. Chester, N. De Wall, "Combating the sting of rejection with the pleasure of revenge: A new look at how emotion shapes aggression".
12. F. Aureli et al., "Kin-oriented redirection among Japanese macaques: An expression of a revenge system?".
13. J. Sliwa, W. Freiwald, "A dedicated network for social interaction processing in the primate brain".
14. M. Osvath, H. Osvath, "Chimpanzee (*Pan troglodytes*) and orangutan (*Pongo abelii*) forethought: Self-control and pre-experience in the face of future tool use".
15. O. Tinklepaugh, "An experimental study of representative factors in monkeys".
16. A. Smith, *An Inquiry into the Nature and Causes of the Wealth of Nations*, cap. II, p. 14.
17. K. Hockings et al., "Chimpanzees share forbidden fruit".
18. F. Brotcorne et al., "Intergroup variation in robbing and bartering by long-tailed macaques at Uluwatu Temple (Bali, Indonésia)".
19. M. Mendl, O. Burman, E. Paul, "An integrative and functional framework for the study of animal emotion and mood".
20. C. Douglas et al., "Environmental enrichment induces optimistic cognitive biases in pigs".
21. C. O'Connell, *Elephant Don: The Politics of a Pachyderm Posse*, p. 3.
22. J. Tracy, *Take Pride: Why the Deadliest Sin Holds the Secret to Human Success*; J. Tracy, D. Matsumoto, "The spontaneous expression of pride and shame: Evidence for biologically innate nonverbal displays".
23. J. Tracy, *Take Pride: Why the Deadliest Sin Holds the Secret to Human Success*, p. 91.
24. P. Chen, R. Carrasco, P. Ng, "Mangrove crab uses victory display to 'browbeat' losers from re-initiating a new fight".

25. A. Maslow, "The role of dominance in the social and sexual behavior of infra-human primates: I. Observations at Vilas Park Zoo".
26. D. Fessler, "Shame in two cultures: Implications for evolutionary approaches".
27. Denver, o cão culpado. Disponível em: <www.youtube.com/watch?v=B8ISzf2pryI>.
28. A. Horowitz, *Inside of a Dog: What Dogs See, Smell, and Know*.
29. K. Lorenz, *So kam der Mensch auf den Hund*.
30. C. Coe, L. Rosenblum, "Male dominance in the bonnet macaque: A malleable relationship", p. 51.
31. F. de Waal, *Chimpanzee Politics*, p. 92.
32. J. Tangney, R. Dearing, *Shame and Guilt*; P. Michl et al., "Neurobiological underpinnings of shame and guilt: A pilot fMRI study".
33. W. Kellogg, L. Kellogg, *The Ape and the Child: A Study of Environmental Influence upon Early Behavior*, p. 171.
34. F. Caruana et al., "Emotional and social behaviors elicited by electrical stimulation of the insula in the macaque monkey".
35. P. Rozin, J. Haidt, C. McCauley, "Disgust"; J. Tybur, D. Lieberman, V. Griskevicius, "Microbes, mating, and morality: Individual differences in three functional domains of disgust".
36. V. Horner, F. de Waal, "Controlled studies of chimpanzee cultural transmission".
37. E. Van de Waal, C. Borgeaud, A. Whiten, "Potent social learning and conformity shape a wild primate's foraging decisions".
38. C. Sarabian, A. MacIntosh, "Hygienic tendencies correlate with low geohelminth infection in free-ranging macaques"; V. Curtis, "Infection-avoidance behavior in humans and other animals".
39. J. Goodall, *The Chimpanzees of Gombe: Patterns of Behavior*, p. 466.
40. J. Goodall, "Social rejection, exclusion, and shunning among the Gombe chimpanzees".
41. J. Anderson et al., "Third-party social evaluations of humans by monkeys and dogs".
42. A. Ortony, T. Turner, "What's basic about basic emotions?"; L. Greenfeld, "Are human emotions universal?".
43. P. Filippi et al., "Humans recognize emotional arousal in vocalizations across all classes of terrestrial vertebrates: Evidence for acoustic universals".
44. R. Sapolsky, *Behave: The Biology of Humans at Our Best and Worst*, p. 569.

5. Vontade de poder (pp. 235-76)

1. *Mother Jones*, 3 mar. 2016.
2. M. Mulder, *The Daily Power Game*.
3. I. Fried, 5 set. 2005, *CNET News*.
4. M. Sherif et al., *Experimental Study of Positive and Negative Intergroup Attitudes between Experimentally Produced Groups: Robbers' Cave Study*.
5. J. Goodall, *Through a Window: My Thirty Years with the Chimpanzees of Gombe*.
6. T. Nishida, "The death of Ntologi: The unparalleled leader of M Group".
7. J. Pruetz et al., "Intragroup lethal aggression in West African chimpanzees (*Pan troglodytes verus*): Inferred killing of a former alpha male at Fongoli, Senegal".
8. L. Gesquiere et al., "Life at the top: Rank and stress in wild male baboons".
9. W. Churchill, "Shall we commit suicide?".
10. C. Apicella et al., "Social networks and cooperation in hunter-gatherers".
11. R. Wrangham, D. Peterson, *Demonic Males: Apes and the Evolution of Human Aggression*, p. 63.
12. M. Wilson et al., "Lethal aggression in Pan is better explained by adaptive strategies than human impacts".
13. B. Fruth, G. Hohmann, "Food sharing across borders: First observation of intercommunity meat sharing by bonobos at LuiKotale, DRC".
14. J. Tan, D. Ariely, B. Hare, "Bonobos respond prosocially toward members of other groups".
15. J. Rilling et al., "Differences between chimpanzees and bonobos in neural systems supporting social cognition".
16. D. Fry, *War, Peace, and Human Nature: The Convergence of Evolutionary and Cultural Views*.
17. J. Horgan, "Thanksgiving and the slanderous myth of the savage".
18. T. Furuichi, "Agonistic interactions and matrifocal dominance rank of wild bonobos (*Pan paniscus*) at Wamba" e "Female contributions to the peaceful nature of bonobo society".
19. T. Kano, *The Last Ape: Pygmy Chimpanzee Behavior and Ecology*.
20. N. Tokuyama, T. Furuichi, "Do friends help each other? Patterns of female coalition formation in wild bonobos at Wamba".

21. T. Furuichi, "Agonistic interactions and matrifocal dominance rank of wild bonobos (*Pan paniscus*) at Wamba".
22. Disponível em: <www.cnn.com/2016/01/12/europe/putin-merkel-scared-dog>.

6. Inteligência emocional (pp. 277-322)

1. A. Damásio, *Descartes' Error: Emotion, Reason, and the Human Brain*, pp. 49-50.
2. Disponível em: <www.sacred-texts.com/chr/thomas.htm>.
3. M. O'Connell, *To Be a Machine*; A. Jasanoff, *The Biological Mind: How Brain, Body, and Environment Collaborate to Make Us Who We Are*.
4. D. Goleman, *Emotional Intelligence*; P. Salovey et al., "Emotional intelligence".
5. P. Kropotkin, *Mutual Aid: A Factor of Evolution*, p. 6.
6. L. Dugatkin, *The Prince of Evolution: Peter Kropotkin's Adventures in Science and Politics*.
7. R. Easterlin, "Does economic growth improve the human lot?".
8. Captamos o experimento em vídeo uma década depois, quando ele se tornou um sucesso instantâneo na internet, com mais de 100 milhões de acessos. Ao ver nossa câmara de testes, algumas pessoas criticaram as condições, achando que os macacos viviam daquele jeito todo o tempo. Na verdade, eles ficavam na câmara por apenas meia hora e depois voltavam ao seu grupo. Disponível em: <www.youtube.com/watch?v=meiU6TxysCg>.
9. S. Brosnan, F. de Waal, "Monkeys reject unequal pay", "The evolution of responses to (un)fairness".
10. Disponível em: <evonomics.com/scientists-discover-what-economists-never-found-humans>.
11. F. Range et al., "The absence of reward induces inequity aversion in dogs"; J. Essler et al., "Domestication does not explain the presence of inequity aversion in dogs".
12. I. Pepperberg, *Alex and Me*, p. 153.
13. Entrevista com Sue Savage-Rumbaugh feita por De Waal, "The chimpanzee's service economy: Food for grooming", p. 41.
14. R. Sherman, *Uneasy Street: The Anxieties of Affluence*.
15. M. Alvard, "The Ultimatum Game, fairness, and cooperation among big game hunters".

16. D. Proctor et al., "Chimpanzees play the Ultimatum Game".
17. J. Rawls, *A Theory of Justice*, p. 530.
18. H. Schoeck, *Envy: A Theory of Social Behaviour*; ver também G. Walsh, "Rawls and envy".
19. C. Boesch, "Cooperative hunting in wild chimpanzees".
20. R. Wilkinson, *Mind the Gap*.
21. E. Haeckel, *The History of Creation, Or the Development of the Earth and its Inhabitants by the Action of Natural Causes*, p. 238.
22. H. Frankfurt, "Freedom of the will and the concept of a person".
23. Ibid., p. 17.
24. H. Frankfurt, *On Bullshit*, p. 63.
25. C. van Schaik, L. Damerius, K. Isler. "Wild orangutan males plan and communicate their travel direction one day in advance".
26. M. Beran, "Maintenance of self-imposed delay of gratification by four chimpanzees (*Pan troglodytes*) and an orangutan (*Pongo pygmaeus*)".
27. A. Koepke, S. Gray, I. Pepperberg, "Delayed gratification: A grey parrot (*Psittacus erithacus*) will wait for a better reward".
28. T. Evans, M. Beran, "Chimpanzees use self-distraction to cope with impulsivity".
29. C. Fruteau, E. van Damme, R. Noë, "Vervet monkeys solve a multiplayer 'forbidden circle game' by queuing to learn restraint".
30. W. Kellogg, L. Kellogg, *The Ape and the Child: A Study of Environmental Influence upon Early Behavior*.
31. R. Baumeister, "Free will in scientific psychology", p. 16.
32. T. Sakai et al., "Fetal brain development in chimpanzees versus humans".
33. S. Herculano-Houzel, "The human brain in numbers: A linearly scaled-up primate brain"; R. Barton, C. Venditti, "Human frontal lobes are not relatively large".
34. J. Coan, H. Schaefer, R. Davidson, "Lending a hand: Social regulation of the neural response to threat"; P. Goldstein et al., "Brain-to-brain coupling during handholding is associated with pain reduction".
35. M. Hofer et al., "Olfactory cues from romantic partners and strangers influence women's responses to stress".
36. Z. Clay, F. de Waal, "Development of socio-emotional competence in bonobos".
37. N. Tottenham et al., "Prolonged institutional rearing is associated with atypically large amygdala volume and difficulties in emotion regulation".

38. Disponível em: <www.bbc.com/news/magazine-22987447>.
39. K. Wagner et al., "Effects of mother versus artificial rearing during the first 12 weeks of life on challenge responses of dairy cows".

7. Senciência (pp. 323-71)

1. F. Kafka, "A Report to an Academy".
2. J. Plotnik, F. de Waal, D. Reiss, "Self-recognition in an Asian elephant".
3. S. Herculano-Houzel et al., "The elephant brain in numbers".
4. M. Nussbaum, *Upheavals of Thought: The Intelligence of Emotions*; M. Rowlands, *The Philosopher and the Wolf: Lessons from the Wild on Love, Death and Happiness*; P. Godfrey-Smith, *Other Minds: The Octopus, the Sea, and the Deep Origins of Consciousness*; K. Andrews, J. Beck, *The Routledge Handbook of Philosophy of Animal Minds*.
5. C. Stanford, *Significant Others: The Ape Human Continuum and the Quest for Human Nature*.
6. L. Cordain et al., "Plant-animal subsistence ratios and macronutrient energy estimations in worldwide hunter-gatherer diets".
7. R. Wrangham, *Catching Fire: How Cooking Made Us Human*; S. Herculano-Houzel, *The Human Advantage: A New Understanding of How Our Brain Became Remarkable*.
8. Disponível em: <https://faunalytics.org/wp-content/uploads/2015/06/Faunalytics_Current-Former-Vegetarians_Full-Report.pdf>.
9. J. Shapiro, *Evolution: A View from the 21st Century*, p. 143.
10. A. Damásio, *The Feeling of What Happens: Body and Emotion in the Making of Consciousness*, p. 138.
11. H. Appel, R. Cocroft, "Plants respond to leaf vibrations caused by insect herbivore chewing".
12. K. Yokawa et al., "Anaesthetics stop diverse plant organ movements, affect endocytic vesicle recycling and ROS homeostasis, and block action potentials in Venus flytraps".
13. B. Magee, R. Elwood, "Shock avoidance by discrimination learning in the shore crab (*Carcinus maenas*) is consistent with a key criterion for pain".
14. Sobre quimeras sencientes, ver: <www.inverse.com/article/26995>.
15. K. Hillman, D. Bilkey, "Neurons in the rat Anterior Cingulate Cortex dynamically encode cost-benefit in a spatial decision-making task";

T. Hills, S. Butterfill, "From foraging to autonoetic consciousness: The primal self as a consequence of embodied prospective foraging".
16. D. Premack, A. Premack, "Levels of causal understanding in chimpanzees and children".
17. J. Call, "Inferences about the location of food in the great apes".
18. S. Dehaene, L. Naccache, "Towards a cognitive neuroscience of consciousness: Basic evidence and a workspace framework".
19. J. Garcia, D. J. Kimeldorf, R. A. Koelling, "Conditioned aversion to saccharin resulting from exposure to gamma radiation".
20. D. Panoz-Brown et al., "Replay of episodic memories in the rat".
21. K. Janmaat et al., "Wild chimpanzees plan their breakfast time, type, and location".
22. N. Clayton, A. Dickinson, "Episodic-like memory during cache recovery by scrub jays".
23. D. Smith et al., "The uncertain response in the bottlenosed dolphin (*Tursiops truncatus*)".
24. R. Hampton, "Rhesus monkeys know when they remember".
25. L. F. Barrett, "Are emotions natural kinds?".
26. L. Nummenmaa et al., "Bodily maps of emotions".
27. J. Panksepp, *Affective Neuroscience: The Foundations of Human and Animal Emotions*.
28. J. B. Watson, "Psychology as the behaviorist views it".
29. W. James, *The Principles of Psychology*, p. 148.
30. Texto promocional na sobrecapa de K. Miller, *The Human Instinct: How We Evolved to Have Reason, Consciousness, and Free Will*.
31. R. Descartes, *Treatise of Man*, p. 108.
32. P. van Leeuwen et al., "Influence of paced maternal breathing on fetal-maternal heart rate coordination".
33. J. Panksepp, "Affective consciousness: Core emotional feelings in animals and humans", p. 31.
34. A. Mathuru et al., "Chondroitin fragments are odorants that trigger fear behavior in fish".
35. J. Pittman, A. Piato, "Developing zebrafish depression-related models".
36. V. Braithwaite, *Do Fish Feel Pain?*; L. Sneddon, "Evidence for pain in fish: The use of morphine as an analgesic". L. Sneddon, V. Braithwaite e M. Gentle, "Do fishes have nociceptors? Evidence for the evolution of a vertebrate sensory system".

37. D. Chamberlain, "Babies don't feel pain: A century of denial in medicine".
38. M. Schilthuizen, *Darwin Comes to Town: How the Urban Jungle Drives Evolution*.

8. Conclusão (pp. 372-6)

1. S. Gadanho, J. Hallam,"Robot learning driven by emotions", p. 50.
2. M. Arbib, J. M. Fellous, "Emotions: From brain to robot".

Bibliografia

ADANG, O. *De Machtigste Chimpansee van Nederland*. Amsterdam: Nieuwezijds, 1999.

ALEXANDER, R. D. "Ostracism and indirect reciprocity: The reproductive significance of humor". *Ethology and Sociobiology*, n. 7, 1986, pp. 253-70.

ALVARD, M. "The Ultimatum Game, fairness, and cooperation among big game hunters". In: J. Henrich et al. *Foundations of Human Sociality: Ethnography and Experiments from Fifteen Small-Scale Societies*, pp. 413-35. Londres: Oxford University Press, 2004.

ANDERSON, J. R. et al. "Third-party social evaluations of humans by monkeys and dogs". *Neuroscience and Biobehavioral Reviews*, n. 82, 2017, pp. 95-109.

ANDERSON, J. R.; A. GILLIES; L. C. LOCK. "Pan thanatology". *Current Biolog*, n. 20, 2010, pp. R349-51.

ANDREW, R. J. "The origin and evolution of the calls and facial expressions of the primates". *Behaviour*, n. 20, 1963, pp. 1-109.

ANDREWS, K.; J. BECK. *The Routledge Handbook of Philosophy of Animal Minds*. Oxford: Routledge, 2018.

APICELLA, C. L. et al. "Social networks and cooperation in hunter-gatherers". *Nature*, n. 481, 2012, pp. 497-501.

APPEL, H. M.; R. B. COCROFT. "Plants respond to leaf vibrations caused by insect herbivore chewing". *Oecologia*, n. 175, 2014, pp. 1257-66.

ARBIB, M. A.; J. M. FELLOUS. "Emotions: From brain to robot". *Trends in Cognitive Sciences*, n. 8, 2004, pp. 554-61.

AURELI, F. et al. "Kin-oriented redirection among Japanese macaques: An expression of a revenge system?". *Animal Behaviour*, n. 44, 1992, pp. 283-91.

BAILEY, M. B. "Every animal is the smartest: Intelligence and the ecological niche". In: R. Hoage; L. Goldman (Orgs.). *Animal Intelligence*. Washington, DC: Smithsonian Institution Press, 1986, pp. 105-13.

BARON-COHEN, S. "Autism 'autos': Literally, a total focus on the self?". In: T. E. Feinberg; J. P. Keenan (Orgs.). *The Lost Self: Pathologies of the Brain and Identity*. Oxford: Oxford University Press, 2005, pp. 166-80.

BARRETT, L. F. "Are emotions natural kinds?". *Perspectives on Psychological Science*, n. 1, 2016, pp. 28-58.

BARTAL, I. B.-A. et al. "Anxiolytic treatment impairs helping behavior in rats". *Frontiers in Psychology*, n. 7, 2016, p. 850.

BARTAL, I. B.-A.; J. DECETY; P. MASON. "Empathy and pro-social behavior in rats". *Science*, n. 334, 2011, pp. 1427-30.

BARTON, R. A.; C. VENDITTI. "Human frontal lobes are not relatively large". *Proceedings of the National Academy of Sciences USA*, n. 110, 2013, pp. 9001-6.

BAUMEISTER, R. F. "Free will in scientific psychology". *Perspectives on Psychological Science*, n. 3, 2008, pp. 14-9.

BEKOFF, M. "The development of social interaction, play, and meta-communication in mammals: An ethological perspective". *Quarterly Review of Biology*, n. 47, 1972, pp. 412-34.

BERAN, M. J. "Maintenance of self-imposed delay of gratification by four chimpanzees (*Pan troglodytes*) and an orangutan (*Pongo pygmaeus*)". *Journal of General Psychology*, n. 129, 2002, pp. 49-66.

BERNS, G. S.; A. BROOKS; M. SPIVAK. "Replicability and heterogeneity of awake unrestrained canine fMRI responses". *PLoS ONE*, n. 8, 2013, p. e81698.

BIRO, D. et al. "Chimpanzee mothers at Bossou, Guinea, carry the mummified remains of their dead infants". *Current Biology*, n. 20, 2010, pp. R351-2.

BLOOM, P. *Against Empathy: The Case for Rational Compassion*. Nova York: Ecco, 2016.

BOESCH, C. "Cooperative hunting in wild chimpanzees". *Animal Behaviour*, n. 48, 1994, pp. 653-67.

BOSCH, O. J. et al. "The CRF System mediates increased passive stress--coping behavior following the loss of a bonded partner in a monogamous rodent". *Neuropsychopharmacology*, n. 34, 2009, pp. 1406-15.

BRAITHWAITE, V. *Do Fish Feel Pain?*. Oxford: Oxford University Press, 2010.

BROSNAN, S. F.; F. B. M. DE WAAL. "Regulation of vocal output by chimpanzees finding food in the presence or absence of an audience". *Evolution of Communication*, n. 4, 2003, pp. 211-24.

______. "Monkeys reject unequal pay". *Nature*, n. 425, 2003, pp. 297-9.

______. "The evolution of responses to (un)fairness". *Science*, n. 346, 2014, pp. 314-22.

BROTCORNE, F. et al. "Intergroup variation in robbing and bartering by long-tailed macaques at Uluwatu Temple (Bali, Indonésia)". *Primates*, n. 58, 2017, pp. 505-16.

BUCHANAN, T. W. et al. "The empathic, physiological resonance of stress". *Social Neuroscience*, n. 7, 2012, pp. 191-201.

BURKETT, J. et al. "Oxytocin-dependent consolation behavior in rodents". *Science*, n. 351, 2016, pp. 375-8.

BURROWS, A. M. et al. "Muscles of facial expression in the chimpanzee (*Pan troglodytes*): Descriptive, comparative and phylogenetic contexts". *Journal of Anatomy*, n. 208, 2006, pp. 153-67.

CALCUTT, S. E. et al. "Discrimination of emotional facial expressions by tufted capuchin monkeys (*Sapajus apella*)". *Journal of Comparative Psychology*, n. 131, 2017, pp. 40-9.

CALL, J. "Inferences about the location of food in the great apes". *Journal of Comparative Psychology*, n. 118, 2004, pp. 232-41.

CAMPBELL, M. W.; F. B. M. DE WAAL. "Ingroup-outgroup bias in contagious yawning by chimpanzees supports link to empathy". *PloS ONE*, n. 6, 2011, pp. e18283.

CARUANA, F. et al. "Emotional and social behaviors elicited by electrical stimulation of the insula in the macaque monkey". *Current Biology*, n. 21, 2011, pp. 195-9.

CHAMBERLAIN, D. B. "Babies don't feel pain: A century of denial in medicine". Palestra ministrada no II International Symposium on Circumcision, San Francisco, CA, 1991.

CHEN, P. Z.; R. L. CARRASCO; P. K. L. NG. "Mangrove crab uses victory display to 'browbeat' losers from re-initiating a new fight". *Ethology*, n. 123, 2017, pp. 981-8.

CHESTER, D. S.; C. N. DEWALL. "Combating the sting of rejection with the pleasure of revenge: A new look at how emotion shapes aggression". *Journal of Personality and Social Psychology*, n. 112, 2017, pp. 413-30.

CHURCHILL, W. S. "Shall we commit suicide?". *Nash's Pall Mall Magazine*, set. 1924.

CHURCHLAND, P. S. *Braintrust: What Neuroscience Tells Us about Morality*. Princeton, NJ: Princeton University Press, 2011.

CLAY, Z.; F. B. M. DE WAAL. "Development of socio-emotional competence in bonobos". *Proceedings of the National Academy of Sciences USA*, n. 110, 2013, pp. 18 121-6.

CLAYTON, N. S.; A. DICKINSON. "Episodic-like memory during cache recovery by scrub jays". *Nature*, n. 395, 1998, pp. 272-4.

COAN, J. A.; H. S. SCHAEFER; R. J. DAVIDSON. "Lending a hand: Social regulation of the neural response to threat". *Psychological Science*, n. 17, 2006, pp. 1032-9.

COE, C. L.; L. A. ROSENBLUM. "Male dominance in the bonnet macaque: A malleable relationship". In: P. R. Barchas; S. P. Mendoza (Orgs.). *Social Cohesion: Essays Toward a Sociophysiological Perspective*. Westport, CT: Greenwood, 1984, pp. 31-63.

CORDAIN, L. et al. "Plant-animal subsistence ratios and macronutrient energy estimations in worldwide hunter-gatherer diets". *American Journal of Clinical Nutrition*, n. 71, 2000, pp. 682-92.

CRICK, F. *The Astonishing Hypothesis: The Scientific Search for the Soul*. Nova York: Scribner, 1995.

CURTIS, V. A. "Infection-avoidance behavior in humans and other animals". *Trends in Immunology*, n. 35, 2014, pp. 457-64.

CUSTANCE, D.; J. MAYER. "Empathic-like responding by domestic dogs (*Canis familiaris*) to distress in humans: An exploratory study". *Animal Cognition*, n. 15, 2012, pp. 851-9.

DAMÁSIO, A. R. *Descartes' Error: Emotion, Reason, and the Human Brain*. Nova York: Putnam, 1994. [Ed. bras.: *O erro de Descartes: Emoção, razão e o cérebro humano*. São Paulo: Companhia das Letras, 2012.]

______. *The Feeling of What Happens: Body and Emotion in the Making of Consciousness*. Nova York: Harcourt, 1999.

DARWIN, C. *The Correspondence of Charles Darwin*. Org. de F. Burkhardt e S. Smith. Cambridge: Cambridge University Press, 1987. v. 2: 1837-1843.

______. *The Expression of the Emotions in Man and Animals*. Nova York: Oxford University Press, 1998 [1872]. [Ed. bras.: *A expressão das emoções no homem e nos animais*. Trad. de Leon de Souza Lobo Garcia. São Paulo: Companhia de Bolso, 2009.]

DAVILA ROSS, M.; S. MENZLER; E. ZIMMERMANN. "Rapid facial mimicry in orangutan play". *Biology Letters*, n. 4, 2007, pp. 27-30.

DE WAAL, F. B. M. *Chimpanzee Politics*. Londres: Jonathan Cape, 1982.

______. "The brutal elimination of a rival among captive male chimpanzees". *Ethology and Sociobiology*, n. 7, 1986, pp. 237-51.

______. *Peacemaking Among Primates*. Cambridge, MA: Harvard University Press, 1989.

______. "The chimpanzee's service economy: Food for grooming". *Evolution and Human Behavior*, n. 18, 1997a, pp. 375-86.

DE WAAL, F. B. M. *Bonobo: The Forgotten Ape*. Berkeley: University of California Press, 1997b.

______. *Chimpanzee Politics: Power and Sex Among Apes*. Baltimore: Johns Hopkins University Press, 2007 [1982].

______. "Putting the altruism back into altruism: The evolution of empathy". *Annual Review of Psychology*, n. 59, 2008, pp. 279-300.

______. "What is an animal emotion?". *The Year in Cognitive Neuroscience, Annals of the New York Academy of Sciences*, n. 1224, 2011, pp. 191-206.

______. *The Bonobo and the Atheist: In Search of Humanism Among the Primates*. Nova York: Norton, 2013.

______. *Are We Smart Enough to Know How Smart Animals Are?*. Nova York: Norton, 2016.

DE WAAL, F. B. M.; L. M. LUTTRELL. "The formal hierarchy of rhesus monkeys: An investigation of the bared-teeth display". *American Journal of Primatology*, n. 9, 1985, pp. 73-85.

______. "Mechanisms of social reciprocity in three primate species: Symmetrical relationship characteristics or cognition?". *Ethology and Sociobiology*, n. 9, 1988, pp. 101-18.

DE WAAL, F. B. M.; J. POKORNY. "Faces and behinds: Chimpanzee sex perception". *Advanced Science Letters*, n. 1, 2008, pp. 99-103.

DEHAENE, S.; L. NACCACHE. "Towards a cognitive neuroscience of consciousness: Basic evidence and a workspace framework". *Cognition*, n. 79, 2001, pp. 1-37.

DESCARTES, R. *Treatise of Man*. Paris: Prometheus, 2003 [1633].

DIMBERG, U.; M. THUNBERG; K. ELMEHED. "Unconscious facial reactions to emotional facial expressions". *Psychological Science*, n. 11, 2000, pp. 86-9.

DIMBERG, U.; P. ANDRÉASSON; M. THUNBERG. "Emotional empathy and facial reactions to facial expressions". *Journal of Psychophysiology*, n. 25, 2011, pp. 26-31.

DOUGLAS, C. et al. "Environmental enrichment induces optimistic cognitive biases in pigs". *Applied Animal Behaviour Science*, n. 139, 2012, pp. 65-73.

DUGATKIN, L. A. *The Prince of Evolution: Peter Kropotkin's Adventures in Science and Politics*. Scotts Valley, CA: CreateSpace, 2011.

EASTERLIN, R. "Does economic growth improve the human lot?". In: M. Abramovitz; P. David; M. Reder (Orgs.). *Nations and Households in Economic Growth: Essays in Honor of Moses Abramovitz*. Nova York: Academic Press, 1974, pp. 89-125.

EIBL-EIBESFELDT, I. *Der vorprogrammierte Mensch: Das Ererbte als bestimmender Faktor im menschlichen Verhalten*. Viena: Fritz Molden, 1973.

EKMAN, P. "Afterword: Universality of emotional expression? A personal history of the dispute". In: ______(Org.). *Darwin*. Nova York: Oxford University Press, 1998, pp. 363-93.

EKMAN, P.; W. V. FRIESEN. "Constants across cultures in the face and emotion". *Journal of Personality and Social Psychology*, n. 17, 1971, pp. 124-9.

ESSLER, J. L.; W. V. MARSHALL-PESCINI; F. RANGE. "Domestication does not explain the presence of inequity aversion in dogs". *Current Biology*, n. 27, 2017, pp. 1861-5.

EVANS, T. A.; M. J. BERAN. "Chimpanzees use self-distraction to cope with impulsivity". *Biology Letters*, n. 3, 2007, pp. 599-602.

FEHR, E.; H. BERNHARD; B. ROCKENBACH. "Egalitarianism in young children". *Nature*, n. 454, 2008, pp. 1079-83.

FESSLER, D. M. T. "Shame in two cultures: Implications for evolutionary approaches". *Journal of Cognition and Culture*, n. 4, 2004, pp. 207-62.

FILIPPI, P. et al. "Humans recognize emotional arousal in vocalizations across all classes of terrestrial vertebrates: Evidence for acoustic universals". *Proceedings of the Royal Society* B, n. 284, 2017.

FINLAYSON, K. et al. "Facial indicators of positive emotions in rats". *PLoS ONE*, n. 11, 2016, p. e0166446.

FLACK, J. C.; L. A. JEANNOTTE; F. B. M. DE WAAL. "Play signaling and the perception of social rules by juvenile chimpanzees". *Journal of Comparative Psychology*, n. 118, 2004, pp. 149-59.

FOERSTER, S. et al. "Chimpanzee females' queue but males compete for social status". *Scientific Reports*, n. 6, 2016.

FOUTS, R. *Next of Kin*. Nova York: Morrow, 1998.

FRANKFURT, H. G. "Freedom of the will and the concept of a person". *Journal of Philosophy*, n. 68, 1971, pp. 5-20.

______. *On Bullshit*. Princeton, NJ: Princeton University Press, 2005.

FRUTEAU, C.; E. VAN DAMME; R. NOË. "Vervet monkeys solve a multiplayer 'forbidden circle game' by queuing to learn restraint". *Current Biology*, n. 23, 2013, pp. 665-70.

FRUTH, B.; G. HOHMANN. "Food sharing across borders: First observation of intercommunity meat sharing by bonobos at LuiKotale, DRC". *Human Nature*, n. 29, 2018, pp. 91-103.

FRY, D. P. *War, Peace, and Human Nature: The Convergence of Evolutionary and Cultural Views*. Oxford: Oxford University Press, 2013.

FURUICHI, T. "Agonistic interactions and matrifocal dominance rank of wild bonobos (*Pan paniscus*) at Wamba". *International Journal of Primatology*, n. 18, 1997, pp. 855-75.

______. "Female contributions to the peaceful nature of bonobo society". *Evolutionary Anthropology*, n. 20, 2011, pp. 131-42.

GADANHO, S. C.; J. HALLAM. "Robot learning driven by emotions". *Adaptive Behavior*, n. 9, 2001, pp. 42-64.

GARCIA, J.; D. J. KIMELDORF; R. A. KOELLING. "Conditioned aversion to saccharin resulting from exposure to gamma radiation". *Science*, n. 122, 1955, pp. 157-8.

GAZZANIGA, M. S. *Human: The Science Behind What Makes Your Brain Unique*. Nova York: Ecco, 2008.

GESQUIERE, L. R. et al. "Life at the top: Rank and stress in wild male baboons". *Science*, n. 333, 2011, pp. 357-60.

GHISELIN, M. *The Economy of Nature and the Evolution of Sex*. Berkeley: University of California Press, 1974.

GODFREY-SMITH, P. *Other Minds: The Octopus, the Sea, and the Deep Origins of Consciousness*. Nova York: Farrar, Strauss and Giroux, 2016.

GOLDSTEIN, P. et al. "Brain-to-brain coupling during handholding is associated with pain reduction". *Proceedings of the National Academy of Sciences USA*, n. 115, 2018.

GOLEMAN, D. *Emotional Intelligence*. Nova York: Bantam, 1995.

GOODALL, J. *The Chimpanzees of Gombe: Patterns of Behavior*. Cambridge, MA: Belknap, 1986.

______. "Social rejection, exclusion, and shunning among the Gombe chimpanzees". *Ethology and Sociobiology*, n. 7, 1986, pp. 227-36.

______. *Through a Window: My Thirty Years with the Chimpanzees of Gombe*. Boston: Houghton Mifflin, 1990. [Ed. bras.: *Uma janela para a vida: 30 anos com os chimpanzés da Tanzânia*. Rio de Janeiro: Zahar, 1991.]

GREENFELD, L. "Are human emotions universal?". *Psychology Today*, 2013. Disponível em: <psychologytoday.com/us/blog/the-modern--mind/201304/are-human-emotions-universal>.

HAECKEL, E. *The History of Creation, Or the Development of the Earth and its Inhabitants by the Action of Natural Causes*. Project Gutenberg, 2012 [1884], v. 1.

HAMPTON, R. R. "Rhesus monkeys know when they remember". *Proceedings of the National Academy of Sciences USA*, n. 98, 2001, pp. 5359-62.

HARE, B.; S. KWETUENDA. "Bonobos voluntarily share their own food with others". *Current Biology*, n. 20, 2010, pp. R230-1.

HEBB, D. O. "Emotion in man and animal: An analysis of the intuitive processes of recognition". *Psychological Review*, n. 53, 1946, pp. 88-106.

HERCULANO-HOUZEL, S. "The human brain in numbers: A linearly scaled-up primate brain". *Frontiers in Human Neuroscience*, n. 3, 2009, pp. 1-11.

______. *The Human Advantage: A New Understanding of How Our Brain Became Remarkable*. Cambridge, MA: MIT Press, 2016. [Ed. bras.: *A vantagem humana: Como nosso cérebro se tornou superpoderoso*. São Paulo: Companhia das Letras, 2017.]

HERCULANO-HOUZEL, S. et al. "The elephant brain in numbers". *Frontiers in Neuroanatomy*, n. 8, 2014, pp. 46-59.

HILLMAN, K. L.; D. K. BILKEY. "Neurons in the rat Anterior Cingulate Cortex dynamically encode cost-benefit in a spatial decision-making task". *Journal of Neuroscience*, n. 30, 2010, pp. 7705-13.

HILLS, T. T.; S. BUTTERFILL. "From foraging to autonoetic consciousness: The primal self as a consequence of embodied prospective foraging". *Current Zoology*, n. 61, 2015, pp. 368-81.

HOBAITER, C.; R. W. BYRNE. "Able-bodied wild chimpanzees imitate a motor procedure used by a disabled individual to overcome handicap". *PLoS ONE*, n. 5, 2010, p. e11959.

HOCKINGS, K. J. et al. "Chimpanzees share forbidden fruit". *PLoS ONE*, n. 2, 2007, p. e886.

HOFER, M. K. et al. "Olfactory cues from romantic partners and strangers influence women's responses to stress". *Journal of Personality and Social Psychology*, n. 114, 2018, pp. 1-9.

HOFFMAN, M. L. "Is altruism part of human nature?". *Journal of Personality and Social Psychology*, n. 40, 1981, pp. 121-37.

HORGAN, J. "Thanksgiving and the slanderous myth of the savage savage". *Scientific American Cross-Check Blog*, 2014. Disponível em: <blogs.scientificamerican.com/cross-check/>.

HORNER, V.; F. B. M. DE WAAL. "Controlled studies of chimpanzee cultural transmission". *Progress in Brain Research*, n. 178, 2009, pp. 3-15.

HORNER, V. et al. "Spontaneous prosocial choice by chimpanzees". *Proceedings of the Academy of Sciences USA*, n. 108, 2011, pp. 13 847-51.

HOROWITZ, A. *Inside of a Dog: What Dogs See, Smell, and Know*. Nova York: Scribner, 2009.

HRDY, S. B. *Mothers and Others: The Evolutionary Origins of Mutual Understanding*. Cambridge, MA: Belknap, 2009.

JAMES, W. *The Principles of Psychology*. Nova York: Dover, 1950 [1890].

JANMAAT, K. R. L. et al. "Wild chimpanzees plan their breakfast time, type, and location". *Proceedings of the National Academy of Sciences USA*, n. 111, 2014, pp. 16 343-8.

JASANOFF, A. *The Biological Mind: How Brain, Body, and Environment Collaborate to Make Us Who We Are*. Nova York: Basic Books, 2018.

KABURU, S. S. K.; S. INOUE; N. E. NEWTON FISHER. "Death of the alpha: Within community lethal violence among chimpanzees of the Mahale Mountains National Park". *American Journal of Primatology*, n. 75, 2013, pp. 789-97.

KAFKA, Franz. "A Report to an Academy", 1917. Disponível em: <www.kafka.org>. [Ed. bras.: "Um relatório para uma Academia". *Um médico rural*. Trad. de Modesto Carone. São Paulo: Companhia das Letras, 1999.]

KAMINSKI, J. et al. "Human attention affects facial expressions in domestic dogs". *Scientific Reports*, n. 7, 2017.

KANO, T. *The Last Ape: Pygmy Chimpanzee Behavior and Ecology*. Stanford, CA: Stanford University Press, 1992.

KELLOGG, W. N.; L. A. KELLOGG. *The Ape and the Child: A Study of Environmental Influence upon Early Behavior*. Nova York: Hafner, 1967 [1933].

KING, B. J. *How Animals Grieve*. Chicago: University of Chicago Press, 2013.

KOEPKE, A. E.; S. L. GRAY; I. M. PEPPERBERG. "Delayed gratification: A grey parrot (*Psittacus erithacus*) will wait for a better reward". *Journal of Comparative Psychology*, n. 129, 2015, pp. 339-46.

KRAUS, M. W.; T.-W. CHEN. "A winning smile? Smile intensity, physical dominance, and fighter performance". *Emotion*, n. 13, 2013, pp. 270-9.

KROPOTKIN, P. *Mutual Aid: A Factor of Evolution*. Nova York: Cosimo, 2009 [1902].

LADYGINA-KOHTS, N. N. *Infant Chimpanzee and Human Child: A Classic 1935 Comparative Study of Ape Emotions and Intelligence*. Org. de F. B. M. de Waal. Oxford: Oxford University Press, 2002 [1935].

LAHR, J. *Dame Edna Everage and the Rise of Western Civilisation: Backstage with Barry Humphries*, 2ª ed. Berkeley: University of California Press, 2000.

LAMBRECHT-ECKLUNDT, K. et al. "The effect of forced choice on facial emotion recognition: A comparison to open verbal classification of emotion labels". *GMS Psychosocial Medicine*, n. 10, 2013, p. 1-8.

LANGFORD, D. J. et al. "Coding of facial expressions of pain in the laboratory mouse". *Nature Methods*, n. 7, 2010, pp. 447-9.

LAZARUS, R.; B. LAZARUS. *Passion and Reason*. Nova York: Oxford University Press, 1994.

LEDOUX, J. E. "Coming to terms with fear". *Proceedings of the National Academy of Sciences USA*, n. 111, 2014, pp. 2871-8.

LEUBA, J. H. "Morality among the animals". *Harper's Monthly*, n. 937, 1928, pp. 97-103.

LINDEGAARD, M. R. et al. "Consolation in the aftermath of robberies resembles post-aggression consolation in chimpanzees". *PLoS ONE*, n. 12, 2017, p. e0177725.

LIPPS, T. "Einfühlung, innere Nachahmung und Organenempfindungen". *Archiv für die gesamte Psychologie*, n. 1, 1903, pp. 465-519.

LORENZ, K. *So kam der Mensch auf den Hund*. Viena: Borotha-Schoeler, 1960.

______. *On Aggression*. Nova York: Harcourt, 1966. [Ed. port.: *A agressão: Uma história natural do mal*. Lisboa: Relógio d'Água, 1992.]

______. "Tiere sind Gefühlsmenschen". *Der Spiegel*, n. 47, 1980, pp. 251-64.

MCCONNELL, P. *For the Love of a Dog*. Nova York: Ballantine Books, 2005.

MCFARLAND, D. *The Oxford Companion to Animal Behaviour*. Oxford: Oxford University Press, 1987.

MAGEE, B.; R. E. Elwood. "Shock avoidance by discrimination learning in the shore crab (*Carcinus maenas*) is consistent with a key criterion for pain". *Journal of Experimental Biology*, n. 216, 2013, pp. 353-8.

MASLOW, A. H. "The role of dominance in the social and sexual behavior of infra-human primates: I. Observations at Vilas Park Zoo". *Journal of Genetic Psychology*, n. 48, 1936, pp. 261-77.

MASSON, J. M.; S. MCCARTHY. *When Elephants Weep: The Emotional Lives of Animals*. Nova York: Delacorte, 1995. [Ed. bras.: *Quando os elefantes choram: A vida emocional dos animais*. São Paulo: Geração, 1998.]

MATHURU, A. S. et al. "Chondroitin fragments are odorants that trigger fear behavior in fish". *Current Biology*, n. 22, 2012, pp. 538-44.

MATSUZAWA, T. "What is uniquely human? A view from comparative cognitive development in humans and chimpanzees". In: F. B. M. DE WAAL; P. F. FERRARI (Orgs.). *The Primate Mind*. Cambridge, MA: Harvard University Press, 2011, pp. 288-305.

MENDL, M.; O. H. P. BURMAN; E. S. PAUL. "An integrative and functional framework for the study of animal emotion and mood". *Proceeding of the Royal Society B*, n. 277, 2010, pp. 2895-904.

MICHL, P. et al. "Neurobiological underpinnings of shame and guilt: A pilot fMRI study". *Social Cognitive and Affective Neuroscience*, n. 9, 2014, pp. 150-7.

MILLER, K. R. *The Human Instinct: How We Evolved to Have Reason, Consciousness, and Free Will*. Nova York: Simon and Schuster, 2018.

MOGIL, J. S. "Social modulation of and by pain in humans and rodents". *PAIN*, n. 156, 2015, pp. S35-S41.

MONTAIGNE, M. de. *The Complete Essays*. Londres: Penguin, 2003 [1580].

MULDER, M. *The Daily Power Game*. Amsterdam: Nijhoff, 1977.

NAGASAKA, Y. et al. "Spontaneous synchronization of arm motion between Japanese macaques". *Scientific Reports*, n. 3, 2013, p. 1151.

NEAL, D. T.; T. L. CHARTRAND. "Amplifying and dampening facial feedback modulates emotion perception accuracy". *Social Psychological and Personality Science*, n. 2, 2011, pp. 673-8.

NISHIDA, T. "The death of Ntologi: The unparalleled leader of M Group". *Pan Africa News*, n. 3, 1996, p. 4.

NORSCIA, I.; E. PALAGI. "Yawn contagion and empathy in *Homo sapiens*". *PloS ONE*, n. 6, 2011, p. e28472.

NOWAK, M.; R. HIGHFIELD. *SuperCooperators: Altruism, Evolution, and Why We Need Each Other to Succeed*. Nova York: Free Press, 2011.

NUMMENMAA, L. et al. "Bodily maps of emotions". *Proceedings of the National Academy of Sciences USA*, n. 111, 2014, pp. 646-51.

NUSSBAUM, M. *Upheavals of Thought: The Intelligence of Emotions*. Cambridge: Cambridge University Press, 2001.

O'BRIEN, E. et al. "Empathic concern and perspective taking: Linear and quadratic effects of age across the adult life span". *Journals of Gerontology, Series B: Psychological Sciences and Social Sciences*, n. 68, 2013, pp. 168-75.

O'CONNELL, C. *Elephant Don: The Politics of a Pachyderm Posse*. Chicago: University of Chicago Press, 2015.

O'CONNELL, M. *To Be a Machine*. Londres: Granta, 2017.

ORTONY, A.; T. J. TURNER. "What's basic about basic emotions?". *Psychological Review*, n. 97, 1990, pp. 315-31.

OSVATH, M.; H. OSVATH. "Chimpanzee (*Pan troglodytes*) and orangutan (*Pongo abelii*) forethought: Self-control and pre-experience in the face of future tool use". *Animal Cognition*, n. 11, 2008, pp. 661-74.

PANKSEPP, J. *Affective Neuroscience: The Foundations of Human and Animal Emotions*. Nova York: Oxford University Press, 1998.

PANKSEPP, J. "Affective consciousness: Core emotional feelings in animals and humans". *Consciousness and Cognition*, n. 14, 2005, pp. 30-80.

PANKSEPP, J.; J. BURGDORF. "'Laughing' rats and the evolutionary antecedents of human joy?". *Physiology and Behavior*, n. 79, 2003, pp. 533-47.

PANOZ-BROWN, D. et al. "Replay of episodic memories in the rat". *Current Biology*, n. 28, 2018, pp. 1-7.

PARR, L. A. "Cognitive and physiological markers of emotional awareness in chimpanzees (*Pan troglodytes*)". *Animal Cognition*, n. 4, 2001, pp. 223-9.

PARR, L. A.; M. COHEN; F. B. M. DE WAAL. "Influence of social context on the use of blended and graded facial displays in chimpanzees". *International Journal of Primatology*, n. 26, 2005, pp. 73-103.

PASCAL, Blaise. *Pensées*. Nova York: Penguin, 1995. [Ed. bras.: *Pensamentos*. São Paulo: Edipro, 2019.]

PAUKNER, A. et al. "Capuchin monkeys display affiliation toward humans who imitate them". *Science*, n. 325, 2009, pp. 880-3.

PAYNE, K. *Silent Thunder: In the Presence of Elephants*. Nova York: Simon and Schuster, 1998.

PEPPERBERG, I. M. *Alex and Me*. Nova York: Collins, 2008.

PERRY, S. et al. "Social conventions in wild white-faced capuchin monkeys: Evidence for traditions in a neotropical primate". *Current Anthropology*, n. 44, 2003, pp. 241-68.

PINKER, S. *The Better Angels of Our Nature: Why Violence Has Declined*. Nova York: Viking, 2011. [Ed. bras.: *Os anjos bons da nossa natureza: Por que a violência diminuiu*. São Paulo: Companhia das Letras, 2013.]

PITTMAN, J.; A. PIATO. "Developing zebrafish depression-related models". In: A. V. Kalueff (Org.). *The Rights and Wrongs of Zebrafish: Behavioral Phenotyping of Zebrafish*. Cham: Springer, 2017, pp. 33-4.

PLOTNIK, J. M.; F. B. M. DE WAAL; D. REISS. "Self-recognition in an Asian elephant". *Proceedings National Academy of Sciences USA*, n. 103, 2006, pp. 17 053-7.

PLOTNIK, J. M.; F. B. M. DE WAAL. "Asian elephants (*Elephas maximus*) reassure others in distress". *PeerJ*, n. 2, 2014, p. e278.

PREMACK, D.; A. J. PREMACK. "Levels of causal understanding in chimpanzees and children". *Cognition*, n. 50, 1994, pp. 347-62.

PROCTOR, D. et al. "Chimpanzees play the Ultimatum Game". *Proceedings of the National Academy of Sciences USA*, n. 110, 2013, pp. 2070-5.

PROUST, M. *Remembrance of Things Past*. Nova York: Vintage Press, 1982. 3 v. [Ed. bras. *Em busca do tempo perdido*. Trad. de Fernando Py. Rio de Janeiro: Nova Fronteira, 2017. 7 v.]

PROVINE, R. R. *Laughter: A Scientific Investigation*. Nova York: Viking, 2000.

PRUETZ, J. D. et al. "Intragroup lethal aggression in West African chimpanzees (*Pan troglodytes verus*): Inferred killing of a former alpha male at Fongoli, Senegal". *International Journal of Primatology*, n. 38, 2017, pp. 31-57.

RANGE, F. et al. "The absence of reward induces inequity aversion in dogs". *Proceedings of the National Academy of Sciences USA*, n. 106, 2008, pp. 340-5.

RAWLS, J. *A Theory of Justice*. Oxford: Oxford University Press, 1972.

RILLING, J. K. et al. "Differences between chimpanzees and bonobos in neural systems supporting social cognition". *Social Cognitive and Affective Neuroscience*, n. 7, 2011, pp. 369-79.

ROMERO, T.; M. A. CASTELLANOS; F. B. M. DE WAAL. "Consolation as possible expression of sympathetic concern among chimpanzees". *Proceedings of the National Academy of Sciences USA*, n. 107, 2010, pp. 12 110-5.

ROWLANDS, M. *The Philosopher and the Wolf: Lessons from the Wild on Love, Death and Happiness*. Nova York: Pegasus, 2009.

ROZIN, P.; J. HAIDT; C. MCCAULEY. "Disgust". In M. Lewis; S. M. Haviland-Jones (Orgs.). *Handbook of Emotions*. Nova York: Guilford, 2000, pp. 637-53.

SAKAI, T. et al. "Fetal brain development in chimpanzees versus humans". *Current Biology*, n. 22, 2012, pp. R791-2.

SALOVEY, P. et al. "Emotional intelligence". In: T. Manstead; N. Frijda; A. Fischer (Orgs.). *Feelings and Emotions: The Amsterdam Symposium*. Cambridge: Cambridge University Press, 2003, pp. 321-40.

SANFEY, A. G. et al. "The neural basis of economic decision-making in the ultimatum game". *Science*, n. 300, 2003, pp. 1755-8.

SAPOLSKY, R. M. *Behave: The Biology of Humans at Our Best and Worst*. Nova York: Penguin, 2017.

SARABIAN, C.; A. J. J. MACINTOSH. "Hygienic tendencies correlate with low geohelminth infection in free-ranging macaques". *Biology Letters*, n. 11, 2015.

SATO, N. et al. "Rats demonstrate helping behavior toward a soaked conspecific". *Animal Cognition*, n. 18, 2015, pp. 1039-47.

SAUTER, D. A.; O. LEGUEN; D. B. M. HAUN. "Categorical perception of emotional facial expressions does not require lexical categories". *Emotion*, n. 11, 2011, pp. 1479-83.

SCHEELE, D. et al. "Oxytocin modulates social distance between males and females". *Journal of Neuroscience*, n. 32, 2012, pp. 16074-9.

SCHILDER, M. B. H. et al. "A quantitative analysis of facial expression in the plains zebra". *Zeitschrift für Tierpsychologie*, n. 66, 1984, pp. 11-32.

SCHILTHUIZEN, M. *Darwin Comes to Town: How the Urban Jungle Drives Evolution*. Nova York: Picador, 2018.

SCHNEIDERMAN, I. et al. "Oxytocin during the initial stages of romantic attachment: Relations to couples' interactive reciprocity". *Psychoneuroendocrinology*, n. 37, 2012, pp. 1277-85.

SCHOECK, H. *Envy: A Theory of Social Behaviour*. Indianapolis: Liberty Fund, 1987.

SCHWING, R. et al. "Positive emotional contagion in a New Zealand parrot". *Current Biology*, n. 27, 2017, pp. R213-4.

SHAPIRO, J. A. *Evolution: A View from the 21st Century*. Upper Saddle River, NJ: FT Press Science, 2011.

SHERIF, M. et al. *Experimental Study of Positive and Negative Intergroup Attitudes between Experimentally Produced Groups: Robbers' Cave Study*. Norman: University of Oklahoma Press, 1954.

SHERMAN, R. *Uneasy Street: The Anxieties of Affluence*. Princeton, NJ: Princeton University Press, 2017.

SINGER, T. et al. "Empathic neural responses are modulated by the perceived fairness of others". *Nature*, n. 439, 2006, pp. 466-69.

SKINNER, B. F. *Science and Human Behavior*. Nova York: Free Press, 1965 [1953].

SLIWA, J.; W. A. FREIWALD. "A dedicated network for social interaction processing in the primate brain". *Science*, n. 356, 2017, pp. 745-9.

SMITH, A. *A Theory of Moral Sentiments*. Nova York: Modern Library, 1937 [1759]. [Ed. bras.: *Teoria dos sentimentos morais*. São Paulo: Martins Fontes, 1999.]

______. *An Inquiry into the Nature and Causes of the Wealth of Nations*. Indianapolis: Liberty Classics, 1982 [1776]. [Ed. bras.: *A riqueza das nações*. Rio de Janeiro: Record, 2017.]

SMITH, J. D. et al. "The uncertain response in the bottlenosed dolphin (*Tursiops truncatus*)". *Journal of Experimental Psychology: General*, n. 124, 1995, pp. 391-408.

SNEDDON, L. U. "Evidence for pain in fish: The use of morphine as an analgesic". *Applied Animal Behaviour Science*, n. 83, 2003, pp. 153-62.

SNEDDON, L. U.; V. A. BRAITHWAITE; M. J. GENTLE. "Do fishes have nociceptors? Evidence for the evolution of a vertebrate sensory system". *Proceeding of the Royal Society, London B*, n. 270, 2003, pp. 1115-21.

SPRINGSTEEN, B. *Born to Run*. Nova York: Simon and Schuster, 2016. [Ed. bras.: *Born to run*. Trad. de João Reis e Maria do Carmo Figueira. São Paulo: Leya, 2016.]

STANFORD, C. B. *Significant Others: The Ape Human Continuum and the Quest for Human Nature*. Nova York: Basic Books, 2001.

SUCHAK, M.; F. B. M. DE WAAL. "Monkeys benefit from reciprocity without the cognitive burden". *Proceedings of the National Academy of Sciences USA*, n. 109, 2012, pp. 15 191-6.

TAN, J.; B. HARE. "Bonobos share with strangers". *PloS ONE*, n. 8, 2013, p. e51922.

TAN, J.; D. ARIELY; B. HARE. "Bonobos respond prosocially toward members of other groups". *Scientific Reports* n. 7, 2017.

TANGNEY, J.; R. DEARING. *Shame and Guilt*. Nova York: Guilford, 2002.

TELEKI, G. "Group response to the accidental death of a chimpanzee in Gombe National Park, Tanzania". *Folia Primatologica*, n. 20, 1973, pp. 81-94.

TINKLEPAUGH, O. L. "An experimental study of representative factors in monkeys". *Journal of Comparative Psychology*, n. 8, 1928, pp. 197-236.

TOKUYAMA, N.; T. FURUICHI. "Do friends help each other? Patterns of female coalition formation in wild bonobos at Wamba". *Animal Behaviour*, n. 119, 2017, pp. 27-35.

TOLSTÓI, L. *The Lion and the Dog*. Moscou: Progress Publishers, 1975 [1904]. [Ed. bras.: "O leão e o cachorrinho". In: ______. *Contos da nova cartilha: Segundo livro de leituras*. Trad. de Aparecida Soares. São Paulo: Ateliê Editorial, 2013. v. 1.]

TOTTENHAM, N. et al. "Prolonged institutional rearing is associated with atypically large amygdala volume and difficulties in emotion regulation". *Developmental Science*, n. 13, 2010, pp. 46-61.

TRACY, J. *Take Pride: Why the Deadliest Sin Holds the Secret to Human Success*. Nova York: Houghton, 2016.

TRACY, J. L.; D. MATSUMOTO. "The spontaneous expression of pride and shame: Evidence for biologically innate nonverbal displays". *Proceedings of the National Academy of Sciences USA*, n. 105, 2008, pp. 11 655-60.

TROJE, N. F. "Decomposing biological motion: A framework for analysis and synthesis of human gait patterns". *Journal of Vision*, n. 2, 2002, pp. 371-87.

TYBUR, J. M.; D. LIEBERMAN; V. GRISKEVICIUS. "Microbes, mating, and morality: Individual differences in three functional domains of disgust". *Journal of Personality and Social Psychology*, n. 97, 2009, pp.103-22.

VAN DE WAAL, E.; C. BORGEAUD; A. WHITEN. "Potent social learning and conformity shape a wild primate's foraging decisions". *Science*, n. 340, 2013, pp. 483-5.

VAN HOOFF, J. A. R. A. M. "A comparative approach to the phylogeny of laughter and smiling". In: R. Hinde (Org.). *Non-verbal Communication*. Cambridge: Cambridge University Press, 1972, pp. 209-41.

VAN LEEUWEN, P. et al. "Influence of paced maternal breathing on fetal--maternal heart rate coordination". *Proceedings of the National Academy of Sciences USA*, n. 106, 2009, pp. 13 661-6.

VAN SCHAIK, C. P.; L. DAMERIUS; K. ISLER. "Wild orangutan males plan and communicate their travel direction one day in advance". *PLoS ONE*, n. 8, 2013, p. e74896.

VAN WYHE, J.; P. C. KJÆRGAARD. "Going the whole orang: Darwin, Wallace and the natural history of orangutans". *Studies in History and Philosophy of Biological and Biomedical Sciences*, n. 51, 2015, pp. 53-63.

VIANNA, D. M.; P. CARRIVE. "Changes in cutaneous and body temperature during and after conditioned fear to context in the rat". *European Journal of Neuroscience*, n. 21, 2005, pp. 2505-12.

WAGNER, K. et al. "Effects of mother versus artificial rearing during the first 12 weeks of life on challenge responses of dairy cows". *Applied Animal Behaviour Science*, n. 164, 2015, pp. 1-11.

WALSH, G. V. "Rawls and envy". *Reason Papers*, n. 17, 1992, pp. 3-28.

WARNEKEN, F.; M. TOMASELLO. "Extrinsic rewards undermine altruistic tendencies in 20-month-olds". *Motivation Science*, n. 1, 2014, pp. 43-8.

WATHAN, J. et al. "EquiFACS: The Equine Facial Action Coding System". *PLoS ONE*, n. 10, 2015, p. e0131738.

WATSON, J. B. "Psychology as the behaviorist views it". *Psychological Review*, n. 20, 1913, pp. 158-77.

WESTERMARCK, E. *The Origin and Development of the Moral Ideas*, v. 1. 2ª ed. Londres: Macmillan, 1912 [1908].

WILKINSON, R. *Mind the Gap*. New Haven, CT: Yale University Press, 2001.

WILSON, M. L. et al. "Lethal aggression in Pan is better explained by adaptive strategies than human impacts". *Nature*, n. 513, 2014, pp. 414-7.

WISPÉ, L. *The Psychology of Sympathy*. Nova York: Plenum, 1991.

WOODWARD, R.; C. BERNSTEIN. *The Final Days*. Nova York: Simon and Schuster, 1976. [Ed. bras.: *Os últimos dias*. Rio de Janeiro: Francisco Alves, 1976.]

WRANGHAM, R. W. *Catching Fire: How Cooking Made Us Human*. Nova York: Basic Books, 2009. [Ed. bras.: *Pegando fogo: Por que cozinhar nos tornou humanos*. Trad. de Maria Luiza X. de A. Borges. Rio de Janeiro: Zahar, 2010.]

WRANGHAM, R. W.; D. PETERSON. *Demonic Males: Apes and the Evolution of Human Aggression*. Boston: Houghton Mifflin, 1996.

YAMAMOTO, S.; T. HUMLE; M. TANAKA. "Chimpanzees' flexible targeted helping based on an understanding of conspecifics' goals". *Proceedings of the National Academy of Sciences USA*, n. 109, 2012, pp. 3588-92.

YERKES, R. M. "Conjugal contrasts among chimpanzees". *Journal of Abnormal and Social Psychology*, n. 36, 1941, pp. 175-99.

YOKAWA, K. et al. "Anaesthetics stop diverse plant organ movements, affect endocytic vesicle recycling and ROS homeostasis, and block action potentials in Venus flytraps". *Annals of Botany*, 2017, mcx155.

YOUNG, L.; B. ALEXANDER. *The Chemistry Between Us: Love, Sex, and the Science of Attraction*. Nova York: Current, 2012.

ZAHN-WAXLER, C.; M. Radke-Yarrow. "The origins of empathic concern". *Motivation and Emotion*, n. 14, 1990, pp. 107-30.

ZAMMA, K. "A chimpanzee trifling with a squirrel: Pleasure derived from teasing?". *Pan Africa News*, n. 9, 2002, pp. 9-11.

Índice remissivo

As páginas indicadas em itálico referem-se às ilustrações.

ESTA OBRA FOI COMPOSTA POR MARI TABOADA EM DANTE PRO E
IMPRESSA EM OFSETE PELA LIS GRÁFICA SOBRE PAPEL PÓLEN SOFT
DA SUZANO S.A. PARA A EDITORA SCHWARCZ EM MAIO DE 2021

A marca FSC® é a garantia de que a madeira utilizada na fabricação do papel deste livro provém de florestas que foram gerenciadas de maneira ambientalmente correta, socialmente justa e economicamente viável, além de outras fontes de origem controlada.